高职高专畜牧兽医类专业系列教材

家畜环境卫生

主　编　刘鹤翔
副主编　刘　勇　赵云焕
主　审　贺建华

U0190586

重庆大学出版社

• 内 容 提 要 •

　　本书根据高职人才培养目标、养殖业发展需要和相关行业职业技能鉴定规范而编写。突出高职教育特点，注重融入新知识、新技术，加强环保意识教育；内容先进、可操作性强，结构完整，图文并茂。主要内容包括：空气环境卫生；土壤、饲料与水体卫生；畜舍环境的改善与控制、畜牧场设置、畜牧场环境保护等。尤其对养殖场环境卫生标准、小气候环境控制与改善、畜牧业可持续发展模式、畜舍设计及养殖场废弃物的无害化、资源化处理利用进行了详细的介绍。每章前有导读，明确了学习目标与学习重点，每章后有复习思考题，便于教师组织教学和学生自学。设计了相应的实验实训，以增强学生的实践能力。

　　本书除作为高职高专畜牧兽医类专业的学生教材外，也可作为中等职业学校学生和基层畜牧兽医技术与管理人员的参考或职业培训教材。

图书在版编目(CIP)数据

家畜环境卫生/刘鹤翔主编．—重庆：重庆大学出版社，
2007.6(2021.8 重印)
（高职高专畜牧兽医类专业系列教材）
ISBN 978-7-5624-4057-4

Ⅰ.家… Ⅱ.刘… Ⅲ.家畜卫生：环境卫生—高等学校：
技术学校—教材 Ⅳ.S851.2

中国版本图书馆 CIP 数据核字(2007)第 078814 号

高职高专畜牧兽医类专业系列教材
家畜环境卫生

主　编　刘鹤翔
副主编　刘　勇　赵云焕
主　审　贺建华

责任编辑：张立武　　版式设计：张立武
责任校对：夏　宇　　责任印制：赵　晟

*

重庆大学出版社出版发行
出版人：饶帮华
社址：重庆市沙坪坝区大学城西路 21 号
邮编：401331
电话：(023) 88617190　88617185(中小学)
传真：(023) 88617186　88617166
网址：http://www.cqup.com.cn
邮箱：fxk@ cqup.com.cn (营销中心)
全国新华书店经销
重庆俊蒲印务有限公司印刷

*

开本：787mm×1092mm　1/16　印张：12　字数：292 千
2007 年 6 月第 1 版　　2021 年 8 月第 9 次印刷
印数：13 001—15 000
ISBN 978-7-5624-4057-4　定价：32.00 元

编委会名单

序

  高等职业教育是我国近年高等教育发展的重点。随着我国经济建设的快速发展，对技能型人才的需求日益增大。社会主义新农村建设为农业高等职业教育开辟了新的发展阶段。培养新型的高质量的应用型技能人才，也是高等教育的重要任务。

  畜牧兽医不仅在农村经济发展中具有重要地位，而且畜禽疾病与人类安全也有密切关系。因此，对新型畜牧兽医人才的培养已迫在眉睫。高等职业教育的目标是培养应用型技能人才。本套教材是根据这一特定目标，坚持理论与实践结合，突出实用性的原则，组织了一批有实践经验的中青年学者编写。我相信，这套教材对推动畜牧兽医高等职业教育的发展，推动我国现代化养殖业的发展将起到很好的作用，特为之序。

中国工程院院士

2007 年 1 月于重庆

编者序

　　我国作为一个农业大国,农业、农村和农民问题是关系到改革开放和现代化建设全局的重大问题,因此,党中央提出了建设社会主义新农村的世纪目标。如何增加经济收入,对于农村稳定乃至全国稳定至关重要,而发展畜牧业是最佳的途径之一。目前,我国畜牧业发展迅速,畜牧业产值占农业总产值的32%,从事畜牧业生产的劳动力就达1亿多人,已逐步发展成为最具活力的国家支柱产业之一。然而,在我国广大地区,从事畜牧业生产的专业技术人员严重缺乏,这与我国畜牧兽医职业技术教育的滞后有关。

　　随着职业教育的发展,特别是在周济部长于2004年四川泸州发表"倡导发展职业教育"的讲话以后,各院校畜牧兽医专业的招生规模不断扩大,截至2006年底已有100多所院校开设了该专业,年招生规模近两万人。然而,在兼顾各地院校办学特色的基础上,明显地反映出了职业技术教育在规范课程设置和专业教材建设中一系列亟待解决的问题。

　　虽然自2000年以来,国内几家出版社已经相继出版了一些畜牧兽医专业的单本或系列教材,但由于教学大纲不统一,编者视角各异,许多高职院校在畜牧兽医类教材选用中颇感困惑,有些职业院校的老师仍然找不到适合的教材,有的只能选用本科教材,由于理论深奥,艰涩难懂,导致教学效果不甚令人满意,这严重制约了畜牧兽医类高职高专的专业教学发展。

　　2004年底教育部出台了《普通高等学校高职高专教育指导性专业目录专业简介》,其中明确提出了高职高专层次的教材宜坚持"理论够用为度,突出实用性"的原则,鼓励各大出版社多出有特色的和专业性、实用性较强的教材,以繁荣高职高专层次的教材市场,促进我国职业教育的发展。

　　2004年以来,重庆大学出版社的编辑同志们,针对畜牧兽医类专业的发展与相关教材市场的现状,咨询专家,进行了多方调研论证,于2006年3月,召集了全国以开设畜牧兽医专业为精品专业的高职院校,邀请众多长期在教学第一线的资深教师和行业专家组成编委会,召开了"高职高专畜牧兽医类专业系列教材"建设研讨会,多方讨论,群策群力,推出了本套高职高专畜牧兽医类专业系列教材。

　　本系列教材的指导思想是适应我国市场经济、农村经济及产业结构的变化、现代化养殖业的出现以及畜禽饲养方式改变等的实践需要,为培养适应我国现代化养殖业发展的新型畜牧兽医专业技术人才。

本系列教材的编写原则是力求新颖、简练,结合相关科研成果和生产实践,注重对学生的启发性教育和培养解决问题的能力,使之能具备相应的理论基础和较强的实践动手能力。在本系列教材的编写过程中,我们特别强调了以下几个方面:

第一,考虑高职高专培养应用型人才的目标,坚持以"理论够用为度,突出实用性"的原则。

第二,在广泛征询和了解学生和生产单位的共同需要,吸收众多学者和院校意见的基础之上,组织专家对教学大纲进行了充分的研讨,使系列教材具有较强的系统性和针对性。

第三,考虑高等职业教学计划和课时安排,结合各地高等院校该专业的开设情况和差异性,将基本理论讲解与实例分析相结合,突出实用性,并在每章中安排了导读、学习要点、复习思考题、实训和案例等,编写的难度适宜,结构合理,实用性强。

第四,按主编负责制进行编写、审核,再请专家审稿、修改,经过一系列较为严格的过程,保证了整套书的严谨和规范。

本套系列教材的出版希望能给开办畜牧兽医类专业的广大高职高专学校提供尽可能适宜的教学用书,但需要不断地进行修改和逐步完善,使其为我国社会主义建设培养更多更好的有用人才服务。

高职高专畜牧兽医类专业系列教材编委会
2006 年 12 月

前　言

　　本教材依据教育部《关于加强高职高专教育人才培养工作的意见》、《关于加强高职高专教育教材建设的若干意见》等文件精神；以"适应21世纪高职高专人才培养目标的要求，体现高职特色，着眼素质培养，精简教学内容"为指导思想；结合养殖业发展需要和相关行业标准规范而编写。

　　本教材突出高职教育特点，注重融入新知识、新技术，加强环保意识教育；本着实用性与适用性、培养学生知识与技能相统一的原则，使该教材既具有高校教材的基本特征，又具有职业技术教育的鲜明特色。编写中力求层次分明，结构完整，内容先进、可操作性强、图文并茂，把学生的应用能力培养融会于教材之中，并贯穿始终。

　　本教材由湖南生物机电职业技术学院刘鹤翔任主编，并编写了绪论、第1章第1节，实验实训1,5,8及附录；成都农业科技职业技术学院刘勇、信阳农业专科学院赵云焕任副主编。第1章第2,3节，第2章第1节及实验实训2,6由赵云焕编写；第2章第2,3节，实验实训3,4由西南大学（荣昌分校）蒲德伦编写；第3章由内江职业技术学院陈柯编写；第4章及实验实训7由刘勇编写；第5章及实验实训9由廊坊职业技术学院王飒爽编写。此外，新疆农业职业技术学院丑武江参加了本教材的建设研讨会，并承蒙湖南农业大学博士生导师贺建华教授主审，在此表示衷心的感谢。

　　本教材参考和引用了国内外许多作者的观点和有关资料，已在参考文献中一一列出，在此对他们表示深切的谢意。

　　本教材涉及多门交叉学科、许多的行业标准规范，加之作者的水平有限，错误与遗漏之处在所难免，敬请同行专家和使用者赐教指正。

编　者

2007年4月

目　录

绪　论

第1章　空气环境卫生

1.1　气象因素与畜禽健康和生产力的关系 ………………………… 4

1.2　畜舍空气中的有害气体 ……………………………………… 19

1.3　畜舍空气中的微粒、微生物和噪声 ………………………… 22

复习思考题 ……………………………………………………… 25

第2章　土壤、饲料与水体卫生

2.1　土壤卫生 ……………………………………………………… 26

2.2　饲料卫生 ……………………………………………………… 32

2.3　水体卫生 ……………………………………………………… 39

复习思考题 ……………………………………………………… 50

第3章　畜舍环境的改善和控制

3.1　畜舍的基本结构与类型 ……………………………………… 52

3.2　改善与控制畜舍环境卫生的措施 …………………………… 57

复习思考题 ……………………………………………………… 79

第4章 畜牧场的设置

4.1 工艺设计 ……………………………………………………… 80

4.2 场址选择 ……………………………………………………… 82

4.3 场地规划与建筑物布局 ……………………………………… 84

4.4 畜牧场的公共卫生设施 ……………………………………… 89

4.5 畜舍的设计 …………………………………………………… 92

复习思考题 ………………………………………………………… 103

第5章 畜牧场环境保护

5.1 畜牧场的环境污染 …………………………………………… 105

5.2 畜牧场废弃物的处理与利用 ………………………………… 107

5.3 畜牧场的环境管理 …………………………………………… 116

5.4 畜牧场环境卫生监测 ………………………………………… 126

复习思考题 ………………………………………………………… 130

实验实训

实验实训1 空气环境气象指标的测定 …………………………… 131

实验实训2 空气中有害气体的测定 ……………………………… 135

实验实训3 饲料中有机磷和氨基甲酸酯类农药的检测 ………… 140

实验实训4 水质卫生指标检验 …………………………………… 141

实验实训5 畜舍采光的测定和计算 ……………………………… 145

实验实训6 畜舍通风量的设计和通风效果评价 ………………… 147

实验实训7 畜牧场设计图的认识与绘制 ………………………… 148

实验实训8 畜舍的消毒技术 ……………………………………… 150

实验实训9 畜牧场环境卫生调查与评价 ………………………… 152

附录

附录1 全国部分地区建筑物朝向表 ……………………………… 155

附录2 -10~35℃相对湿度(%)对照表 ……………………… 157

附录3 建筑材料与建筑配件图例 ………………………………… 159

附录4 《畜禽养殖污染防治管理办法》 ………………………… 163

附录5 《畜禽养殖业污染物排放标准》(GB 18596—2001) …… 165

附录6 《畜禽养殖业污染防治技术规范》(HJ/T 81—2001) …… 169

附录7 《恶臭污染物排放标准》(GB 14554—1993) …………… 172

参考文献

绪 论

本章导读：主要阐述本课程的性质、意义、内容及研究方法等。内容包括：什么是畜禽的环境，环境与畜禽的健康和生产有何关系；家畜环境卫生是一门什么样的课程，对畜牧生产有何作用；本课程的内容与研究方法。通过学习，要求理解家畜环境卫生的深刻涵义，明确学习本课程的重要性。

家畜环境卫生学是研究外界环境因素对畜禽健康和生产性能影响的基本规律，以及依据这些规律，制订利用、保护和改善环境措施的一门科学。其目的在于为畜禽创造适宜的生活和生产环境，以保持畜禽健康，预防疾病，提高畜禽生产力和降低生产成本，充分发挥畜禽的利用价值，来满足人民生活和轻工业原料日益增长的需要。

一、家畜环境卫生在畜牧业中的地位和作用

畜禽的环境，包括内环境与外环境。内环境一般是家畜生理等学科研究的对象，我们常说的畜禽环境主要是指外环境。畜禽的外环境可以分为自然环境、生物环境和人为环境。

自然环境是指由空气、水、土壤等三要素构成的整体；生物环境包括动物、植物和微生物；人为环境包括畜牧场建筑物与设备、饲养管理条件、选育方法等，即与畜禽生活和生产有关的一切外界条件，均属环境。

外界环境是畜禽的生存条件，畜禽与外界环境经常进行着物质交换和能量交换，并依赖外界环境而生长、繁殖和生产各种产品，通过接受外界环境的刺激，增强体质和提高生产力。例如，在一般天气条件下，适度的太阳辐射具有促进新陈代谢、加强血液循环、增进健康和调节钙、磷代谢等作用，因而常利用日光来预防和治疗疾病。

随着畜牧生产的迅速发展、集约化程度的不断提高，畜禽的生活环境发生了重大改变。当环境的变化处于畜禽的适应范围之内时，畜禽可通过自身的调节而维持机体平衡，因而能保持正常的生长发育和生产。若环境因素的变化超出了适应范围，畜禽机体就必须利用体内防御能力，以克服环境带来的不良影响，使机体仍能保持体内平衡，这种对不良环境的反应过程，就是应激反应。

从家畜环境卫生的角度，应激是指畜禽为克服环境和管理上的不利影响，在生理上或行为上做出反应的过程。环境因素作用于动物机体时，可产生两种反应：一种是特异性反应，即不同的环境刺激产生不同的反应，如低温引起冻伤；另一种是非特异性反应，即各种环境刺激

都能引起相同的反应,如以交感神经兴奋、垂体前叶和肾上腺皮质激素增多为主的神经——内分泌机能活动。应激的目的是为了克服应激因素的危害,维持体内平衡,所以,它是一种适应性机制,一种非特异性防御反应。如刺激过强或作用时间过长,机体就会逐渐失去应付能力,从而出现衰竭现象,陷入病理状态。故应激的整个发展过程和最后的结果,被称之为全身适应性综合症(GAS)。例如,在炎热的气候条件下,强烈的太阳辐射长时间作用于机体,有可能引起皮肤烧伤、热平衡破坏,甚至于发生日射病死亡。其他如空气、饮水、饲料、畜舍等,都是畜禽生活不可缺少的物质条件,它们一旦被某些有害物质如病原体、毒物、有害气体、放射性物质等所污染,如果污染物超过一定的浓度后,就有可能使畜禽直接或间接地受到毒害或发生疾病。特别是被污染的畜产品,会通过食物链进入人体,危害人类健康。

维持畜禽生命和生产活动的三大要素是遗传、营养和环境。而只有健康的畜禽才能发挥其遗传潜力和营养优势。可见,环境对畜禽的影响非常大。畜禽的每一个生理阶段,每一个生产过程,每一项生产指标,都时时刻刻受着环境的影响。大量研究和事实证明,畜禽生产力10%～30%取决于品种,40%～50%取决于饲料,20%～30%取决于环境。如果不能为畜禽提供适宜的环境条件,不仅优良品种的遗传性能不能充分发挥,完善的配合饲料不能有效地转化,而且往往成为引发或加重疾病的诱因。也就是说,适宜的环境是实现畜牧生产现代化和获得畜牧生产高效益的物质基础与基本保证。畜牧业生产集约化程度愈高,环境的制约作用愈大。过去,由于科学发展水平的限制,人们对畜禽环境的重要性认识不足,长期以来在畜牧业中多强调遗传育种和饲料营养的重要性,而忽略了对环境问题的注意,因此常常因为环境不良使畜禽生长缓慢,发病率高,生产力低下。20世纪50年代以后,随着科学技术的迅猛发展,人们懂得了遗传潜力和饲养效力的发挥离不开环境,开始采取有效措施来控制和改善环境。例如,湿帘降温与纵向通风相结合,基本上可确保高温季节畜禽的正常生产。现在,人们已经普遍认识到,品种、营养、环境和疾病是影响畜牧业发展的四大因素。

环境不仅造成畜禽的健康问题,同样对我们人类的食品安全与健康产生危害。尤其是被污染的畜产品通过食物链进入人体,一些违禁药物作为饲料添加剂喂养畜禽而直接导致人类食用高产品中毒的事件时有发生。畜牧生产环境保护与畜禽的健康已经成为人类健康的重要组成部分。

二、家畜环境卫生的研究内容

畜禽生活的整个环境包括空气、水、土壤、饲料、畜舍和畜牧场等。因此,家畜环境卫生研究的内容有下述几个重要方面:

①畜牧场气象因素,如太阳辐射、空气温度、空气湿度和气流等如何单独或综合地影响机体的热调节过程,进而对畜禽的健康和生产力产生影响;畜舍空气中的有害气体、微粒和微生物对畜禽的危害及其控制措施。

②土壤、饲料和水源对畜禽健康和生产力的影响及其污染的来源和防治污染的措施。

③在兴建畜牧场时,应如何从场址选择入手,进行畜牧场场地规划和建筑物合理布局,并注意畜牧场场内的卫生设施,使整个畜牧场符合环境卫生要求。

④畜舍环境控制,如通过保温隔热、通风换气、采光照明与排水系统的设计,配合日常的精心管理,创造最适于畜禽生存和生产的环境。

⑤畜牧场的环境保护措施,处理或利用畜禽粪尿及污水的方法,畜牧场环境卫生监测的

要求。

⑥畜牧场的环境卫生标准与污染物排放标准。

总之，家畜环境卫生是一门综合性很强的课程，所涉及的范围非常广泛，和它有联系的课程也很多。它必须以许多理论学科，如物理、化学、微生物学、生理学等为基础，同时又与许多专业课有着密切的联系。

三、家畜环境卫生的研究和学习方法

1）调查研究法

通过调查研究外界环境因素的性质、数量、变化规律及其对畜禽健康和生产力的影响，发现并掌握规律。要注意结合当地的气候特点，调查畜牧生产环境现状和生产中存在的问题，探讨针对性的解决方案。

2）实验研究法

在实验条件下，模拟某种环境因素，观察它对畜禽的短期与长期影响，探求改善和预防的措施。如使用人工气候室模拟气象因子对畜禽健康和生产力的影响。近年来广泛采用环境毒理学方法，研究环境污染物对机体的危害作用。它以动物实验的手段，研究环境中各种化学因素进入机体的途径、急性和慢性的毒理作用以及有效防治的方法。

3）环境监测法

使用监测仪器对畜牧场和畜舍内环境进行系统监测，采集样本进行实验室定性或定量分析，对环境质量做出正确评价。环境监测也包括对环境污染的监测，如对大气、水体、土壤等进行定期监测，以便及时反映外界环境状况，采取必要的防范措施，确保环境质量符合畜牧场环境卫生标准。

我们在学习本课程时，应结合以前学过的数、理、化、生物的基础知识，运用本课程的理论知识与实验手段，积极发现身边的畜禽饲养环境中存在的问题，并试着寻求解决的办法。这样才能融会贯通，真正将知识转变为技能，转化成财富，服务于畜牧业生产，服务于人类社会。

家畜环境卫生属于环境科学范畴。地球生物的生息，人类社会的发展，都离不开环境，忽视对环境的保护，生命就会受到威胁，人类社会就会出现危机，这是有目共睹的事实。因此，我们必须从更高的角度重视环境，加强畜牧场的环境保护，自觉地利用所学的知识去改善畜禽的生活、生产环境，为促进畜牧业的可持续发展做出贡献。

复习思考题

1. 什么是畜禽的环境？何为应激？环境与畜禽的健康和生产有何关系？
2. 家畜环境卫生的研究和学习方法有哪几种？

第1章 空气环境卫生

本章导读:主要阐述气象因素与畜禽健康和生产力的关系、畜舍空气中的有害气体和畜舍空气中的微粒、微生物及噪声对畜禽的危害。内容包括动物的体热平衡与体热调节,太阳辐射、空气温度、空气湿度、气流与气压等气象因素对畜禽健康和生产力的影响;畜舍空气中的氨、硫化氢、二氧化碳、微粒、微生物及噪声对畜禽造成的危害,以及消除这些危害的有效措施。通过学习,要求了解影响畜禽健康和生产的主要环境因素,掌握在生产中消除危害的具体措施。

空气是畜禽赖以生存的重要环境之一。其中的气象因素,如光照、温度、湿度、气流等,是影响畜禽温热环境的主要因素。此外,空气中的化学成分、有害气体、微粒、微生物及噪声也是畜禽空气环境的重要组成部分,它们通过不同的途径作用于畜禽,影响畜禽的健康和生产力。

1.1 气象因素与畜禽健康和生产力的关系

地球表面的大气由于物理特性不同分为3层(对流层、平流层和电离层)。其中靠近地球表面密度最大的一层称为对流层。气温随对流层高度增加而降低,平均每上升100 m,温度下降0.6 ℃。对流层集中了整个大气质量的3/4和几乎全部的水气量,一切天气现象都在对流层中发生,进入空气中的污染物绝大部分也在此层活动。所以,它与畜禽的关系最为密切。

对流层中发生的冷、热、干、湿、风、云、雨、雪、霜、雾、雷、电等各种物理状态和物理现象称为"气象"。而决定这些物理状态和物理现象的因素,包括太阳辐射、气温、气湿、气流(风)、气压、云量和降水等称"气象因素",这些因素之间存在着极其密切的关系,并且相互影响。气象因素在一定地区和空间内变化,决定某一区域的阴、晴、风、雨等状况,称为"天气"。"气候"则是指某地区多年所特有的天气情况,而"小气候"是由不同性质的地表或生物活动区域所形成的小范围内的特殊气候,比如,畜舍内的小气候。

气象因子是影响畜禽生长的重要环境因素。它可通过不同的途径对畜禽发生作用,其中最主要的是直接影响畜禽的体热调节,从而影响畜禽的健康和生产力。此外,气象因素还可通过影响植物的生长和季节性供应,以及寄生虫和其他疾病的发生与传播,间接地对畜禽的健康和生产力产生影响。

但是,畜禽的种类、品种、个体、年龄、性别、被毛状态以及畜禽对气候的适应性和不良气象因素的严酷程度及持续时间等的不同,可能使得气象因素对畜禽健康和生产力的影响而不同。

1.1.1　动物的体热平衡与体热调节

畜禽几乎都是恒温动物,动物为了维持其生命和进行生产活动,必须要保持内环境的稳定,尤其是体温的恒定是至关重要的。由于动物体与环境之间不断地进行热的交换,环境也是不断变化的。因此,动物要通过各种调节机制来稳定内环境,以适应环境的变化。外界环境诸因素中,温热环境与动物关系最为密切。温热环境直接影响动物的代谢、产热和散热,影响动物的体热平衡。

1)体热平衡

动物的产热量和散热量相等即为体热平衡。在机体的生命活动中,一切组织细胞随时产生热量,同时,机体又随时以辐射、对流、传导、蒸发等4种散热方式,把产生的热量散失到周围环境中去;产热量大于或小于散热量时,则体热平衡被破坏,出现体温升高或降低。动物的产热和散热概括如图1.1所示。

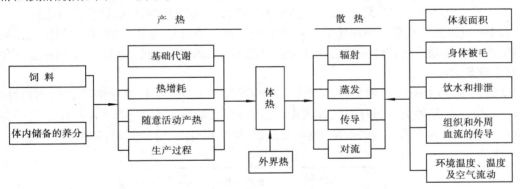

图 1.1　动物的产热与散热示意图

2)体热调节

动物的体热平衡受下丘脑的体温调节中枢控制。环境温度变化时,存在于皮肤和内脏器官的温度感受器将信号传递给体温调节中枢,反馈调节内分泌激素的分泌,使动物的生理代谢、形态和行为发生改变,进而调节其产热能力、隔热作用和散热能力来维持体温的恒定。

热平衡的调节方式有 2 种:

(1) 物理性调节　指动物通过调整姿势、增减体表面积、扩张或收缩体表血管、改变被毛或羽毛覆盖情况等来调节体热散失程度的方式。

(2) 化学性调节　指动物通过提高体内养分代谢速度和肌肉节律性收缩(寒战)来提高产热量或增加呼吸次数(如热性喘息)来提高散热量的方式。

物理性调节不涉及代谢率的改变,只能改变散热量。环境温度稍有变化,物理性调节就会发挥作用,如当环境温度开始下降时,动物以躯体蜷缩或集堆、被毛竖立、体表血管收缩等来减少散热;当环境温度升高时,动物以伸展躯体、逃避日光照晒、戏水、体表血管舒张、汗腺分泌增加等来增大散热。化学性调节通过提高代谢率来调节产热量和散热量。化学调节在环境温度过高或过低时发挥作用,环境温度过低时增加产热,环境温度过高时增加散热。

3)温热环境

温热环境包括温度、相对湿度、空气流动、辐射及热传递等因素,他们共同作用于动物,使动物产生冷或热、舒适与否的感觉。温热环境常用有效环境温度来评定,它不同于一般环境温度,它是动物在环境中实际感受的温度。如相同温度而湿度不同,动物的感受不同。根据动物对温热环境的反应,温热环境划分为温度适中区、热应激区和冷应激区。

(1)温度适中区 也称为等热区,指动物的体温能保持相对恒定的温度范围。等热区的下限有效环境温度称为下限(最低)临界温度;上限有效环境温度称为上限临界温度。在等热区中,温度偏低方向有一段区域最适合动物生产和健康,称为最适生产区。在此区域,动物的代谢强度和产热量保持生理最低水平,动物依靠维持和生产过程所释放的热量就可以补偿向环境散失的热量,不需要增加代谢产热速度就能维持体温恒定。在等热区内,动物的热平衡调节方式主要是物理调节。

(2)热应激区 指高于上限临界温度的温度区域。在热应激区,动物需要运用化学调节,提高代谢强度来增强散热,以维持体温恒定,例如,动物心跳加快、出汗、热性喘息等,但代谢率提高又会增加产热量,因此,动物体温能否保持恒定,取决于所增加的散热量与总产热量之间的平衡。当外界有效环境温度持续升高,多余热量无法散失时,动物体温开始升高,直至热死。

(3)冷应激区 指低于下限临界温度的温度区域。在冷应激区,动物必须利用化学调节来增加产热。如果这种产热方式达到最大值时还不能弥补机体的热量损失,动物体温开始下降,直至冻死。

动物的温度适中区、下限临界温度与上限临界温度都受动物因素(体重、皮毛隔热性能、组群、机体状况、品种类型、年龄、气候驯化)、营养因素(如饲养水平)和不同环境组分的温热效应(气流、大气和建筑结构的温度、垫草及地板类型、相对湿度)的影响,如图1.2所示。

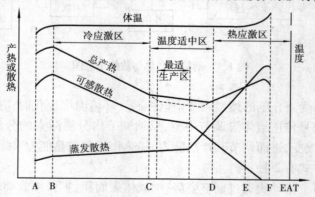

图1.2 动物在不同温热区域产热、散热及体温变化

总产热的虚线段表示饥饿时产热

A.冻死点 B.代谢顶峰与降温点 C.下限临界温度

D.上限临界温度 E.升温点 F.热死点

(引自 NRC,1981)

等热区与临界温度在畜牧生产中有重要的实践意义。有效环境温度处于等热区尤其在最适生产区时,饲养动物最为适宜,经济上最为有利。但实际生产中,环境温度偏离等热区的情况时有发生,如我国南方夏季高温持续期长,而北方冬季过于寒冷。因此,需要了解温热环境对动物生产的影响,并寻求缓解冷热应激的环境调控措施,以保证较高的动物生产性能。在生产中,因涉及技术上是否可行、经济上是否合算等问题,要将环境温度准确控制在等热区范围比较困难。提出一个对畜禽生活和生产不至于产生明显影响的可行的控制温度范围是非常必要的,如表 1.1 所示。

表 1.1　生产中较为可行的温度范围

家　畜		体重/kg	可行的温度范围/℃	最适温度/℃
猪	妊娠母猪		11 ~ 15	
	分娩母猪		15 ~ 20	17
	带仔母猪		15 ~ 17	
	初生母猪		27 ~ 32	
	哺乳仔猪	4 ~ 23	20 ~ 24	29
	后备猪	23 ~ 57	17 ~ 20	
	肥猪	55 ~ 100	15 ~ 17	
牛	乳用母牛		5 ~ 12	10 ~ 15
	乳用犊牛		10 ~ 24	17
	肉牛、小阉牛		5 ~ 21	10 ~ 15
羊	母绵羊		7 ~ 24	13
	初生羔羊		24 ~ 27	
	哺乳羔羊		5 ~ 21	10 ~ 15
鸡	蛋用母鸡		10 ~ 24	13 ~ 20
	肉用仔鸡		21 ~ 27	24

(引自李震钟,家畜环境卫生学附牧场设计,1993)

1.1.2　太阳辐射

太阳以电磁波的形式向周围辐射能量,称为太阳辐射。太阳辐射是地球表面上光、热和生命的源泉,对地球上动、植物有机体的生命活动和天气、气候的变化产生直接或间接影响。

1)太阳辐射强度

太阳辐射的强弱,用太阳辐射强度表示,它用单位时间垂直投射在单位面积上的辐射能,即 $J/(cm^2 \cdot min)$ 来表示。

太阳是一个巨大的热核反应器,在氢原子核聚变为氦原子核的过程中,产生大量的辐射能,以 33.5×10^{22} kJ/s 的能量放射于宇宙中。大约有 22 亿分之一的能量到达地球大气外层。太阳辐射通过大气层时,大约有 43% 因反射和散射而返回宇宙空间,有 14% 被大气层吸收,27% 以直射辐射形式到达地面,另 16% 以散射辐射形式到达地面。

因而,地面的太阳辐射强度受天气状况影响外,还与太阳高度角(太阳光线与地平面之间的最小夹角)及海拔有关。太阳高度角大,太阳辐射到达地面所需经过的大气层比较薄,被反射、散射和被云雾、水汽等吸收的部分减少,因而地面得到的辐射量就比较多;相反,太阳高度角小时,太阳辐射通过的大气层厚度增大,地面得到的辐射量就比较少。太阳高度角决定于纬度、季节和一天的不同时间。在同一时间,低纬度地区太阳高度角大,高纬度地区太阳高度角小;在同一地点,夏季太阳高度角大,冬季太阳高度角小,中午太阳高度角大,早晨和傍晚太阳高度角小。太阳辐射强度最高值均出现在当地时间的正午。

太阳辐射强度等资料,对确定畜舍建筑物朝向和遮阳、隔热的合理设计均有参考价值。

2)太阳辐射光谱

太阳辐射的电磁波波长范围为 4 ~ 343 000 nm。按照人类对光谱的视觉反应分为:红外线、可见光和紫外线。各波段的波长如表1.2所示。

表1.2 太阳辐射的光谱

波长/nm	>760	760 ~ 622	622 ~ 597	597 ~ 577	577 ~ 492	492 ~ 480	480 ~ 455	455 ~ 400	<400
辐射种类	红外线	红	橙	黄	绿	青	蓝	紫	紫外线

到达地面的太阳辐射,不仅辐射强度已减弱,而且光谱也有了很大变化。其中变化最大的是紫外线,波长短于290 nm的紫外线已全部被臭氧层所吸收。臭氧层一旦被破坏,地球上的生命将受到极大的伤害。红外线有很大一部分被空气中的水汽和二氧化碳所吸收。

3)太阳辐射对畜禽的主要作用

太阳辐射对畜禽的作用,决定于太阳辐射强度,只有被机体吸收的部分,才对机体起作用。由于光波波长不同,太阳辐射在机体组织中被吸收的情况也不一样。波长较短的紫外线大部分在表皮处被吸收,只有极少部分能达到真皮的乳头层和表面的血管组织。光波波长越长,光线透入组织的深度也越深,以红光和其相近的红外线透入最深,可达数厘米。当红外线波长进一步增加时,却又开始在组织的表层被吸收。

太阳辐射被畜禽组织吸收的光能可转变为各种形式的能量,并产生不同的效应。红光或红外线被组织吸收后主要是产生光热效应,即将光能转变为热能,使组织温度升高,提高机体的代谢;光的短波部分,尤其是紫外线被组织吸收后除部分转变为热能外,还能产生光电和光化学效应,影响组织细胞的生命活动或刺激神经感受器引起全身反应。

(1)紫外线的作用

①杀菌作用。紫外线的杀菌作用,是紫外线能透入细菌的细胞核引起化学效应使细菌核蛋白变性、凝固而死亡。紫外线杀菌作用决定于波长、强度、作用时间以及微生物的抵抗力。

波长较短的紫外线杀菌效果较好,其中以253 nm为最强,波长大于300 nm的紫外线基本上没有杀菌能力。

增加紫外线的照射时间或照射强度,可增强杀菌作用。

不同细菌对紫外线具有不同的敏感性。在空气中白色葡萄球菌对紫外线最敏感,而黄色八叠球菌耐受能力最强。真菌对紫外线的耐受能力要比细菌强。对某些病毒(如流感病毒)及毒素亦有破坏作用。但处在灰尘颗粒中的微生物,对紫外线的耐受程度大大加强。因此,在应用紫外线消毒物体时,必须首先把物体洗净。紫外线杀菌多用于手术室、消毒室或畜禽舍内的空气消毒,也可用于饮水消毒和临床上治疗表面感染。

据生产实践证明,用 20 W 的低压汞灯悬于畜舍 2.5 m 的高处,1 W/m²,每日照射 3 次,50 min/次,大大降低畜禽的染病率和死亡率,如表 1.3 所示。

表 1.3　用紫外线灭菌照射对畜禽的染病、死亡和生长率的影响

效　果	用紫外线灭菌	不用紫外线灭菌
染病率/%	46.8	78
死亡率/%	0.4	3.5
生长率/$(kg \cdot g^{-1})$	0.55	0.42

(引自李如治,家畜环境卫生学,2003)

②抗佝偻病作用。紫外线的照射,能使皮肤中的 7-脱氢胆固醇转变成维生素 D_3,植物和酵母中的麦角固醇转变为维生素 D_2,最大转换效率出现在 283 ~ 295 nm。

维生素 D 的主要作用是促进动物肠道对钙的吸收,保证骨骼的正常发育。当缺乏紫外线照射时,维生素 D 的合成受阻,动物对钙的吸收减少,血中无机磷含量降低,导致钙、磷代谢紊乱,幼畜出现佝偻病,成畜表现软骨症。家畜白色皮肤的皮层较黑色皮肤易为紫外线穿透,因而形成维生素 D 的能力较强。因此,在相同饲养管理条件下,一旦饲料中缺乏维生素 D 时,则黑皮肤的家畜较白皮肤的家畜易患佝偻病或软骨症。

在集约化的养殖业上,畜禽常年见不到阳光,极易发生维生素 D 的缺乏,应注意饲料中维生素 D 的供应。也可以采用对畜禽进行紫外线照射来防治佝偻病或软骨症,但是必须选用波长 280 ~ 295 nm 的紫外线,不能用一般杀菌灯来代替。纬度高的地区,在冬季常用 15 ~ 20 W 的保健紫外线灯(波长 280 ~ 340 nm)照射畜禽来提高生产性能。

③增强机体免疫力和抗病力作用。紫外线的适量照射,可刺激体液和细胞免疫活性,加强机体的免疫反应,增强机体对感染的抵抗力。因而在畜舍设计时,应合理地确定畜舍的方位、各建筑物之间的距离,以保证畜舍有充分的直射阳光;在管理上,要保证家畜有一定的舍外逗留与运动时间,使畜禽接受日光的照射。冬季到达地面的天然紫外线仅是夏季的 1%,更应补充人工紫外线照射,以促进幼畜的生长发育,提高鸡的产蛋率。

④色素沉着作用。色素沉着是动物的皮肤在太阳照射下,皮肤颜色变深的现象。皮肤的色素沉着可增强皮肤对紫外线的吸收能力,防止大量的光辐射透入深部组织造成伤害。

⑤有害作用。过量的紫外线照射能对机体产生有害作用。强烈的紫外线照射可使皮肤发生光照性皮炎,皮肤上出现红斑、痒痒、水泡和水肿等症状,甚至会使皮肤基层的基底细胞肿胀,引发皮肤癌。照射眼睛可引起光照性眼炎,表现为眼痛、流泪、失明等症状。紫外线与某些光敏物质的联合作用,可引起光敏性皮炎。如果动物体内含有某些光敏物质,如采食含有叶红质的荞麦、三叶草、苜蓿等植物,或机体本身产生了异常代谢物,或感染病灶吸收了毒素等,在受到紫外线照射时,就能引起皮肤炎症或坏死,特别是白色皮肤及少毛、无毛部位尤为严重。这种现象多见于猪和羊。

在紫外线照射下,皮肤出现潮红现象,称红斑作用,这是皮肤对紫外线照射后的特异反应。一般经照射后 6 ~ 8 h 的潜伏期出现,红斑部位的皮肤隆起,边缘整齐。通常以波长 297 nm 的红斑灯,功率在 1 W 的辐射强度为一个红斑剂量。在实际应用紫外线对畜禽进行照射

时,应先进行试验性测量红斑生物学剂量,以掌握适宜的照射功率。

(2)红外线的作用　红外线的主要作用是产生热效应。

① 有益作用。适量的红外线照射可使局部组织温度升高,血管扩张,促进血液循环,使物质代谢加速,细胞增生,有消炎、镇痛和降低血压及神经兴奋性的作用。临床上,可利用红外线治疗冻伤、某些慢性皮肤疾患、关节炎和神经痛等疾病。在畜牧生产中,常用红外线灯作为热源,对雏鸡、仔猪、羔羊进行保温御寒,同时改善机体的代谢,促进生长发育。

②有害作用。过度的红外线照射可使动物皮肤血液循环增加,内脏血液循环减少,导致胃肠道的消化力与对特异性传染病的抵抗力下降。

过强的红外线照射可使皮肤温度达40 ℃或更高,皮肤表面发生变性,甚至形成严重烧伤。

红外线能穿透颅骨,使脑内温度升高,引起日射病。波长1 000 ~ 1 900 nm的红外线长时间照在眼睛上,可使水晶体及眼内液体的温度升高,引发白内障、视网膜脱落等眼睛疾病,多见于马属动物。因此,运动场应设遮荫棚或植树,夏季放牧家畜在中午要避免日光照射。

(3)可见光的作用　可见光的生物学效应与光的波长、光的强度和光周期有关。

①光的波长(光色)。光波长对畜禽影响不是很大。鸡对光色比较敏感,生产中发现鸡的啄癖与光色有关,如表1.4所示。鸡在红光下比较安静,啄癖极少,成熟期略迟,产蛋量稍有增加,蛋的受精率较低;在蓝光、绿光或黄光下,鸡增重较快,成熟较早,产蛋较少,蛋重略大。因此,在养禽业中常用红光来防止鸡的啄癖。

表1.4　光色与鸡的恶癖发生率的关系

光　色	青	绿	黄	橙	红
恶癖发生率/%	21.5	0	52	0.5	0

②光照强度。家禽对可见光的感觉阈很低。当亮度较低(< 10 lx)时,鸡群比较安静,生产性能和饲料利用率均较高;若光照过强(> 10 lx)时,容易引起啄癖和神经质;如果突然增加光照,还易引起母鸡的泄殖腔外翻。因此,无论对肉鸡或蛋鸡,光照度均不能过高。一般蛋鸡和种鸡光照度可保持在10 lx,肉鸡5 lx即可。

家畜对光照的反应阈较高。暗光下(5 ~ 10 lx),公猪和母猪生殖器官的发育较正常光照下的猪差;仔猪生长缓慢,成活率降低;犊牛的代谢机能减弱。因此,一般认为生长期的幼畜和繁殖用的种畜,光照度应较高,公母猪舍、仔猪舍60 ~ 100 lx为宜。肥育家畜,过强的光照会引起神经兴奋,减少休息时间,增加甲状腺的分泌,提高代谢率,从而影响增重和饲料利用率,因此应减弱光照度。肥育猪舍、肉牛舍的光照度以40 ~ 50 lx为最好。

③光周期。光照时数随季节的变化而呈周期性变化,称为光周期。

光周期对动物最明显的影响表现在繁殖性能上。许多动物的繁殖活动具有规律性变化。春夏季节的日照时间逐渐延长,环境温度也逐渐升高,一些动物如马、驴、野生食肉动物、食虫动物及禽类等的性机能活动旺盛,开始表现发情、交配、生育、产蛋,这些动物称之为"长日照动物";而另一些动物如绵羊、山羊、鹿及野生反刍动物等则在秋冬季节即日照逐渐缩短和温度下降时进行交配,称之为"短日照动物"。高纬度地区由于光照的年周期变化较低纬度地区明显,动物繁殖的季节性亦更加明显。赤道地区因光照的年周期变化不明显,动物繁殖也就没有明显的季节性。此外,也有些动物(牛、猪、兔)对光周期不敏感,全年都能配种。

家禽对光周期最敏感。在逐渐延长的光照条件下,促进性腺的发育。相反,在逐渐缩短的光照条件下,抑制性腺的发育。因此,生产上常常采用人工控制光照的措施来控制蛋禽的性成熟,达到适时开产、增加产蛋的目的。比如,成年鸡光照少于 10 h/d,产蛋量就会下降,光照 8 h/d 以下,产蛋就停止。但超过 17 h/d 的光照易使家禽产生疲劳,产蛋量反而减少,故蛋鸡舍的光照时间以 14 ~ 16 h/d 为宜。

光照时数对畜禽的生长、肥育的影响不是很大,不同的光照时数使畜禽的运动量不同。一般认为,种用动物的光照时数宜长一些,以利于增加活动而增强体质;肥育畜禽宜短一些光照,以利于肥育。

哺乳动物的产乳量呈现季节性变化,一般是春季最多,5 ~ 6 月份达到高峰,7 月份大幅度跌落,10 月份又慢慢回升。这与牧草荣枯和温度高低有着直接关系,但光照时数的变化也是重要原因。

羊毛的生长也有明显的季节性,一般都是夏季生长快,冬季生长慢。已有试验证实,用人为方法逐渐缩短光照时数,可使羊毛的生长速度减慢;逐渐延长光照时数则可使之加快,而且这种变化与温度无关。动物被毛的成熟也与光照有密切关系,这在毛皮兽中十分明显。秋季光照时数日渐缩短,动物的皮毛随之逐渐成熟。到了冬季,皮毛的质量达到优质。

畜禽的被毛,每年在一定季节内脱落更换,这一现象同温度固然有一定的关系,但主要因素是光周期的变化。例如,在自然条件下,鸡是每年秋季换羽。现代蛋鸡场多实行 14 ~ 16 h 的恒定光照制,致使光周期没有变化,鸡的羽毛不能正常脱落更换。因此,生产中用缩短光照等措施进行人工强制换羽。

1.1.3　空气温度

1)气温的变化

(1)气温的日变化　一天中的气温最高值和最低值之差,称为"气温日较差"。在一天中,日出之前气温最低,下午 2 ~ 3 点时最高。气温日较差的大小与纬度、季节、海拔和植被等有关。我国各地气温日较差不同,一般从东南向西北递增。

(2)气温的年变化　一年中,最热月的平均气温与最冷月的平均气温之差,称为"气温年较差"。一般是 1 月份气温最低,7 月份气温最高(海洋气候地区最热月为 8 月,最冷月为 2 月)。气温年较差受纬度、距海的远近、海拔高低、云量和雨量等诸因素的影响。我国南北气温在 1 ~ 2 月份相差很大,而 7 ~ 8 月份则南北普遍炎热,说明夏季温度与纬度的关系很小,而与地势高低和距海远近关系较大。因此,我国各地气温年较差随纬度升高而加大。

(3)畜舍内温差　棚舍、开放式和半开放式畜舍,舍内的空气温度与舍外差异不大,并随季节、昼夜和天气而波动。

而密闭式畜舍,因为热空气比冷空气的相对密度小,所以在同一畜舍内,空气温度并不均匀。垂直方向上,一般是天棚和屋顶附近较高,地面附近较低。如果天棚和屋顶保温能力强,通过它们散失的热量就比较少,舍内空气的垂直温差随之变小。在严寒的冬季,要求天棚和屋顶的保温能力尽可能强些,减少热量的散失,使天棚和屋面附近与地面附近的空气温度相差不超过 2.5 ~ 3 ℃。水平方向上,靠近门窗和墙壁的地带温度较低,中央较高,畜舍的跨度愈大,这种差异愈显著。实际差异的大小,决定于墙和门窗的保温性能。寒冷季节要求墙内表面温度与舍内平均温度之差不超过 3～5 ℃,墙壁附近的空气温度与畜舍中心温度相差不超过 3 ℃。

2)气温对体热调节的影响

(1)高温　在高温情况下,畜禽通过增加散热(皮温升高,蒸发量增加等)、减少产热(减少进食,生产力下降,肌肉松弛,嗜眠懒动等)的体热调节以适应高温环境,但加快呼吸和血液循环以增加散热的同时,会增加机体产热,故畜禽在高温时的体热平衡区较低温时窄得多,体热调节机能将不足以排除体内多余热量,体温开始升高,产热反而增加,加速了体热平衡的破坏。

当外界温度过高,或作用时间过长时,引起一系列生理机能失常,如呼吸变浅变快,进而出现热性喘息;体内血液重新分配,内脏贫血而周围血管充血,心跳加快,心脏负担加重;胃蠕动减弱,造成食欲减退,消化不良及其他胃肠道疾病;泌尿系统尿液浓缩,甚至尿中出现蛋白、红细胞等现象。

体温升高是体温调节障碍、机体内积热的标志。通常可根据在炎热环境中机体体温升高的幅度作为评定家畜耐热性的指标。当哺乳动物体温升高到 43～44 ℃时,即陷入昏迷,最后衰竭而死。禽类较耐高温,鸡体温的安全界限为 45 ℃,鸽死亡的临界温度为 48～50 ℃。这种由高温造成生理失常、甚至于死亡的现象,称为"热射病"。

生产上,通过喷水、淋浴、滚浴、浸浴、加强通风、选用导热性良好的地面(如混凝土、石板地面),以及减少饲养密度均可缓解高温的不良影响。

(2)低温　在低温情况下,畜禽通过减少散热(皮温下降,汗腺蒸发减少、肢体蜷缩、群集以减少散热面积,增加被毛厚度等)、增加产热(提高代谢率,增加活动和进食量,肌肉紧张颤抖产热等)的体热调节以适应低温环境。

畜禽对低温的适应能力要比高温强得多。但是,低温过长过低,超过畜禽代谢产热的最高限度时,可引起体温下降,代谢率亦随之下降,脉搏、呼吸变慢,尿量增加,抵抗力降低,最后因呼吸及心血管中枢麻痹而死亡。局部表现为风湿病、肌肉炎和关节炎,以及肢体末梢部位冻伤。营养不良、老弱幼畜、被毛稀疏、饲养密度低、无垫草、贼风、汗后漏风、落水等情况都可加重低温的不良影响。

3)气温对畜禽生产力的影响

(1)气温对繁殖的影响　气温的季节性变化影响动物的繁殖活动。过高的气温对许多畜禽的繁殖都有不良的影响。

①高温对公畜的影响。高温引起公畜睾丸温度升高,是造成繁殖力下降的主要原因。在一般气温条件下,哺乳动物睾丸温度较体温约低 3～5 ℃,这是最有利于精子生成的温度。但在高温、高湿的环境中,当睾丸温度升高到 36 ℃以上时,就会引起性欲、精液品质下降,从而影响到母畜的受胎和妊娠。一般受到影响后需要 2 个月左右才能恢复正常。这往往是造成"夏季不育",秋季配种效果差的重要原因。

②高温对母畜的影响。高温对卵巢机能的影响并不严重,但对准备妊娠的子宫和早期胚胎有危害性。高温使后备母畜的初情期延迟,成年母畜不发情或发情持续期缩短,发情征状微弱,受胎率下降,易流产和导致胚胎死亡。但主要危害是受精后胚胎的早期死亡。防止不同家畜的胚胎早期死亡的关键期是:绵羊在配种后 3 d 内,牛在配种后 4～6 d 内,猪在配种后 8 d、受胎后 11～20 d 以及分娩前 2 周。母禽产蛋的受精率与产蛋量的季节性变化相似,春季

高、夏秋季下降。气温过高或过低还会影响种蛋的孵化率和保存时间。

在妊娠期的后 1/3 ~ 1/2 时期受高温影响时,还会引起初生仔畜的体型变小,生活力下降,死亡率提高。在炎热地区,秋产仔的死亡率较高。

(2)气温对生长、肥育的影响　　在适宜温度,畜禽生长最快,肥育效果最佳,饲养成本最低。超出适宜温度范围时,饲料报酬降低,生长减缓,增重降低,如表 1.5 所示。

表 1.5　温度对 70 ~ 100 kg 猪采食量、增重、能量效率的影响

温度/℃	能量进食量/(MJ · DE · d^{-1})	饲料/增重	增重/(kg · d^{-1})	产品能/MJ[a]	能量效率/%[b]
0	64.3	9.5	0.54	12.5	19.4
5	47.7	7.1	0.53	12.3	25.7
10	44.4	4.4	0.80	18.5	41.7
15	40.0	4.0	0.79	18.3	45.8
20	40.9	3.8	0.85	19.7	48.2
25	33.4	3.7	0.72	16.7	50.1
30	28.0	4.9	0.45	10.4	37.1
35	19.2	4.9	0.31	7.2	37.4

注:a. 按 80 kg 猪每增重 1 g 含 23.17 kJ · NE 计算;b. 能量效率 = 产品能 ÷ 食入 DE × 100%。
(引自余振华译,1988,p.56)

猪的生长、肥育的适宜温度约在 15 ~ 25 ℃ 之间。各种放牧家畜,在环境温度达 8 ~ 20 ℃ 时的增膘速度最快。雏鸡生长的最适宜温度随日龄的增加而降低,1 日龄为 34 ~ 35 ℃,到 32 日龄时下降到 18 ℃。

(3)气温对产乳的影响　　一般认为欧洲品种牛产乳量适宜的气温范围在 4.4 ~ 21.1 ℃ 之间。高温季节时,产乳量显著下降,其下降的幅度因品种、个体、产乳量等而不同。高产奶牛对高温的反应较低产奶牛为敏感,产乳量和采食量下降幅度亦较大。

气温升高,乳脂率下降,气温从 10 ℃ 上升到 29.4 ℃,乳脂率平均下降 0.3%。如果气温继续上升,由于泌乳量急剧减少,乳脂率又异常上升。在自然条件下,一年中乳脂率变化最大(夏季最低,冬季最高)。高温时乳中无脂固形物和酪蛋白含量也下降,如表 1.6 所示。

表 1.6　温度对荷兰荷斯坦牛产乳量及乳成分的影响

温度/℃	4.4	10	15.6	21.1	26.7	29.4	32.2	35
产乳量/(kg · d^{-1})	13.2	12.7	12.3	12.3	11.4	10.5	9.1	7.7
乳脂率/%	4.2	4.2	4.2	4.1	4.0	3.9	4.0	4.3
无脂固体/%	8.26	8.24	8.16	8.12	7.88	7.68	7.64	7.58
酪蛋白/%	2.26	2.23	2.08	2.05	2.07	1.93	1.91	1.81

(4)气温对产蛋的影响　　在一般的饲养管理条件下,蛋鸡最适宜的温度为 13 ~ 25 ℃,最

佳温度 18~23 ℃。下限温度 7~8 ℃,上限温度 29 ℃。低温对产蛋量影响的报道尚不一致。蛋鸡对气温的反应也因品种而异,一般重型品种较耐寒,轻型品种较耐热。

气温持续在 29 ℃以上,则采食量下降,体重减轻,产蛋量下降,蛋重减轻,蛋壳变薄。例如,白莱航鸡饲养于 21 ℃、32 ℃ 和 38 ℃ 中,其产蛋率分别为 79%、72% 和 41%;在 32 ℃ 和 38 ℃ 时,蛋重分别较 21 ℃ 时轻 4.6% 和 20%。

1.1.4 空气湿度

1)湿度的表示方法

空气在任何状态下都含有水汽。表示空气中水汽多少的物理量称为空气湿度,简称"气湿"。通常用下列几个指标来表示空气湿度。

(1)绝对湿度 指单位体积空气中所含水汽的绝对含量,用水汽质量(g/m^3)或水汽压力(Pa)表示。

(2)饱和湿度 空气中能够容纳水汽的最大值。在一定温度和气压下它是一个定值,超过这个值,多余的水汽就凝结为液体或固体。该值随气温的升高而增大。当大气中水汽达到最大值时就称为饱和空气,这时的绝对湿度称为饱和湿度,其表示方法与绝对湿度同,如表1.7所示。

表 1.7 空气在不同温度下的饱和湿度

温度/℃	-10	-5	0	5	10	15	20	25	30	35	40
饱和水汽量/($g \cdot m^{-3}$)	2.16	3.26	4.85	6.80	9.40	12.83	17.3	23.05	30.57	39.60	51.12
饱和水汽压/Pa	287	421	609	868	1 219	1 689	2 315	3 136	4 201	5 570	7 316

(引自冯春霞,家畜环境卫生,2001)

(3)相对湿度 指空气中绝对湿度与同温度下的饱和湿度的百分比。它反映了实际空气中水汽的饱和程度,是一个常用的指标。即:相对湿度 = 绝对湿度/饱和湿度 ×100%。

(4)饱和差 饱和差指在某一温度下饱和湿度与当时空气中的绝对湿度之差。饱和差愈大,表示空气愈干燥;反之空气愈潮湿。

(5)露点 空气中水汽含量不变,且气压一定时,因气温下降而使空气达到饱和,这时的温度称为露点,用 ℃ 表示。空气中水汽含量愈多,则露点愈高。反之亦然。

由于影响湿度变化的因素(温度、蒸发)有周期性的变化,所以,空气湿度也有日变化和年变化。在一天或一年中温度最低的时候,相对湿度最高,温度最高的时候,绝对湿度最高。比如,在清晨日出前空气往往达到饱和而凝结为露水、霜或雾。

2)畜舍中的气湿

畜舍内的水汽主要来自畜禽蒸发的水分,约占 75%;此外,大气带入 10%~15%;地面、粪尿、污水等蒸发的水分约占 10%~15%。封闭式畜舍空气中的水汽含量经常高于舍外。棚舍、开放和半开放式畜舍内的湿度主要受舍外湿度的影响。而封闭式畜舍内,水汽大都产自地面附近,由于相对密度较小而不断上升。所以,一般是接近地面与靠近天棚处气湿较大。

3)气湿对畜禽的影响

(1)气湿对畜禽体热调节的影响 一般合适温度条件下,空气湿度对畜禽的热调节没有影响。气湿主要是影响畜禽的散热过程。所以在高温或低温的情况下,气湿就会影响畜禽的体热调节。因为水汽导热系数高,往往加剧高温或低温对畜禽危害。

在高温时,畜体主要依靠蒸发散热,而高湿不利于畜体蒸发散热。所以,在高温高湿的环境中,畜体的散热更困难。

在低温时,畜禽主要通过辐射、对流和传导的方式散热,并力图减少散热量以维持热平衡。由于潮湿空气的导热性和热容量都比干燥空气大,潮湿空气不利于畜体的保温。所以,在低温高湿环境中较在低温低湿中,畜禽感到更冷。

无论温度高低,高湿对热调节都是不利的,所以空气湿度是畜舍最重要的环境卫生指标。

（2）气湿对畜禽健康的影响

①高湿。高湿环境为病原微生物的繁殖、感染、传播创造了条件,使动物机体的抵抗力减弱,对传染性疾病的感染率增加,造成传染病流行;畜禽易患癣、疥螨、湿疹等皮肤病。

高温高湿有利于霉菌的繁殖,造成饲料、垫草的霉烂,极易造成霉玉米,雏鸡群发性曲霉菌病。高温高湿还引起使畜禽的肺炎、白痢和球虫病暴发。

在低温高湿的情况下,畜禽易患各种呼吸道疾病、神经痛、风湿症、关节炎、肌肉炎和消化道疾病。

但在温度适宜或稍高,高湿有助于灰尘下沉,使空气洁净,对防止和控制呼吸道感染有利,肺炎发病率下降。

②低湿。高温低湿,使畜禽局部皮肤干裂而降低皮肤和黏膜的防御能力。相对湿度在40%以下时,易引起呼吸道疾病。湿度过低造成家禽羽毛发育不良、禽啄癖,猪皮肤落屑等。

（3）气湿对畜禽生产力的影响

①产奶。在 24 ℃以上,相对湿度升高,奶牛的产奶量下降,如表 1.8 所示。在产奶量下降的同时,乳脂率及非脂固形物的含量也减少。

表 1.8　湿度对产奶量的影响

温度/℃	相对湿度/%	以 24 ℃、相对湿度38%时的产奶量作为标准产奶量100%		
		荷斯坦牛	娟姗牛	瑞士黄牛
24	38（低湿）	100	100	100
24	76（高湿）	96	99	99
34	46（低湿）	63	68	84
34	80（高湿）	41	56	71

（引自李蕴玉,养殖场环境卫生与控制,2002）

②生长与肥育。犊牛在适温（15 ℃）下,相对湿度 75% 和 95%,对其生产性能亦均无直接影响,但在低温（7 ℃）高湿（95%）的条件下,平均日增重分别下降 14.1% 和 11.1%。肥育猪（60 ~ 90 kg）,在 30 ℃温度下,相对湿度为 30% 时,平均日增重下降 30%,而相对湿度升高到 90% 时,平均日增重下降 48%。如温度适当（22 ℃）,相对湿度由 45% 升高到 95%,对增重亦无明显妨碍。

③产蛋。温度适宜时,相对湿度 60% ~ 70% 对产蛋最有利。但是在高温情况下,蛋鸡舍的相对湿度应随温度的升高而降低。气温为 28 ℃、31 ℃、33 ℃时,相对湿度分别以 75%、

50%、30%为适宜。

4)畜舍中的湿度标准

对畜禽生理机能来说,50%~70%的相对湿度是比较适宜的。但冬季在畜舍里要保持这样的湿度水平比较困难,因此规定下列最高限度:成年牛舍、育成牛舍为85%;犊牛舍、分娩室、公牛舍为75%;马厩为80%;成年猪舍、后备猪舍为65%~75%;肥猪舍、混合猪舍为75%~80%;绵羊圈为80%;产羔间为75%;鸡舍为70%。

1.1.5 气流与气压

1)气流

在地球表面上,由于空气温度的不同,使各地气压在水平分布上亦不相同。气温高的地区,气压较低;气温低的地区,气压较高。高气压地区的空气向低气压地区流动,空气的这种水平流动叫风。我国大陆,夏季盛行东南风,同时带来潮湿的空气,所以较为多雨;冬季多西北风或东北风,西北风较干燥,东北风多雨雪。

气流的状态通常用"风向"和"风速"表示。风向即风吹来的方向,常以8或16个方位表示。风速是单位时间内风的行程,常以 m/s 表示。风向和风速的变化显示气流运动的特征,且为天气变化的先兆。

一个地区各种风向出现次数的多少,常用风向频率图(风向玫瑰图)表示。风向频率图是将某一地区、某一时期内各种风向的频率,按罗盘方位绘出的几何图形,如图1.3所示。风向频率图可以表示某一地区在一定时间内的主风向,在选择养殖场址、建筑物配置和畜舍设计上都有重要的参考价值。

畜舍中的空气也会因自然通风或机械通风而发生运动,形成气流。由于舍内热空气上升,使舍内空气形成对流,称为"热压通风";当畜舍外有风时,空气由迎风面进入舍内而形成对流,称为"风压通风",如图1.4所示。机械通风则通过通风机械(风机)将空气由舍内吸出或送入舍内,前者为负压机械通风,后者为正压机械通风。

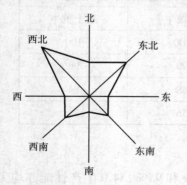

图1.3　某地冬季的风向频率

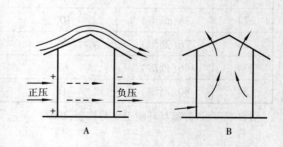

图1.4　畜舍内气流的形成
A.风压通风　B.热压通风

2)气流对畜禽的影响

(1)夏季　气流有利于对流散热和蒸发散热,因而对畜禽的健康和生产力具有良好的作用。气温在21.1~35.0 ℃时,气流自0.1 m/s增至2.5 m/s,可使小鸡增重提高38%。因此,夏季应尽量提高舍内气流速度,加大换气量,必要时辅以机械通风。

（2）冬季　气流增加畜禽的散热量，使能量消耗增多，甚至使生产力受到影响。气温在 2.4 ℃的蛋鸡舍里，气流由 0.25 m/s 增至 0.5 m/s，产蛋率由 77% 降到 65%，平均蛋重由 65 g 降为 62 g，料蛋比由 2.5 g 增至 2.9 g。

但是，即使在严寒条件下，舍内仍应保持适当的气流以排出舍内污浊的气体。一般来说，冬季畜禽舍的气流以 0.1 ~ 0.2 m/s 为宜，最高不超过 0.25 m/s。引入舍内的空气要求均匀散布到畜舍的各个部位，防止不均和死角，切忌产生贼风，民谚中有"不怕狂风一片，只怕贼风一线"的说法。所谓贼风，就是指由缝隙或小孔进入的温度较低而且速度较大的气流。贼风使畜体局部受冷，往往引起关节炎、肌肉炎、神经炎、冻伤、感冒以至肺炎、瘫痪等。在畜舍中设置漏缝地板就容易产生贼风，生产中要加以注意。

3）气压

围绕地球表面的空气具有重量，对地球表面上产生的压力，称为气压。通常将纬度 45°的海平面上、气温为 0 ℃时的大气压定为一个标准大气压，1 个标准大气压等于 1.01×10^5 Pa。地势海拔越高，空气越稀薄，气压越小；地势海拔越低，气压越大。

4）气压对畜禽的影响

引起天气变化的气压变化对畜禽没有直接影响，只有高海拔地区，气压垂直分布的重大差异可引起畜禽一系列的病理变化。临床表现为呼吸、脉搏加快，皮肤血管扩张，鼻孔流血，体虚流汗，食欲减退，腹胀痛等。因为这种现象发生在 2 000 ~ 3 000 m 以上的高海拔地区，故特称"高山病"。畜禽长期处于高海拔地区时，生理机能可以逐渐适应气压变化而不发生高山病。

1.1.6　气象因素的综合作用

1）气象因素的相互作用

在自然条件下，气象诸因素对畜禽健康和生产力的作用是综合的，各因素之间既相辅相成又相互制约。气温、气湿、气流和辐射热 4 个热环境要素中，任何一个因素对畜禽的作用都要受到其他因素的影响。例如，高温、高湿、无风和热辐射，是最炎热的天气；低温、高湿、风速大和无辐射，是最寒冷的天气。这是相辅相成的一面。而低湿、有风、遮荫能显著减弱高温的危害；低湿、无风、热辐射能避免低温的影响。

在评定气象因素对畜禽的影响时，就应该把气象诸因素综合起来考虑。当某一因素发生变化时，为了保持畜禽的健康和生产力，就必须调整其他因素。例如，在高温情况下，必须采取加强通风、降低湿度、遮阳、减小饲养密度等措施；低温情况下，则应降低湿度、控制通风量及风速、加大饲养密度、加强采光，必要时供暖。

2）气象因素的综合评价指标

在气象诸因素中，气温是起主导作用的因素，同时，气温对其他热环境因素的状况也产生重要影响，如影响相对湿度的大小、气流的形成等。所以，当叙述某种气象因素作用时，都要以当时气温为前提。

（1）有效温度　亦称实感温度，它是根据气温、气湿、气流等 3 个主要气象因素的相互制约作用，在人工控制的 3 要素不同组合条件下，以人的主观感觉相同为基础而制订的。如表 1.9 所示，3 个气象因素的任一组合，都有相同的感觉，即有效温度都是 17.8 ℃。比如，人处在相对湿度为 100%、风速为 0 m/s、气温为 17.8 ℃与相对湿度为 80%、风速为 0.5 m/s、气温为 21.9 ℃这两种环境条件下,有同样的舒适感。

表 1.9 有效温度为 17.8 ℃的气象组合

相对湿度/%	风速/(m·s⁻¹)				
	0	0.25	0.50	1.00	2.00
100	17.8	19.6	21.0	22.6	25.3
90	18.3	20.1	21.4	23.1	25.7
80	18.9	20.6	21.9	23.5	26.6
70	19.5	21.1	22.4	23.9	26.6
60	20.1	21.7	22.9	24.4	27.0
50	20.7	22.4	23.5	25.0	27.4
40	21.4	23.0	24.1	25.3	27.8
30	22.3	23.6	24.7	26.0	28.2

注:未注明单位的数值为气温(℃)。

(2)温湿指数 又称不适指标,是气温和气湿相结合估计炎热程度的指标,原来用于人,现在也普遍用于畜禽,尤其是牛。计算公式为:

$$THI = 0.4(T_d + T_w) + 15$$

或

$$THI = T_d - (0.55 - 0.55RH)(T_d - 58)$$

或

$$THI = 0.55T_d + 0.2T_{dp} + 17.5$$

式中,THI——温湿指数;

T_d——干球温度(℉);

T_w——湿球温度(℉);

T_{dp}——露点(℉);

RH——相对湿度(%)。

华氏度 T(℉)与摄氏度 t(℃)的换算见实验实训 1。

温湿指数数值愈大,则热应激愈严重。当 THI 为 69 时,欧洲牛已开始受到炎热的影响。可以用下面的公式估计炎热对产奶的影响。

$$MDec = -2.370 - 1.736NL + 0.024\,74(NL)(THI)$$

式中,MDec——产奶量下降量(kg);

NL——正常产奶量(kg)。

由于各种畜禽蒸发散热的机能强弱不同,干、湿球温度在温湿指数的权值也不同,故不同禽畜的温湿指数数值不同,例如:

猪的 $THI = 0.65T_d + 0.35T_w$,鸡的 $THI = (0.7 \sim 0.8)T_d + (0.3 \sim 0.2)T_w$。

(3)风冷却指标 是气温和风速相结合估计寒冷程度的一种指标,以风冷却力(H)来表示。风冷却力可用于估算裸露皮肤的对流散热量,其计算公式为:

$$H = (\sqrt{100\nu} + 10.45 - \nu)(33 - T_d) \times 4.184$$

式中,H——风冷却力(kJ/(m²·h));

ν ——风速(m/s);

T_d——干球温度(℃);

33——无风时的皮肤温度(℃)。

风冷却力对于评定畜牧业生产中的热环境不够直观,但可据下式折算为无风时的冷却温度,即:冷却温度(℃) = 33 - H/92.324。

例如:气温 -15 ℃,风速 6.71 m/s 时,则:

$$H = (\sqrt{100 \times 6.71} + 10.45 - 6.71)(33 + 15) \times 4.184 \, kJ/(m^2 \cdot h)$$
$$= 5\,953.7 \, kJ/(m^2 \cdot h)$$

相当无风时的冷却温度 = (33 - 5953.7/92.324)℃ = -31.5 ℃。

奶牛在冷却温度为 -6.8 ℃ 以下时出现冷应激。

1.2　畜舍空气中的有害气体

畜舍内畜禽的呼吸、排泄、生产过程产生许多有机物的分解产物,这些成分大多对人、畜有害,所以统称为有害气体。其中最常见的、危害最大的是氨、硫化氢和二氧化碳。其次,有水汽、一氧化碳、甲烷、粪臭素和吲哚等。这些有害气体的气味可刺激人的嗅觉,产生厌恶感,故又称为"恶臭"或恶臭物质。恶臭对人畜具有毒害作用,其影响是长期的、连续的,轻则使家畜体质变弱,生产性能下降,重则引起急性临床症状,甚至造成死亡。

1.2.1　氨(NH_3)

1)氨的来源

畜舍内的氨气是由含氮有机物(如粪尿、饲料、垫草等)分解产生,其含量的多少,取决于畜舍地面结构、舍内通风换气情况、饲养管理水平和畜禽的饲养密度等。

氨的密度较小,因此在畜舍内一般是上部空气氨浓度较高;氨极易溶于水,因而潮湿的墙壁、垫草及各种设备的表面都可以吸附氨;同时由于氨产生在地面和家畜的周围,在空气潮湿的畜舍内地面空气氨含量也较高。根据畜舍内空气采样测定,氨含量少者为 4.56 ~ 26.6 mg/m^3,而多者可达 114 ~ 380 mg/m^3。

2)氨的危害

(1)刺激眼睛和呼吸系统　氨是有刺激性臭味的气体,容易被家畜的呼吸道黏膜、眼结膜吸附而产生刺激作用,引起黏膜和结膜充血、水肿、分泌物增多,甚至发生咽喉水肿、声门痉挛、支气管炎、肺水肿等,并刺激三叉神经末梢,引起呼吸中枢和血管中枢神经反射性兴奋。氨被吸入肺部,可通过肺泡上皮进入血液,引起血管中枢的反应,并与血红蛋白结合,破坏血液运氧的能力,造成组织缺氧,引起呼吸困难。高浓度的氨可直接引起接触部位的碱性化学性灼伤,使组织溶解、坏死;进入呼吸系统的氨还能引起中枢神经系统麻痹,中毒性肝病,心肌损伤等症。氨对呼吸系统毒害随时间的延长而加重。

(2)降低抗病力与生产性能　畜禽长期在低浓度氨的作用下,体质变弱,对疾病的抵抗力降低,发病率和死亡率升高,采食量、日增重、产蛋率、平均蛋重、蛋壳强度和饲料利用率等生产力性能都下降。慢性氨中毒往往不易察觉,却给生产造成了巨大的损失。

鸡对氨最敏感,尤其是幼雏,即使在 5 mg/m³ 氨的长期作用下,鸡的健康也会受到影响。

3)畜舍内氨含量标准

我国农业行业标准(NY/T 388—1999)对畜舍内空气环境质量标准的规定,氨的最高浓度分别为:雏禽舍 10 mg/m³,成禽舍 15 mg/m³,猪舍 25 mg/m³,牛舍 20 mg/m³。人员进入鸡舍后,若闻到有氨气味,但不刺眼、不刺鼻,其浓度大致为 7.6 ~ 11.4 mg/m³;当感觉到刺鼻流泪时,其浓度大致为 19.0 ~ 26.6 mg/m³;当感觉到呼吸困难、睁不开眼、泪流不止时,其浓度大致为 34.2 ~ 49.4 mg/m³。

1.2.2　硫化氢(H_2S)

1)硫化氢的来源

硫化氢是一种无色、有腐蛋臭味的刺激性气体。畜舍中的硫化氢主要是由含硫有机物(主要是蛋白质)分解而来,粪便中含大量的硫化氢。硫化氢比重比空气大且产生于地面或地面附近,因此地面附近浓度越高。鸡舍地面上 30.5 cm 处硫化氢浓度为 5.29 mg/m³ 时,在 122 cm 处硫化氢气体浓度为 0.623 mg/m³。在通风良好的畜舍中,硫化氢浓度可在 15.58 mg/m³ 以下。如果通风不良或管理不善,则硫化氢浓度大为增加,甚至达到中毒的程度。在封闭式的蛋鸡舍中,当破损鸡蛋较多而不及时清除时,空气中的硫化氢也显著增加。

2)硫化氢的危害

(1)刺激眼睛和呼吸系统　硫化氢易被黏膜吸收,与黏液中的钠离子结合生成硫化钠,对黏膜产生刺激作用,引起眼炎和呼吸道炎症,出现畏光、流泪、角膜混浊等症状,还引起鼻炎、气管炎、咽喉灼伤甚至肺水肿。动物经常吸入低浓度的硫化氢,可出现植物性神经紊乱,偶尔发生多发性神经炎。高浓度的硫化氢可直接抑制呼吸中枢,引起窒息而死亡。

(2)影响血液循环系统　硫化氢在肺泡内很快被吸收进入血液内,氧化成硫酸盐或硫代硫酸盐等;游离在血液中的硫化氢,能和氧化型细胞色素氧化酶中的 Fe^{3+} 结合,使酶失去活性,影响细胞呼吸,造成组织缺氧。

(3)使畜禽抗病力下降　长期处在低浓度硫化氢的环境中,畜禽体质变弱,抗病力下降,易发生肠胃病、心脏衰弱等,使生产性能下降。猪在硫化氢达 30.4 mg/m³ 的环境中,变得畏光、丧失食欲,出现神经质;硫化氢达 76 ~ 304 mg/m³ 时,会突然呕吐,失去知觉,接着因呼吸中枢和血管运动中枢麻痹而死亡。猪在脱离硫化氢的影响以后,对肺炎和其他呼吸道疾患仍很敏感,极易引发气管炎和咳嗽等症状。

3)畜舍内硫化氢含量标准

我国农业行业标准(NY/T 388—1999)对畜舍内空气环境质量标准的规定,硫化氢的最高浓度分别为:雏禽舍 2 mg/m³,成禽舍 10 mg/m³,猪舍 10 mg/m³,牛舍 8 mg/m³。

1.2.3　二氧化碳(CO_2)

1)二氧化碳的来源

大气中 CO_2 含量只有 0.03%,畜舍空气中的二氧化碳主要来自畜禽呼吸产生的二氧化碳。例如,一头体重 100 kg 的肥猪,呼出 CO_2 43 L/h;一头体重为 600 kg、日产奶 30 kg 的奶牛,呼出 CO_2 200L/h;1 000 只 1.6 kg 的母鸡呼出 CO_2 1 700 L/h。因此,畜舍空气中的 CO_2 含量要比大气中高出许多倍。即使在通风良好的条件下,往往比大气高出50%以上。如果畜舍卫生管理不当、通风设备不良、或容纳家畜数量过多,CO_2的含量可超过大气中的数倍或数十倍,达到0.5%~1.0%。

2)二氧化碳对畜禽的影响

二氧化碳本身无毒性,畜舍中二氧化碳浓度升高表明畜舍通风不良、氧气消耗过多。畜禽长期生活在缺氧的环境中,精神萎靡,食欲减退,体质下降,生产性能降低,对疾病的抵抗力减弱,特别易感染结核等慢性传染病。

3)畜舍内二氧化碳含量标准

虽然畜舍中的二氧化碳浓度很少会达到有害的程度,但是,它常与畜舍中氨、硫化氢和微生物的含量成正相关。二氧化碳的含量表明了畜舍通风状况和空气的污浊程度,因此,二氧化碳的浓度可作为评定畜舍空气卫生状况的间接指标。

我国农业行业标准(NY/T 388—1999)对畜舍内空气环境质量标准的规定,畜舍中二氧化碳的最高浓度为1 500 mg/m³(0.15%)。

1.2.4 消除畜舍中有害气体的措施

消除畜舍中的有害气体,防止畜舍内环境质量的恶化,对保持家畜的健康和生产性能有重要作用。由于有害气体的产生途径有多种,因而消除有害气体也必须从多方面入手,采取综合措施。

1)合理设计畜舍

从畜舍的设计考虑,注重设置良好的除粪装置和排水系统,地面和粪尿沟要有一定坡度,便于污水、粪便排放,不在中途滞留;猪舍地面设计成半漏缝地板而非全漏缝地板,可以减少有害气体的逸出;减少漏缝地板下粪坑的表面积,有助于减少有害气体的散发。

2)加强饲养管理

在饲养管理中通过加强畜舍通风、及时清除粪尿、保持舍内干燥也是排除有害气体的重要措施。特别在严冬季节,为了保温而将门窗紧闭,导致畜舍有害气体浓度升高,因此,即使在冬季,畜舍仍要保持适宜的通风量。舍内潮湿有利于微生物繁殖,更易产生有害气体,因此应及时清除粪便污水,勤换垫草,经常检查饮水器或饮水槽,避免漏水、溢水现象,保持粪便、垫草的干燥,以减少畜舍内的有害气体。

3)使用垫料与除臭剂

使用疏松、干燥的垫料可吸收一定量的有害气体。麦秸、稻草、树叶、锯末、玉米芯粉等是比较好的垫料,黄土也有一定的效果。除臭剂一般有吸附剂(如沸石粉、海泡石、磷酸、过磷酸钙、硅酸等)、酸化剂(如甲酸、丙酸等)、氧化剂(如过氧化氢、高锰酸钾等)、活菌制剂(如EM菌)等。沸石、海泡石、过磷酸钙等洒在垫料中均可以显著降低氨臭。在猪舍、鸡舍内每5 d喷雾1次EM 20 g/m3,能显著减少臭气;使空气中氨的浓度由12 mg/kg下降到1.8 mg/kg。

4)使用平衡日粮与提高饲料消化率

日粮中的营养物质若不能完全消化吸收而随粪便排出,则畜舍有害气体就会增加,因此改善日粮中氨基酸平衡状态,减少蛋白质总的供给量,有利于减少粪便中氮、硫的含量,对减少有害气体的产生有着重要而现实的意义。试验表明,在"玉米—豆粕"型的猪鸡日粮中添加适量赖氨酸,可降低粗蛋白水平、氮的排泄量。在猪日粮中蛋白质水平每降低1%,氮的排出量则减少 8.4%。

选用消化率高的饲料原料,或者通过对饲料进行合理加工(如制粒和膨化)来消除一些抑制蛋白质消化的抗营养因子,也能够降低排泄物中蛋白质的残留,从而减少腐败分解所产生的有害气体。

在日粮中应用某些添加剂来改善日粮平衡、提高饲料消化率与畜禽代谢机能,对控制恶臭、保护环境也有重要作用。这类添加剂主要有酶制剂、微生态制剂、丝兰属提取物和沸石等。例如,肉鸡日粮中添加植酸酶,可节约 1% 的蛋白质;家畜日粮中添加植酸酶,能有效地提高氮与植酸磷的利用率,减少氨排出量 2% ~5%。乳酸杆菌、双歧杆菌等能降低粪便的 pH 值,可降低氮的排泄量 2.9% ~25%,使氨的释放减少。在蛋鸡上采用 EM(有效生物菌群)技术,可使密闭鸡舍内的氨浓度由 87.6 mg/kg 下降到 26.5 mg/kg,除氨率达到 69.7%。在蛋鸡饲料中添加 2% ~5% 的沸石粉,能使粪便含水量降低 25%,有害气体减少;猪的日粮中添加 5% 的沸石,可使排泄物中的氨的含量下降 21%。

1.3　畜舍空气中的微粒、微生物和噪声

1.3.1　微粒

1)微粒的性质和来源

微粒是指存在于空气中固态和液态杂质的统称。微粒按粒径的大小可分为尘、烟、雾 3 种。尘是指粒径大于 1 μm 的固体粒子,其中粒径大于 10 μm 的粒子,由于本身的重力作用能迅速降低到地面,称为降尘;而粒径在 1~10 μm 之间的粒子,能长期在空气中漂浮,称飘尘;粒径小于 1 μm 的固体粒子称为烟;雾是粒径小于 10 μm 的液体微粒。

畜舍和畜牧场空气中的微粒分为无机微粒和有机微粒两大类。无机微粒主要是扬起的干燥粉尘;有机微粒主要有粪粒、饲料粉尘、被毛的细屑、皮屑、喷嚏飞沫等。畜舍和畜牧场空气微粒主要以有机微粒为主。

畜舍内的微粒主要来自于舍内的饲养管理生产过程,例如,清扫地面、投放饲料、通风除粪等机械设备的运转、家畜的活动、咳嗽、鸣叫等,都会引起畜舍空气中的微粒数量增多。

畜舍空气中微粒一般在 10^3 ~10^6 粒/m^3 之间,在翻动垫草时,数量可以增加数十倍。

2)微粒对畜禽的影响

(1)影响皮肤功能　微粒降落在家畜体表上,可与皮脂腺和汗腺的分泌物、细毛、皮屑、微生物混合在一起,黏结在皮肤上,使皮肤发痒和发炎;堵塞皮脂腺和汗腺出口,使分泌受阻,表皮变得干燥脆弱,易于损伤和裂龟,散热功能、皮肤感受功能降低。

(2)影响呼吸道功能　有的微粒本身具有毒性,如石棉、油烟、强酸或强碱的雾滴、某些重金属(铅、铬、汞等)粉末。有的微粒吸附性很强,能吸附许多有害物质,它们侵入畜禽的呼吸道产生不同的危害。潮湿环境下的微粒还可以吸附氨和硫化氢等有害气体,这些吸附了有害气体的微粒进入呼吸道后,给呼吸道黏膜以更大的刺激,引起黏膜损伤。微粒越小,吸收有害气体后对呼吸系统的危害越大。

大的微粒一般被阻留在鼻腔内,有些可到达支气管,小的微粒可进入细支气管和肺泡,甚至可到肺泡内。被阻塞在鼻腔内的微粒,对鼻腔黏膜产生刺激,微粒中夹带的病原微生物,可使家畜感染。进入气管或支气管内的微粒,可使家畜发生气管炎或支气管炎。侵入肺泡的微粒,可引起肺炎等。停留在肺组织的微粒,可引起尘肺病。

3)减少畜舍内微粒的措施

①养殖场在选择场址时,要远离产生微粒较多的工厂企业,如水泥厂、磷肥厂等。畜舍布局时应考虑产生微粒较多的饲料加工场或饲料配置间要远离畜舍,并应设有防尘设施。

②改善畜舍和牧场周围地面状况,在养殖场周围种植防护林带,阻滞外界尘埃的产生;场内进行绿化,尽量减少裸地面积。

③尽量减少饲养管理中微粒的产生。如改干粉料为颗粒饲料饲喂,或者拌湿饲喂;趁家畜不在舍内时打扫地面、投放饲料、翻动或更换垫草;不要在畜舍内刷试畜体、干扫地面。

④保证舍内良好的通风换气,进风口可安装滤尘器或消毒装置。

1.3.2　微生物

1)畜舍空气中微生物的来源

干燥的空气与太阳辐射紫外线的杀菌作用,不利于空气中微生物的存活,因此空气中的微生物大部分在较短的时间内死亡。但是畜舍中水汽和微粒为微生物的繁殖创造了条件,凡是能使空气中微粒增多的因素,都可能使微生物的数量随之增加,使得畜舍内微生物的数量比舍外多,其中有可能存在病原微生物,对家畜造成严重的威胁。

2)病原微生物的传播途径

病原微生物附着在尘埃上对畜禽造成的传染,叫尘埃传染;附着在飞沫上造成的传染叫飞沫传染。在大自然中,尘埃传染多于飞沫传染,而在畜舍内,以飞沫传染为主。

①飞沫传染。家畜在打喷嚏、咳嗽、鸣叫时,从鼻腔、口腔内喷出大量的飞沫小滴,多种病原菌可存在于其中,从而引起畜禽的各种病原菌的传播。当飞沫小滴干燥后,就形成飞沫小核,飞沫小核直径很小,一般仅有 $1\sim2~\mu m$,可以在空气中长期飘浮,或者随气流带到很远的地方,引起更广泛的传播。

②尘埃传染。病原微生物可附着在各种尘粒上,如清扫畜舍时扬起的灰尘,投放粉料时扬起的饲料粉尘,刷拭畜体产生的皮屑、毛垢,畜禽走动扬起的粪便微粒等,它们飞扬于空气中,易感动物吸入后,就可感染发病。通过尘埃传播的病原体,一般对外界环境条件均可造成灰尘传播。一般,越是新扬起的灰尘微粒,致病性越强。

3)减少畜舍空气中微生物的措施

①养殖场场址应远离医院、兽医院、皮革厂、屠宰厂等污染源,场内与外界要有明显的隔离,防止一些小动物携带病原菌入场,场内要严格分区,各区之间应分隔。

②建立严格的检疫、消毒和病畜隔离制度。

③保持良好的通风换气,必要时使用除尘器净化空气。

④畜禽的周转尽量采用"全进全出"制。

⑤减少畜舍内微粒的产生。

1.3.3　噪声

从物理观点来讲,呈周期性振动所发出的声音,称为乐音;呈不规则、无周期性振动所发出的声音,叫做"噪声"。从生理学观点来讲,噪声是指那些令人厌恶的或影响人和畜禽正常生理机能、导致生产性能下降、危害健康的声音。因此,噪声不仅有其客观的物理特性,还依赖主观感觉的评定。

1)畜牧场噪声的来源

(1)外界传入　如交通噪声、工业噪声等。载重汽车、公共汽车等重型车辆的噪声在89～92 dB,而轿车、吉普车等轻型车辆噪声约为82～85 dB,飞机从头上低空飞过时噪声为100～120 dB。工业噪声主要来自各种工厂的生产运转以及建筑施工所产生的噪声。

(2)畜舍内机械运转产生　如风机、喂料机、除粪机工作时产生的。舍内风机的噪声强度,在最近处可达84 dB,真空泵和挤奶机的噪声为75～90 dB,除粪机噪声为63～70 dB。

(3)家畜自身产生　如家畜鸣叫、争斗、采食和运动时产生。一般约为50～60 dB,在饲喂、挤奶、收蛋、开动风机时,各方面的噪声汇集在一起,可达70～94.8 dB。

2)噪声对畜禽的影响

(1)噪声对听觉器官的影响(特异性危害)　关于噪声对听觉器官损害的研究对象主要是人,较长时间的强烈噪声作用,可使人的听力明显下降,引起听力损伤和噪声性耳聋。对畜禽这方面的研究几乎没有。

(2)噪声对机体的其他影响(非特异性危害)　噪声作用于机体的各器官,首先表现为中枢神经和心血管的损害,大脑皮层兴奋和抑制过程的平衡失调,导致条件反射异常,脑血管功能紊乱,脑电位改变等。其次,噪声影响消化系统,使胃功能紊乱,胃液分泌减少,蠕动减慢,以至食欲不振、消瘦;噪声还使内分泌机能发生紊乱等。

(3)噪声对家畜生产性能的影响　成年奶牛在110～115 dB的噪声下产奶量降低10%,甚至30%以上,妊娠奶牛发生流产和早产现象。经常处于噪声下的奶牛,产奶量不会下降,但突然而来的噪声会使正在挤奶的牛停止泌乳,或使没有挤奶的牛立即排乳,随后又完全停止放乳。

噪声可导致蛋鸡产蛋量下降,软蛋率和破蛋率增加。鸡对90～100 dB短期噪声可以逐渐产生适应。连续噪声(110～120 dB)刺激,可使蛋鸡产蛋率下降,蛋重减少,软蛋和血斑蛋的发生率增加。100 dB噪声使母鸡产蛋力下降9%～22%,受精率下降6%～31%,130 dB噪声可使鸡体重下降,甚至死亡。爆破声对蛋鸡的影响如表1.10所示。

表1.10　噪声对蛋鸡的影响

组　别	成年鸡		大　雏			中　雏		淘汰鸡/%
	产蛋率/%	体重减少/%	开产日龄/d	产蛋率/%	体重/[g·(只)⁻¹]	开产日龄/d	产蛋率/%	
85～89 dB 稳定声	81.3	10～30	160	66	1 702	147.9	54	15
90 dB 爆破声	72.4	35～55	160.6	46	1 740	148.2	32	24

(引自李震钟,家畜环境卫生学附牧场设计,2000)

母猪在噪声刺激下受胎率下降,流产、早产现象增多。仔猪对噪声的反应较显著,65 dB以上噪声使仔猪血液中的血细胞数比正常时增加,胆固醇提高,白蛋白下降。

但是声音是一个可利用的物理因素,它不仅在行为学上是家畜传递信息的生态因子,而且对生产也会带来一定的利益。有报道称,挤奶时播放轻音乐有增加奶牛产奶量的作用;轻音乐能使产蛋鸡安静,可以延长产蛋周期;用轻音乐刺激猪,有改善单调环境而防止咬尾癖的效果,还可刺激母猪发情。

　　3)噪声的标准和预防

　　我国 1979 年颁布《工业企业噪声卫生标准》规定,工业企业工作地点噪声标准为 85 dB。这一标准是否适用于畜禽,有待进一步研究。现在尚无畜牧业所忍受的噪声极限资料,畜舍内外的噪声可参考工业企业的规定。幼畜、雏鸡和蛋鸡要求较高,成年家畜可适当放宽。

　　为了减少噪声的发生和影响,畜牧场在建场时应选好场址,尽量避免工矿企业、交通运输噪声的干扰。畜牧场内的规划要合理,交通线不能太靠近畜舍,还可利用地形做隔声屏障,降低噪声。机械化养殖场,应尽量选用噪声最小的设备。畜牧场及畜舍周围应大量植树,绿化可使外界噪声降低 10 dB 以上。

复习思考题

1. 名词解释:

气象因素　等热区和下限临界温度　气温日较差与气温年较差　绝对湿度与相对湿度有效环境温度　贼风　飞沫传染与尘埃传染

2. 简答题

(1)等热区对动物生产有什么实际意义?

(2)举例说明紫外线与红外线如何在生产实践中应用?

(3)光照对畜禽繁殖力和增重有何影响?

(4)不良环境温度如何影响畜禽的繁殖性能?

(5)为什么说无论气温高低,高湿对畜禽都是不利的?

(6)高温和低温对畜禽生长影响有何不同?

(7)畜舍中的氨和硫化氢对畜禽有什么危害?

(8)畜舍中的微粒和微生物对畜禽有何影响?

(9)如何减少畜舍空气中的有害气体、微粒和微生物?

3. 计算题

(1)假如肥猪的全价配合饲料为 2 元/kg,那么 1 头 70 kg 的肥猪在环境温度 35 ℃ 下生长至 100 kg,比在 25 ℃ 适宜温度下饲养达到同样体重,要增加饲料成本多少?

(2)奶牛在风速为 4 m/s 的牧场放牧时,当气温下降到多少摄氏度以下时,容易引起奶牛乳头冻伤等冷应激反应?

第2章 土壤、饲料与水体卫生

本章导读：主要阐述土壤、饲料与水体卫生对畜禽的健康与生产性能的影响。内容包括土壤污染的来源及危害、防治土壤污染的措施；饲料的污染来源、对畜禽的毒害及其控制的措施；水源的选择与防护，水体的污染和自净，水质卫生标准与评价，水的净化与消毒等。通过学习，要求深刻理解土壤、饲料与水体卫生对畜禽生产的重要性，掌握各种防治污染的办法与措施。

2.1 土壤卫生

土壤是自然环境的重要组成部分，作为畜禽外环境的基本因素之一，它的卫生状况直接或间接地影响着畜禽的繁殖、生长、采食、休息、生产。土壤的质地决定着土壤中水分和空气的存在状况，并直接影响畜舍内部的温、湿条件和畜牧场的小气候。土壤的化学组成影响地下水和地面水，影响该土壤上生长的植物的化学成分和品质，并通过水和饲料植物影响畜禽的健康和生产性能；土壤被有毒化学物质污染，也可引起某些疾病。土壤还可能成为病原微生物和寄生虫的孳生场所，并可由此而污染水和饲料，以致可能引起某些蠕虫病和传染病的传播与流行。

2.1.1 土壤质地、化学组成及其卫生学意义

1) 土壤质地及卫生学意义

土壤是由粒径不同的各种矿物质颗粒(土粒)组成的，土粒依其直径大小分为石砾(粒径1～3 mm)、砂粒(粒径1～0.01 mm)、粉粒(粒径0.01～0.001 mm)、黏粒(粒径小于0.001 mm)4种。通常把粒径0.01 mm作为划分沙和泥的界限。土壤中各粒级土粒含量的相对比例称为土壤质地，简称泥沙比例。沙粒占80%以上的土壤是砂土类；泥粒占60%以上的土壤是黏土类；介于两者之间的称壤土类。土壤质地不同，其物理特性(通气性、容水量、毛细管作用等)有很大差别，因而有着不同的卫生学意义。

(1)砂土类 土壤的颗粒大，粒间孔隙大，毛细管作用弱，通气、透水性强，内部排水通

畅,不易积聚还原性有害物质,但不持水、易干燥、不耐旱。砂质土经常处于通气良好状态,好气性微生物活动强烈,土壤中有机质分解迅速。热容量小,导热性大,易增温也容易降温,昼夜温差较大,温度随季节的变化明显,这对畜禽不利。

(2)黏土类　土壤的颗粒小,粒间孔隙小,透气、透水性差,内部排水慢,保水力强,含水量多,吸湿性大,毛细管作用强,易潮湿、泥泞。因通气性差,好气性微生物受到抑制,有机质分解较慢,土壤自净能力较弱。热容量较大,升温慢降温也慢,昼夜温差小。黏土还具有潮湿时膨胀、干燥时收缩的特性。在寒冷地区,当冬季结冻时,常因土壤体积膨胀变形,导致畜舍建筑物基础损坏。

(3)壤土类　土壤兼有砂土类、黏土类的特点,它既有一定数量的大孔隙,又有相当多的毛细管孔隙,通气透水性良好,不像黏土那样泥泞,土温比较稳定,自净能力较强。由于土壤的容水量小,因而膨胀性较小。这类土壤对于保持畜禽健康、防疫卫生、饲养管理以及作为畜舍的地基都是比较有利的。

我国土壤质地的地理分布特点:在水平方向上,自西向东,从北向南有由粗变细的趋势;在垂直方向上,从高到低也有相同的变化规律。

2)土壤化学组成及卫生学意义

(1)影响土壤化学组成的因素

①土壤类型。土壤的成分很复杂,包括矿物质、有机物、土壤溶液和气体。一般土壤中矿物质占很大比例,为 90% ~ 99% ,而有机物占 1% ~ 10% 。砂土几乎只有矿物质,而泥炭土则绝大部分是有机质。

②土壤的成土母质。土壤中的矿物元素主要来源于成土母质,其含量与土壤形成过程有密切关系,所以微量元素的分布与地理环境和土壤种类有一定关系。如火成岩发育的土壤中铁、锰、铜和锌丰富;沉积岩发育的土壤含硼多。黏土的微量元素含量一般高于砂质土。有机物对微量元素有络合作用,因此,富含腐殖质的土壤有利于许多微量元素的存在。

③气候因素。气候因素影响土壤微量元素的分布状态,如湿润多雨的山岳地区,易溶性强的元素异常缺乏,畜禽常出现微量元素缺乏症,如碘缺乏症(甲状腺肿大);而气候炎热干燥地区的荒漠土、灰钙土、盐碱土等,由于氟、硒等微量元素过剩,家畜常表现氟骨症、硒中毒。潮湿的土壤有利于三叶草对钴的吸收,而土壤的含水量与气候因素有关,因此有些地区牛、羊的钴缺乏症发病率有季节性变化。

(2)土壤的化学组成与食物链　岩石风化所释放出来的可溶性矿物质进入土壤,再被植物根系吸收利用,参与有机界物质循环,影响着植物的化学组成。绝大多数动物以植物为食物,从而使土壤中的矿物元素进入人与畜禽的食物链。因而,不同岩石和土壤类型的化学成分决定了地区动、植物群落及其作为人类食物的化学成分。

土壤中与畜禽关系最密切的矿物元素有钙、磷、钾、钠、氯、镁、硫等常量元素,还有碘、氟、钴、钼、锰、锌、铁、铜、硒、硼、锶、镍等微量元素。此外,土壤中含量最多的元素如氧、硅、铝等,虽与畜禽的营养需要无直接关系,但都是土壤矿物质组成的主要成分,如 SiO_2、Al_2O_3 以及磷酸盐、碳酸盐、硝酸盐、氯化物、硫化物、氨等,这些都是植物的重要养料,对植物的生长有着极其重要的影响。

畜禽需要从饲料中获得必需矿物元素,植物与土壤矿物质是饲料的重要组成部分,而土壤影响着植物的化学组成。因而,土壤中某些元素的缺乏或过多,往往通过饲料引起畜禽地方性营养代谢疾病,表2.1所示。例如,土壤中钙和磷的缺乏可引起畜禽的佝偻病和软骨症;缺镁而导致畜体物质代谢紊乱、异嗜,甚至出现痉挛症;缺钾或钠时,畜禽表现食欲不振、消化不良、生长发育受阻等。一般情况下,土壤中常量元素的含量较丰富,大多能通过饲料来满足畜禽的需要。但畜禽对某些元素的需要量较多(如钙),或植物性饲料中含量较低(如钠),故应注意在日粮中补充。

表2.1 某种元素缺乏或过量引起的病症

元素	缺乏引起的病症	过量引起的病症	日粮干物质中含量的致毒反应量
钙	骨骼病变、骨软症	影响消化、扰乱代谢、骨畸形	持续含1%以上
磷	幼畜佝偻病、成畜骨质软化病;多发于牧草含磷量0.2%以下地区	甲状旁腺机能亢进、跛行、长骨骨折	持续超过干物质的0.75%以上
镁	低镁痉挛、惊厥,牛羊搐搦症;一般青草含镁量低于干物质的0.2%发病	降低采食量引起腹泻	以不超过0.6%为宜
钾	生长停滞、痉挛、瘫痪;日粮干物质中含量低于0.15%发病	影响镁代谢为镁痉挛的原因	
钠、氯	生长迟缓、产乳量下降、异食癖;阻碍雏鸡生长,引起神经系统病变	雏鸡食盐中毒	一般不超过5%。猪1%食盐中毒,鸡3%食盐中毒
硫	食欲不振、虚弱、产毛量下降	无明显有毒作用	硫酸盐形式的硫超过0.05%可中毒
铁	幼畜腹泻、贫血	瘤胃弛缓、腹泻、肾机能障碍	
铜	贫血、牛羊骨质疏松,后肢轻瘫,禽胚胎死亡。牧草中少于3 mg/kg时出现缺铜症	牛羊红细胞溶解,发生血红蛋白尿和黄疸	羊超过50 mg/kg,牛100 mg/kg,猪250 mg/kg,雏鸡300 mg/kg
钴	幼畜生长停滞,成畜消瘦,母畜流产,干物质含钴低于0.1 mg/kg发病	食欲减退、贫血	肉牛8 mg/kg,羊10~12 mg/kg
硒	肝坏死、白肌病、鸡渗出性素质病、脑软化、饲料中低于0.1mg/kg发病	慢性为消瘦、贫血、跛行;急性为瞎眼、痉挛、衰竭	鸡10 mg/kg
锰	生长停滞、骨质疏脆、鸡脱腱病,繁殖力低	食欲不良、体内储铁下降,发生缺铁、贫血	超过1 000 mg/kg
锌	生长受阻、皮肤角化、睾丸发育不良	对铜、铁吸收不良易贫血	500~1 000 mg/kg
碘	甲状腺肥大、生长迟缓、胚胎早死	鸡产蛋量下降,兔死亡率提高	以不超过4.8 mg/kg为宜

续表

元素	缺乏引起的病症	过量引起的病症	日粮干物质中含量的致毒反应量
铬	胆固醇或血糖升高，动脉粥样硬化	致畸、致癌、抑制胎儿生长	
氟	牙齿保健不良、饲料和饮水中 1~2 mg/kg 即可	齿病变，如波齿、锐齿、骨畸形、跛行	以不超过 20 mg/kg 为宜
钼	雏鸡生长不良、种蛋质量下降	牛腹泻、消瘦、引起与缺铜相同的骨骼病和贫血	超过 6 mg/kg 即可中毒
硅	骨骼和羽毛发育不良，形成瘦腿骨	在肾、膀胱、尿道中形成结石	

（引自姚尚旦,家畜环境卫生学,1988）

除上述几种微量元素及其引起的生物地球化学地方病外，还有许多微量元素，如硼、锶、镍等，它们在土壤中含量的异常，都能引起动物发生一些特异的生理及病理的变化。

（3）微量元素的应用　随着微量元素的生物学以及一些地方病病因的揭示，微量元素最早被作为添加剂应用在饲料中，也是用量最多的饲料添加剂，不仅用它来预防和治疗许多疾病，而且用来提高各种畜禽的生产力。因为其价格低廉，有超量滥用的趋势。因此在考虑和使用微量元素制品的时候，应注意以下几个问题。

①人类的食物来源广而杂，而畜禽在有限的地域内觅食，饲料种类与来源比较局限，对土壤的依从性比人类大得多。因此，当某地土壤中微量元素含量异常时，并不一定都引起人类特有的地方病，但却往往先在畜禽群中表现出来。现代畜牧业的集约化生产，饲料常从外地输入，即使当地土壤中微量元素含量异常，也不一定会发生地方病。

②畜禽对各种微量元素的需要与敏感性因畜禽的种类和个体而不同。如反刍动物对钴的缺乏比单胃动物敏感，禽类对氟的需要量比哺乳动物少，仔猪比成年猪更容易患缺铁贫血症等。

③在动物体内，各种微量元素之间存在着拮抗、协同或取代作用。因此应注意各种微量元素在动物体内吸收和代谢时复杂的关系。如碘和锌对动物的地方性甲状腺病有协同作用；日粮中含铁和锌过多时，会抑制铜的吸收；钙和磷的含量过高，则锰在肠道中的吸收率下降，致使动物出现缺锰。无根据的任意补充某种微量元素，不仅无益，反而有害于动物、造成环境污染。

④在研究微量元素需要量和确定补给标准时，首先要考虑当地土壤各种微量元素的含量，同时要注意到土壤施肥、土地改良、环境污染等因素也可以改变元素的含量。

⑤注意到不同形式的微量元素利用效率不同。一般来讲，氨基酸与蛋白质降解物与矿物元素形成螯合物形式比有机酸盐微量元素效率高，有机酸盐比无机酸盐效率高。

2.1.2　土壤的污染及卫生防护

1）土壤污染

土壤是各种渠道而来的废弃物的受纳者和处理场所。废弃物同土壤物质和土壤生物发生极其复杂的反应，经一定时间，最后成为无害状态，这是土壤的自净过程。但在对废弃物卫生管理不善、处理和利用不当、任意堆积和排放的情况下，进入土壤的污染物的数量和速度超过了土壤净化作用速度，会使土壤中存在病原微生物和寄生虫卵，积累某些有毒有害物质，破坏土壤的基本机能,使土壤质量下降,影响植物正常生长发育,并通过植物吸收,通过食物链最终影响人体健康,就构成了土壤污染。

我国的农业土壤污染问题越来越突出,污染的严峻程度可以概括为污染面积在增加,污染物种类在增加,污染类型在增加,污染物含量在增加。据统计,目前全国受污染的耕地约有1 000万 hm^2,占耕地总面积的1/10以上,其中多数集中在经济较发达的地区。

2)土壤污染的特点

(1)土壤污染的间接性和滞后性 土壤污染不同于大气、水的污染比较直观地通过感官而发现。土壤污染后主要通过饲料(植物)或地下水(或地面水)对畜禽机体产生影响。常通过检查饲料及地下水(或地面水)被影响的情况来判断土壤污染的程度。从土壤开始污染到导致后果,有一个很长的、间接的、逐步累积的隐蔽过程,不容易发现,防止土壤污染的重要性也往往容易被人们所忽视。

(2)土壤污染的复杂性和长期性 污染物进入土壤后,其转化过程比较复杂,比大气及水的污染物的转化过程复杂得多。例如,有毒重金属进入土壤后,有的被吸附,有的生成难溶的盐而在土壤中长期保留;许多有机物质的污染也需要较长的时间才能降解,当土壤理化性质改变时,又会发生新变化。因此土壤污染往往是长期的。一旦被污染,很难消除,特别是有机氯农药、有毒重金属、某些病原微生物,能造成长期危害。

(3)土壤污染难治理性 土壤污染仅仅依靠切断污染源是很难恢复的,有时要靠换土、淋洗土壤等方法才能解决问题,其他治理技术可能见效较慢。因此,治理污染土壤通常成本较高,治理周期较长。

(4)土壤污染与水体污染、大气污染的相关性 土壤污染还与水体污染、大气污染密切相关,三者互相影响。因此,防止土壤污染是环保工作中重要的一环。

3)土壤的主要污染源及危害

(1)化学农药污染 土壤的化学农药污染主要来自农业生产上施用的杀虫、除草、灭鼠、消毒等化学农药,也来自农药制造厂的"三废"。施用的农药经过各种途径(直接施入、降雨淋洗、种子消毒、枝叶凋落)进入土壤,在土壤和植物性食物中残留。由于农药的稳定性不同,在土壤中的残留期也各异。

对土壤和植物污染较大的农药主要是有机氯农药和含汞、砷、铅等重金属的农药,以及某些特异性除草剂。

有机氯农药化学性能稳定,不易分解,在土壤中长期保留,同时它们的脂溶性很强,水溶性很弱,因此,容易在畜禽脂肪内逐渐积累起来。不但是神经和实质性脏器毒物,而且对酶系、内分泌系统和免疫反应均有影响。对动物有致癌、致畸和致突变作用。使动物繁殖力下降,后代发育不良。我国在20世纪80年代已决定停止生产使用这类农药。

现在广泛使用的农药是有机磷农药,它分解快,在土壤中残留量低。但有的有机磷农药也毒性大,易引起人畜急性中毒,仍不可忽视。特别是有机磷农药具有烷基化作用,也会对动物有致癌、致畸、致突变作用。

有些特异性农药,如除草剂,已证实对动物有异常的生理反应,可引起畸胎及畸疮。

(2)不合理施肥引起的污染 长期过量施用氮肥,使土壤硝酸盐含量增加,一方面引起农作物(特别是蔬菜类饲料)的硝酸盐积累;另一方面污染水源,导致高铁血红蛋白症多发,并且还可能是某些癌症高发的原因。因为硝酸盐在一定条件下,可以形成致癌物质亚硝酸盐。过量使用含氟、镉、砷较多的磷矿粉或某些粗制磷肥,也会使土壤中这些元素增加。施用石灰氮肥(氰氨基化钙),可造成土壤中双氰胺、氰酸等有毒物质的暂时存留。

在施用未经无害化处理的人畜粪便时,往往使土壤受到病原微生物和寄生虫的污染,成为某些疾病的传播来源或途径。

(3)污水灌田引起的污染　利用工业废水、城市污水及畜产污水进行农田灌溉,既解决污水的排放问题,又可以充分利用污水的水肥资源。但是污水不经处理,就可能含有一定量的有毒物质或病原体,它们随同污水进入农田,沉积在土壤中,对人畜造成危害。因此,污水在引灌前应进行处理,并使之符合农田灌溉用水水质标准(GB 5084—1992)。而医疗卫生、科研和畜牧兽医等机构的污水须经严格消毒,彻底消灭病原体。

(4)固体废弃物的污染　固体废弃物包括工业废渣、污泥、城市垃圾、畜产废弃物等,含有大量有机物和有毒有害物质,主要对土壤构成病原性微生物及寄生虫卵的污染。如结核杆菌能生存 1 年左右,而需氧芽孢杆菌,如炭疽杆菌的芽孢生存时间可达 15 年,为其借土壤传播疾病创造了条件。土壤还是蛔虫卵与蚴虫生长、发育过程所必需的环境,因此土壤污染还能传播寄生虫病。

(5)工业废气与大气沉降引起的污染　排入大气中的工业废气与烟尘中含有许多有毒物质,它们受重力作用或随降雨(酸雨)而落入土壤,造成污染。在大气污染严重的地区,作物也受到污染,人畜发生中毒。目前最受人们关注且已产生危害的污染物大致有 100 多种,主要来源于工业企业、家庭炉灶和各种汽车的尾气排放。

炼钢厂、磷肥厂、电解铝厂、玻璃厂、石油化工厂等的生产过程中排放大量氟化物,造成氟污染,污染半径可达几百至上千米。污染区内的农作物、牧草可从大气和土壤中吸附和吸收并在体内积聚和富集,被畜禽采食后引起慢性氟中毒。

由于汽车尾气的排放使得公路两旁的土壤中铅含量较高,牛采食交通流量大的公路两旁30 m 以内的草,可能引起中毒。铅的污染还来源于农药、化工厂等。反刍家畜对铅敏感,犊牛每 kg 体重摄入 0.2~0.4 g/d 醋酸铅或氧化铅可致死。

4)土壤污染的防治

(1)控制和消除土壤污染源　控制和消除土壤污染源,是防止污染的根本措施。即控制进入土壤中的污染物的数量和速度,使其在土体中缓慢的自然降解;不致迅速大量地进入土壤,引起土壤污染。

①控制和消除工业“三废”排放。必须大力推广闭路循环、无毒工艺对工业“三废”要进行回收处理,化害为利。不能回收处理的“三废”要进行净化处理,使之符合排放标准。

②加强污灌区的监管。对污灌区加强监测,经常了解污染物的成分、含量及动态变化,控制污水灌溉量,避免滥用污水灌溉。

③合理使用农药与化肥。认真贯彻《农药安全使用标准》,对残留量高、毒性大的农药,要控制使用范围、使用量和使用次数。研制和推广高效、低毒和低残留的农药新品种,探索生物防治作物病虫害的新途径,尽可能减少有毒农药的使用。对含有毒物质的化肥品种,控制使用范围和数量。提倡配方施肥、经济用肥。

④畜牧场废弃物无害化处理。畜牧场的废弃物既是农业生产的有机肥,又是畜牧场土壤的主要污染源之一。其无害化处理愈来愈受到重视。

如将粪尿储存 2~4 周后,病原微生物的含量可大为减少。粪尿中的沙门氏菌在牧草植株的上部只能存活 10 d,在下部能存活 18 d,而在土壤中可存活 84 d。因此,粪尿液施于牧草上,要经过 4 周之后才能放牧。

对一般性的病原微生物和寄生虫卵,粪便经腐熟堆肥或沤肥处理后,便可使其失去活性。但是对含有口蹄疫、猪水泡病等病毒的粪便则应进行更严格的处理。比如,经较长时间的腐熟堆肥后,再施到畜禽接触不到的土地中去,或者进行深埋处理。

（2）治理土壤污染的措施

①生物防治。土壤污染物可以通过生物降解或植物吸收而被净化。美国分离出能降解三氯丙酸或三氯丁酸的小球状反硝化菌种;日本研究了土壤中红酵母和蛇皮藓菌对聚氯联苯的降解作用;也可种植一些非食用的吸收重金属能力强的植物,如羊齿类铁角蕨属植物对土壤镉的吸收率可达 10%;还可利用蚯蚓来改良土壤,提高土壤自净能力。

②施用抑制剂。轻度污染的土壤施加某些化学物质,可改变污染物在土壤中的迁移转化方向,减少作物对有毒物质吸收。一般使用石灰或碱性磷酸盐于酸性土壤中,提高土壤 pH 值,使镉、锌、铜、汞等形成氢氧化物沉淀,从而减少对植物的危害。也有使用脲酶抑制剂、硝化抑制剂,来控制硝酸盐和亚硝酸盐的大量累积。

③增施有机肥料。有机胶体和黏土矿物对土壤中重金属和农药有一定的吸附作用。因此,增加土壤有机质,改良砂土壤,能促进土壤对有毒物质的吸附作用,是增加土壤容量、提高土壤自净能力的有效措施。

④加强水田管理。加强水田管理可以减少重金属的危害,如灌水时可明显抑制水稻对镉的吸收,放干水则相反。除镉外,铜、铅、锌都能与土壤中的硫化氢反应,产生硫化物沉淀,可控制水稻田中重金属的迁移转化。

⑤改变耕作制度。土壤耕轮作制度的改变,可消除某些污染物的毒害。水旱轮作是减轻和消除农药污染的有效措施。棉田改水田可加速 DDT 的降解。

⑥换土和翻土。对于轻度污染的土壤,采取深翻或换客土的方法。对于污染严重的土壤,可采取铲除表土或换客土的方法。这些方法的优点是改良较彻底,但仅适用于小面积改良。

2.2　饲料卫生

饲料是畜禽维持生存和生产所必需的能量与物质的来源。饲料卫生不仅关系到畜禽的健康和生产性能,同时影响到人类的安全与健康。近年来不断爆发的禽流感、疯牛病、口蹄疫等疫情、以及"瘦肉精"中毒,食品中发现致癌物质"二噁英"、"苏丹红"等事件,使饲料卫生和畜产品安全问题日益突出,引起世界各国的高度重视。

饲料卫生问题首先是一些饲料原料本身含有有毒有害的物质;其次是在饲料生产、加工、运输、储存及调制等过程中造成的饲料污染;再次是在饲料中不当或违规使用某些添加剂而产生畜禽毒害、中毒和死亡,造成动物产品中有毒有害物质的残留。

2.2.1　饲料原料中的有毒有害物质

1)硝酸盐及亚硝酸盐

(1)饲料中硝酸盐及亚硝酸盐的来源　青饲料中包括蔬菜、牧草、树叶和水生饲料等均含有不同程度的硝酸盐,其中以蔬菜类饲料,如白菜、萝卜叶、苋菜、莴苣叶、甘蓝、牛皮菜、甜菜和南瓜叶等含量较多。但不同的植物种类及同株植物的不同部位,硝酸盐含量也不同。

亚硝酸盐不是植物生长中常有的成分,新鲜蔬菜中一般亚硝酸盐很少,但干旱或菜叶黄化后其含量大增。少数植物因亚硝酸盐还原酶活性低而含较多亚硝酸盐。

(2)硝酸盐及亚硝酸盐的毒害作用

①亚硝酸中毒。硝酸盐本身没有毒性,但是在适宜的条件下硝酸盐还原为亚硝酸盐后,由亚硝酸盐引起高铁血红蛋白(MHb)血症。亚硝酸盐中毒,是因为血液中的低铁血红蛋白被氧化为高铁血红蛋,从而失去携氧功能,引起组织缺氧,表现为口吐白沫、神经症状,血液呈酱油样等症状(又称饱溷症)。

硝酸盐还原有两条途径:一是青绿饲料堆放时间过长发黄腐烂或蒸煮不透,煮后闷在锅里长时间保持 40 ~ 60 ℃,使硝酸盐还原菌大量繁殖,将硝酸盐转化为亚硝酸盐;二是在反刍动物的瘤胃内具有高度还原性,能将硝酸盐还原成亚硝酸盐,进而还原成氨被利用,但当瘤胃还原能力下降时,亚硝酸盐积聚。猪的胃酸分泌少时,硝酸盐还原菌在肠上部大量繁殖,形成许多亚硝酸盐。

②形成致癌物质亚硝胺。当饲料中同时含有胺或酰胺与亚硝酸盐时,可形成亚硝胺。亚硝胺类化合物除具一般毒性外,还具较强的致癌作用。

③其他有害作用。硝酸盐可降低畜禽对碘的摄取,从而影响甲状腺机能,引起甲状腺肿,会破坏饲料中胡萝卜素,干扰维生素的利用,引起母畜受胎率降低和流产。

(3)防治措施

①合理施用氮肥,以减少植物中硝酸盐的蓄积。

②青饲料要有计划采摘供应,不要大量长期堆放,宜新鲜生喂,喂不完的青饲料应散开或发酵、青贮;熟食须熟透,现煮现喂;腐烂变质的青饲料严禁饲喂。

③反刍家畜喂硝酸盐含量高的饲料时,适当搭配含碳水化合物高的饲料,补充维生素 A,可以减弱硝酸盐与亚硝酸盐的毒性。

2)氢氰酸(HCN)

(1)饲料中氢氰酸的来源　饲料中氢氰酸主要来自含氰甙的饲料,饲料中的氰甙在酶与酸的作用下水解,产生有毒的氢氰酸(HCN)。饲料植物在生活期中一般不含游离的氢氰酸,只有在凋萎、浸泡或发酵(细胞破坏)时才产生。

含氰甙的饲料常见有:生长期的高粱(幼苗及再生苗中含量高)、苏丹草(幼嫩时期及再生草中含量较多)、木薯(全株都含有,以块根皮层中最高,其次是块根)、玉米苗、三叶草、马铃薯幼芽、南瓜蔓、亚麻籽饼、箭舌豌豆等。

植物中氰甙的含量与植物的种类、品种、同株植物的不同部位、生长期的不同而异,还与天气、气候、土壤条件等有关。

(2)氢氰酸中毒　畜禽采食氰甙类饲料而引起的氢氰酸中毒,表现为中枢神经系统机能严重障碍,出现先兴奋后抑制,呼吸中枢及血管运动中枢麻痹,反刍家畜比单胃家畜中毒快。

（3）防治措施

①含氰甙多的青饲料，不宜直接饲喂，可阴干或青贮后使用。

②含氰甙多的薯类饲料，可水浸泡或煮熟去水（汤）处理后使用。

③局部（如马铃薯的幼芽）含氰甙多的饲料，可除去含毒高的部分，并控制喂量，与其他饲料适当搭配。

3）抗胰蛋白酶因子

（1）来源　动物性抗胰蛋白酶因子来自卵白（鸭比鸡更强）与初乳；植物性抗胰蛋白酶因子来自籽实，其中尤以豆类籽实中最高。

（2）有害作用　抗胰蛋白酶因子是消化酶（胰蛋白酶）的抑制物质。饲料中的抗胰蛋白酶妨碍蛋白质的消化，使蛋白质利用率更低，一般造成畜禽消化不良、生长缓慢、腹泻等现象，严重者可致死亡。

（3）防治措施　豆类在制油时，先压扁和蒸炒，浸提后加热（兼回收溶剂），都可使豆类中的抗胰蛋白酶因子失活，对动物消化利用大有好处。但是热处理温度过高或时间过长，会使蛋白质与还原糖发生美拉德反应（maillard reaction），使赖氨酸的有效性降低。

生产中一定要检查豆饼（粕）质量（尤其是粕），对色泽不正常的豆粕，应检测抗胰蛋白酶活性。

4）游离棉酚和环丙烯类脂肪酸

（1）毒素来源　游离棉酚和环丙烯类脂肪酸，二者均存在于棉籽与棉籽饼（粕）中。

棉籽饼粕中有游离棉酚和结合棉酚两种，结合棉酚不易被畜禽吸收而无毒。其毒性强弱取决于游离棉酚的多少，其含量多少因棉花品种、栽培环境和棉籽制油工艺不同而异。一般机榨棉籽饼比浸提粕含量少，机榨加浸提更少。高温压榨法去油的棉籽饼含游离棉酚 0.04%～0.08%，再用轻汽油浸提的可降至 0.03%～0.07%，土法榨油的可达 0.2%～0.4%。

（2）毒素毒性　游离棉酚对神经、血管及实质脏器细胞都有毒害，影响造血功能引起贫血，影响繁殖机能而造成不育；引起胃肠炎使生长受阻。不同动物对游离棉酚的敏感性不同，非反刍家畜比反刍家畜易中毒，猪比鸡敏感，在猪日粮中游离棉酚安全上限为 100 mg/kg，肉鸡的耐受量达到 200 mg/kg。但动物耐受力与日粮蛋白质水平也有关，蛋白质水平高，耐受力上升。

环丙烯类脂肪酸是动物肝脏中不饱和脂肪酸酶的阻害成分。主要使动物体脂肪硬化、母鸡卵巢和输卵管萎缩，降低产蛋率和蛋的质量，使蛋黄黏稠度改变、蛋黄硬化、蛋白带色。

（3）防治措施

①改良棉花品种。利用无毒或低毒棉花品种的棉籽饼是解决棉籽饼中毒的根本办法。

②控制喂量。如果游离棉酚含量低于 0.05%，可不经去毒直接利用，但必须严格控制饲喂量。即使如此，为防蓄积中毒也要间断使用。妊娠母畜、幼畜和种公畜最好不喂。

③脱毒处理。对游离棉酚超过 0.05% 的棉籽饼，喂前需经去毒处理。最好使用脱毒机组进行脱毒，按 Fe^{2+} 与游离棉酚 1∶1（重量）加入 $FeSO_4$，并加入增效剂（石灰粉），在混合机内喷入 100 ℃热水于物料上，保持在 45 ℃发生脱毒反应，然后热风烘干即可。

此外，还有煮、蒸、烘等加热处理的办法，但效果没有使用亚铁添加剂好。

5）异硫氰酸酯（ITC）与恶唑烷硫酮（OZT）

（1）毒素来源　菜籽饼（粕）中含有芥子甙（硫葡萄糖甙），在适宜的温、湿度和 pH 值下，芥子酶催化水解生成芥子油(异硫氰酸脂类)和恶唑烷硫酮等。虽然芥子甙无毒,但其水解产物是有毒的。

(2)毒素毒性　异硫氰酸脂对皮肤黏膜有强烈刺激作用,可引起胃肠道炎症、肾炎及支气管炎等;恶唑烷硫酮是致甲状腺肿因子。菜籽饼(粕)中还含有少量芥子碱、单宁等,它们有苦辣味,既影响动物的适口性,又影响铁、锌、磷、蛋白质的利用。

(3)防治措施

①改良油菜品种。推广低毒油菜新品种是提高菜籽饼(粕)作为饲料的利用率,防止菜籽饼中毒的根本办法。

②控制喂量。菜籽饼中异硫氰酸脂低于 0.15%,恶唑烷硫酮低于 0.4% 时,可以直接饲喂猪与禽鸡,高于此含量的应去毒后使用。一般经去毒的菜籽饼其用量也不超过 20%,未去毒的不应超过 10%,而且最好与其他饼类和动物性蛋白配合使用。反刍动物不太敏感可适当提高用量。

③脱毒处理。菜籽饼(粕)的脱毒处理效果不是很理想。常有蒸煮法或水泡法(冷水或温水浸泡 2~4 d,每天换水 1 次);氨碱处理法(菜籽饼与 28% 浓氨水按质量比 20∶1,或每 100 份菜籽饼,纯碱 3.5 份,用水稀释后,喷到菜籽饼中,堆 3~5 h 后,蒸 40~50 min);坑埋法(每 1 kg 菜籽饼加 1 kg 水浸泡后埋入坑中,覆土 20 cm 以上,两月后可用)。

6)光敏物质

荞麦、苜蓿、三叶草、灰菜、野苋菜以及蒺藜等含有光敏物质。

家畜采食含有光敏物质的饲料后,受日光照射引起皮疹,伴有其他症状的过敏反应,严重时引起死亡。白皮肤、无毛、少毛部位更明显。

畜禽饲喂这类饲料后应防止日晒,或在阴天、冬季舍饲期利用这些饲料。荞麦应煮熟喂,不喂白皮肤的家畜。

7)其他有毒有害物质

(1)抗胆碱酯酶　抗胆碱酯酶存在于青芜、萝卜、胡萝卜、白三叶、甜菜(主要为龙葵碱)、车马铃薯茎叶中,含量最多的是芽和绿化的表皮中。畜禽采食后主要引起急性胃肠炎或死亡,是造成反刍动物的肠臌胀的原因之一。水浸不可去其毒,煮沸可去毒,但毒并不分解,在其汤汁之中。

(2)维生素阻害成分　这类物质常与维生素的结构相似,在代谢中占据某种维生素的位置,从而阻碍维生素的生理作用,引起维生素的缺乏症,是一类抗代谢物质。

豆科植物中含有一种能破坏维生素 A 与胡萝卜素的脂肪氧化酶。

贝壳类(蛤蜊、虾、蟹)和淡水鱼(尤其是鲤、鳅)内脏中,以及蕨、紫菜等羊齿植物中含有破坏维生素 B_1 的物质,如狐狸日粮中加 10% 生鱼,产生麻痹、运动失调;幼禽大量投饲软体动物,引起维生素 B_1 缺乏而大批死亡。羊齿植物一般不作饲料,往往是在牧草不足时误食。

亚麻仁饼不适宜作鸡的饲料,是因为含有对雏鸡毒力很强的抗维生素 B_6。

奶牛采食不新鲜的草木樨而中毒,引起奶中带血、皮下淤血、出鼻血等症状,是因为青霉菌分解香豆素为双香豆素与维生素 K 产生拮抗。

鸡蛋清中含有抗生物素的因子,水貂等动物饲喂生鸡蛋时应补充生物素。

(3)矿物质利用的阻害物质

①植酸。以谷物、油料中含量最多。植酸与植物中的 Ca,Mg,Fe,Zn 形成植酸盐,在弱酸

环境中易形成沉淀,不能吸收,妨碍 Ca 的吸收(1 g 的磷可损失 1 g 的 Ca),Zn 也有这种现象。

②草酸。酢酱草、羊蹄草中较多;此外,甜菜叶、菠菜、苋菜中也很丰富。植物中的草酸多以溶于水的草酸钾存在,在消化道中草酸易与钙离子结合成不溶于水的草酸钙排出体外,而影响钙的吸收。草酸在血液中与钙的结合,不仅扰乱血液酸碱平衡,还形成不溶性沉淀,引起肾机能的障碍,甚至形成肾结石,畜禽吸收草酸过多可引起中毒。

畜禽饲喂高草酸饲料时,最好添加 $CaCO_3$,或者对植物水浸、煮沸均可除去草酸盐。

2.2.2　生物性饲料污染

1)霉菌毒素的污染

霉菌毒素是霉菌在适宜的环境条件下生长繁殖所产生的代谢产物。自然界的霉菌分布很广、种类繁多,但在饲料中产生霉菌毒素的主要是曲霉属、青霉属和镰刀菌属,有 100 余种。

畜禽采食含霉菌毒素的饲料,一方面发生畜禽中毒,另一方面通过畜产品进入食物链危害人类健康。霉菌毒素对畜禽和人类具有很强的毒副作用,即使饲料中含量很低,也会导致畜禽生长缓慢、饲料利用率降低、繁殖力与免疫机能下降、发病率和死亡率增加。在诸多霉菌毒素中,以黄曲霉菌毒素最为常见,毒性最强,危害最大。

(1)黄曲霉毒素　在高温(30~38 ℃)高湿(相对湿度 80%~85%)的环境中,玉米、花生、饼粕类、糠麸等饲料原料及成品饲料,都非常容易繁殖黄曲霉菌。黄曲霉毒素耐高温(至少在 80 ℃以上才能裂解)和低温(即使 -40 ℃以下也不能破坏),因此,在加工过程中很容易在饲料中存留下来。

黄曲霉毒素可引起肝病变,突变,癌变和免疫抑制等。目前,已分离到的黄曲霉毒素及其衍生物有 20 多种,分为 B 类和 G 类,其中 B_1 的毒性最强,为氰化钾的 10 倍。因此,在饲料和食品检测时均以 B_1 为指标。

(2)赤霉菌毒素　赤霉菌毒素由禾谷镰刀菌与赤霉菌等产生,主要污染低温下的玉米、小麦与大麦等禾谷籽实。在温度 16~24 ℃,相对湿度 85% 的土壤中最易产毒。产毒菌株产生的毒素主要是赤霉烯酮与赤霉病麦毒素。

赤霉烯酮有雌激素样作用,表现为雌激素中毒症,引起猪和牛的不孕或流产。尤其是猪最为敏感,当饲料中含有 1 mg/kg 以上时,就会出现阴户红肿、乳腺增大、发情延迟或假发情等症状,严重时可引起母猪阴道脱出、子宫肿胀、胚胎发育不良或流产。后备公猪表现为睾丸萎缩、乳腺增大、性欲减退。家禽不敏感,很少出现中毒表现。赤霉病麦毒素对猪有致吐作用,对马还伴有醉酒状神经症状,又称"醉谷病"。以上这两种毒素往往同时存在,动物中毒后有时仅对含量较多的一类出现中毒症状,掩盖了另一类毒素的毒性,当去除或减少前一类毒素后,则显出后一类毒素症状。

(3)葡萄状穗霉菌毒素　葡萄状穗霉菌主要寄生于稻秆、干草、谷糠里,阴雨潮湿时容易繁殖并产毒。此毒素被家畜食入后引起中毒,严重者可致死亡。发病有明显的季节性和地区性,一般多发于晚秋和冬季采食干草期间。毒素不进入乳汁,哺乳幼畜不发此病。

(4)霉菌毒素的防治措施　防霉是避免饲料被霉菌及其毒素污染的最根本措施。及时有效地控制霉菌繁殖所需的水分、营养、pH 值、温度与湿度等条件,就能达到防霉的目的。

①减少饲料原料的含水量,合理储运饲料。对谷物类含水量降到 13% 以下,大豆、玉米与花生的含水量分别降到 12%、12.5%、8% 以下;饲料原料及成品的含水量要按国家标准执行。

　　饲料储存的仓库要求通风、阴凉、干燥、相对湿度不超过 70%。运输饲料产品应防止雨淋和日晒。饲料在低温(12 ℃ 以下)干燥条件下储存,或者使用氮气、二氧化碳等惰性气体储存,能够有效地防止霉菌繁殖和产毒。

　　②控制饲料加工过程中的温度和水分的吸收。饲料加工后散热不充分即装袋储存,因温差导致水分凝结,易引起饲料霉变。特别是颗粒饲料生产时,要使出机颗粒的含水量和温度达到规定的要求。一般,含水量在 12.5% 以下,温度可比室温高 3 ~ 5 ℃。饲料产品包装袋要求密封性能好,如有破损应停止使用,以免在储存、运输过程中吸收空气中的水分。

　　③选用合适的饲料防霉剂。常用防霉剂主要是有机酸类或有机酸盐类,例如,丙酸、山梨醇、苯甲酸、乙酸及它们的盐类,以丙酸钠与丙酸钙应用最广。复合防霉剂的效果比单一防霉剂好。

　　④对霉变饲料进行去毒后使用。霉变比较严重的饲料必须弃毁,否则会因为节约而得不偿失。轻度霉变的饲料可经去毒处理后合理利用,以降低饲料损失。

　　常见的去毒方法:剔除霉粒、混合稀释与碾轧筛分等方法,可以减少大部分毒素。

　　常见的脱毒方法:溶剂提取、水洗、吸附、加热和辐射等物理脱毒方法;碱化(氨水、氢氧化钠、小苏打、石灰水等)与氧化(过氧化氢、次氯酸钠、氯气等)等化学处理方法;使用无根根霉、米根霉、橙色黄杆菌和亮菌特定微生物等进行发酵处理的微生物脱毒法;使用单加氧酶诱导剂、酵母培养物等添加剂的生物降解脱毒法;还有补充赖氨酸、蛋氨酸和硒等添加剂来提高动物耐毒力等方法。

2)沙门氏菌的污染

　　(1)沙门氏菌的危害　饲料感染沙门氏菌后,并不产生腐败、臭味,肉眼和嗅觉不能识别。畜禽采食沙门氏菌污染的饲料后,引起肠道疾病,并可能因为菌体在肠道的分解产生内毒素而中毒。感染了沙门氏菌的动物,还可以交叉感染人类,故沙门氏菌对人畜危害很大,应该引起我们足够的重视。

　　沙门氏菌最主要的传播途径是水、土壤和饲料。病原菌对饲料和饮水的污染,是导致畜禽沙门氏菌传染的主要原因。各种饲料原料均可发现沙门氏菌,尤其动物性饲料原料为多见,如鱼粉、肉粉、肉骨粉、皮革蛋白粉、羽毛粉和血粉等受污染的机会最多,病原菌的繁殖也最快。

　　(2)沙门氏菌的防治措施　对饲料中沙门氏菌的防治应从饲料的生产储运着手,重点是动物性饲料、发酵饲料等。

　　①选择无污染的饲料原料。夏季不要给家畜饲喂动物的内脏或发酸变质的剩菜剩饭,不用传染病死畜及其下脚料或腐烂变质的鱼类做饲料原料。

　　②采用科学的加工方法。利用畜禽屠宰废弃物或畜禽粪便发酵法来生产的饲料,必须消灭病原菌,生产的产品要符合我国《饲料卫生标准》和相应产品的国家质量标准的要求。

　　③添加有机酸。饲料中添加各种有机酸如甲酸、乙酸、丙酸与乳酸等降低饲料 pH 值(<6),就可以消灭或抑制饲料中沙门氏菌的生长。

　　④热处理。膨化、熟化和制粒时的瞬间温度均较高,对热抵抗力弱的沙门氏菌或大肠菌有较强的杀灭作用,使用制粒与膨化对防止沙门氏菌污染有好处。

　　⑤合理储存与使用饲料。动物性饲料产品包装要严密,运输中防止日晒雨淋和包装袋损坏,仓库必须通风、阴凉、干燥;防止苍蝇、蟑螂和老鼠、犬、猫、鸟类等动物的侵入。使用动物

屠宰废弃物做饲料,虽然能降低饲料成本,但不仅要防止沙门氏菌污染,还要警惕疯牛病、口蹄疫等的传播。

2.2.3　化学性饲料污染

1)农药污染

农药主要通过对大气、土壤和水体的污染,进而污染饲料,造成动物中毒、死亡,并污染畜产品,使畜产品农药残留超标,最终造成人的中毒事件。农药污染饲料的途径主要有:

①饲用作物从受污染的土壤、水体、空气中吸收并蓄积或残留农药;

②对饲用作物直接施用农药,且不到规定的间隔期就收获饲料;

③饲料仓库用高残留性农药防虫;

④运输饲料的工具已被农药污染;

⑤农药使用与保管不当造成的事故性污染等。

2)重金属污染

重金属元素通常是指镉、铅以及类金属砷、氟等生物毒性显著的元素,它们在微量的接触条件下即可对动物产生明显的毒害作用。重金属可在动物机体的某些器官富集,造成畜禽的急性或慢性中毒,并可通过食物链而危害人体健康。同时,饲料中过量的重金属元素通过畜禽排泄到土壤或水中,引起二次环境污染。

饲料中重金属元素的来源,除土壤重金属含量高等自然环境因素外,还有工业排放、农业生产活动的污染、饲料加工中的污染、饲料添加剂使用不当等因素。

3)化学性饲料污染的防治措施

因为饲料的化学性污染往往是由于土壤与水体受到污染所造成,所以要减少饲料的农药与重金属残留,本质上是要控制农药、工农业生产对环境的污染。

具体的防治措施可参考2.1.2。

2.2.4　饲料添加剂造成的饲料污染

饲料添加剂是为满足动物的营养需要而向饲料中添加的少量或微量物质。集约化养殖中为预防疫病、应激、营养不全等常应用饲料添加剂,但与此同时带来的安全问题则日益突出。

1)造成的饲料污染的原因

①非法使用违禁药物和淘汰药物,如盐酸克伦特罗(瘦肉精)、氯霉素、呋喃唑酮等。

②滥用抗菌药和药物添加剂、不遵守停药期的规定是造成我国动物性食品兽药残留超标的主要原因。

③超量使用价格低廉的微量元素添加剂,尽管没有造成使用的对象中毒,甚至有些情况还提高了畜禽的生产性能,但是大量的、过剩的微量元素通过粪便污染环境,从而使得耐受性低的家畜发生中毒。比如猪对日粮中铜的生理需要仅为 $4 \sim 6$ mg/kg,但 $150 \sim 250$ mg/kg 的铜可提高增重8%,饲料利用率5.5%。而牛羊对铜耐受性低得多,采食被铜污染的牧草可能发生中毒。

2)防止饲料添加剂污染饲料的措施

(1)加强立法和执法管理　农业部制订了食品动物禁用的兽药及其他化合物清单,并发布了农业部 2002 年第 176 号公告,以严禁使用相关的药物及添加剂。政府有关部门要加强饲料的卫生监督,对生产厂家、饲料经营户、养殖场(户)的饲料产品进行定期和不定期的抽查,重点对饲料卫生指标进行抽样监督,确保饲料的生产、经营和使用的安全卫生。

(2)开发推广新型绿色安全饲料添加剂　与抗生素和药物添加剂比较起来,酶制剂、微生态制剂、酸化剂、糖萜素和寡糖无任何副作用,不影响动物产品品质,是最安全的添加剂,称为"天然"或"绿色"添加剂。中草药饲料添加剂具有解热、抗菌、抗病毒、助消化、增进食欲等作用,而且基本上无药残的影响,对发展绿色环保畜牧业有良好的作用。

2.3　水体卫生

水是畜禽赖以生存的重要的物质之一,也是畜禽有机体的重要组成部分。畜禽体内的一切生理活动,如体温调节、营养输送、废物排泄等都需要有水来参与完成。水不仅是维持生命的必需物质,还是体内微量元素的供给来源之一;同时,畜牧业生产过程中畜舍及用具的清洗、饲料调制、畜体清洁和改善环境都需要大量的水。当水质不好或水体受到污染时,轻则影响畜禽健康、生长发育和生产性能,严重时引起畜禽疾病或危及生命。

2.3.1　水源的选择与防护

1)水源的种类与卫生学特点

(1)地面水　地面水是由降水沿地面坡度径流汇集而成,包括江、河、湖、塘、水库及海水等。但其水质与水量受自然条件影响大,受污染的机会多,往往水质浑浊,含微生物较多。用作饮用水源时,一般要经过净化和消毒处理,不宜直接饮用。未经特别保护的地面水,一般不便于卫生防护。由于受到流域生活污水、农业废水、工业废水的污染,常引起中毒性疾病的发生和介水传染病的传播。

地面水一般含矿物质较少,水质较软,水量充足,取用方便。一般来讲,流动性大、水量大的水体自净能力也强,所以地面水是畜禽生产中使用最广泛的水源。

(2)地下水　地下水是由地面水与降水渗透到土壤和地壳而形成的。由于渗透时经过地质层过滤,水中所含悬浮物、有机物及微生物等大部分被清除,所以水质比较清洁透明,杂质少,含微生物量少,尤其是深层地下水,由于不透水层的覆盖,不易受到污染,水质较好。但地下水溶解了部分地矿物质,所以含矿物较多,硬度较大,甚至有可能某些有害物质严重超标。

浅层地下水水位较高,污染物可能通过土壤渗透,所以仍然存在污染的可能。深层地下水地层存在溶洞、断层、裂隙等情况时,仍有可能受到污染。所以地下水的卫生防护问题仍不能忽视,应该定期进行水质监测,了解其卫生学特点,以便做相应的净化和消毒。

(3)降水　包括雨水、雪水,是天然形成的清洁、质软的水源,但当它从大气中降落时,往往吸收了空气中的各种杂质及可溶性气体,可能受到相应的污染。降水收集困难,储存不便,水量少或不稳定,除个别非常缺水的地区外,一般不用作人畜饮用水源。

2)选择水源的原则

(1)水量充足　必须能满足牧场内职工生活、牧场生产用水的需要,以及消防和灌溉用水,并应考虑长期规划发展需要的用水量。

职工的生活用水量大约可按每人 20 ~ 40 L/d 计算,夏天考虑高限,冬天可按低限计算。畜禽用水量是指每日每头畜禽平均用水量,如表 2.2 所示,其中包括饮用、调制饲料、清洁畜体、刷洗饲槽及用具、冲洗畜舍等所消耗的水,其大小与饲养种类、阶段、数量、性质、饲养管理方式以及是否使用循环水有关。

表 2.2　各种畜禽每日用水量(L/头)

畜禽种类	舍饲用水量	放牧用水量
奶牛	70 ~ 120	60 ~ 75
育成牛	50 ~ 60	50 ~ 60
犊牛	30 ~ 50	30
种母马	50 ~ 75	50 ~ 60
种公马、役马	60	50
马驹	40 ~ 50	25 ~ 35
带仔母猪	75 ~ 100	40 ~ 50
妊娠母猪、公猪	40 ~ 45	40
育成猪	30	25
断奶仔猪、肥育猪	15 ~ 20	15
成年母羊	10	5
羔羊	5	3
成年鸡、火鸡	1	
雏鸡	0.5	
水禽	1.25	

(引自姚崇旦,家畜环境卫生学,1988)

(2)水质良好　经过处理后的水源水,应符合生活饮用水的卫生要求。

(3)取用方便　选择水源还要考虑取水方便、节省投资。

(4)便于防护　水源周围的环境卫生条件应较好,没有大的污染源,便于进行卫生防护。取水点应设在城镇和工矿企业的上游。

3)水源的卫生防护

(1)地面水水源的卫生防护　用河、湖、水库水作为水源时,应选好取水点,周围半径 100 m 水域内不得有任何污染源,取水点上游 1 000 m、下游 100 m 水域内不得有污水排放口。在取水处可设置汲水踏板或建汲水码头伸入河、湖、水库中,以便能汲取远离岸边的清洁水。也可在岸边修建自然渗滤或砂滤井,对改善地面水水质有很好的效果。

①自然渗滤井。河、湖、塘、水库岸边为砂土、沙壤土时,则可修建自然渗滤井。即在离岸边 5 ~ 30 m 处打井,利用土质的自然渗滤作用使地面水中悬浮的杂质及微生物得以清除,使水质得到改善,如图 2.1 所示。

②砂滤井。砂滤井(沟、层)用细砂、粗砂及矿石铺成,利用砂石的过滤作用改善水质。一方面,水流经砂滤层时,悬浮的杂质被隔滤下来;另一方面,在砂石层表面有大量的微生物存在,并形成一层薄层生物膜。生物膜有隔滤作用和吸附作用,可以滤除并吸附水中细小的杂质与微生物,如图2.2所示。

另外,以池塘水作为水源时,应采取分塘取水的方法,将水质较好的作为专门饮用水,不准作其他用途,以防污染。

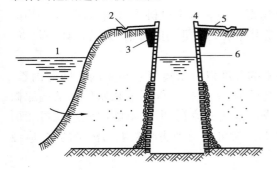
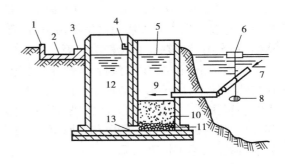

图 2.1　自然渗滤井
1. 河塘水　2. 排水沟　3. 黏土
4. 井栏　5. 井台　6. 井筒
(引自姚崇旦,家畜环境卫生学,1988)

图 2.2　岸塘边砂滤井
1. 井台边栏　2. 井台　3. 踏步　4. 挂桶钩
5. 最高水位线　6. 竹或木浮子　7. 水塘
8. 坠石　9. 砂滤井　10. 砂
11. 石子　12. 储水井　13. 连通管

(2)地下水水源的卫生防护　在地面水稀缺地区,主要以水井方式利用地下水水源。水井不应离住宅或畜舍太远,也不宜建在低凹或沼泽地带,以免暴雨时雨水和山洪污染水源。水井周围环境要清洁,30 m 范围内不得有粪坑、渗水厕所、渗水坑、垃圾堆等污染源。在水井周围 3～5 m 范围内划为卫生防护带,并建立卫生检查制度。为了便于防护,可就地取材,修建各种密封井,均可避免或减少井水污染。

2.3.2　水体的污染和自净

自然界的水在其不断循环的过程中,常因天然的或人为的原因而受到污染,从而有可能给畜禽健康带来直接或间接的危害。但水体受到污染以后,由于物理、化学和生物学等多种因素的综合作用,在一定条件下,可使污染逐渐消除,这个过程叫水的自净。

1)水体的主要污染物及其对畜禽的危害

(1)有机物的污染　生活污水、畜产污水以及造纸、食品工业废水等都含有大量的腐败性有机物,其涉及范围广,排出量大,如不经处理,污染范围也非常大。腐败性有机物在水中首先使水混浊,当水中氧气充足时,在好氧菌的作用下,含氮有机物最终被分解为硝酸盐类的稳定无机物。水中溶解氧耗尽时,有机物进行厌氧分解,产生甲烷、硫化氢、硫酸之类的恶臭,使水质恶化,不适于饮用。有机物分解的产物有的是水生生物的优质营养素,造成水质过肥而形成水体富营养化,水生生物大量繁殖,更加大了水的浑浊度,大量消耗水中的氧,威胁贝类和藻类的生存,造成鱼类死亡,水中死亡的水生动植物残体在缺氧条件下厌氧分解,水质变黑,产生恶臭。

此外,粪便、生活污水等废弃物中往往含有某些病原微生物及寄生虫卵,而水中大量的有机物为其提供了生存和繁殖条件,可能由此造成疾病的传播和流行。

水体有机物质污染可用溶解氧(DO)、化学耗氧量(COD)和生化需氧量(BOD)表示。我国《地面水环境质量标准》(GB 3838—2002)规定,对于饮用水水源地一、二级保护区的地面水(Ⅱ、Ⅲ级标准),地面溶解氧大于 5~6 mg/L,化学耗氧量小于 15~20 mg/L,五日生化需氧量(BOD$_5$)小于 3~4 mg/L,大肠菌群小于 10 000 个/L。化学耗氧量和生化需氧量的数值愈大,则污染愈严重。

(2)微生物的污染　水中的微生物主要是腐物寄生菌。水中有机物含量愈高,微生物的含量也愈多。当水体被病原微生物污染后,有可能引起某些传染病的传播与流行,如猪丹毒、猪瘟、马鼻疽、结核病、布氏杆菌病等。

介水传染病的发生和流行,取决于水体受污染的程度以及畜禽接触污水的时间等因素。在自然条件下,由于水体的自净作用(如稀释、日光照射、生物拮抗作用等),水体中的病原微生物会很快死亡。偶然的一次污染,不一定会造成传染病的流行,但决不能因此忽视可能引起传染、流行的危害性。所以,对动物尸体及排泄物以及可能受到病原微生物污染的水,应经过消毒处理,不可污染水源。

(3)有毒物质的污染　污染水体的有毒物质种类很多,主要来自工业废水和农药。常见的无机毒物有铅、汞、砷、铬、镉、氰化物以及各种酸与碱等;有机毒物有酚类化合物、有机氯农药、有机磷农药、合成洗涤剂等。

有毒物质对畜禽的危害程度,取决于毒物性质、浓度和作用时间等因素。在一般情况下,水中毒物浓度不会很高,因此饮水引起急性中毒的比较少见。但如果水源长期受到污染,往往能导致慢性中毒。

水体受污染后,还可造成很多间接危害,如恶化水体的感官性状,使水产生异臭、异味,妨碍水体的自净作用。

(4)致癌物质的污染　水中致癌物质主要来自石油、颜料、化学、燃料等工业废水,常见的如砷、铬、镍、苯胺、芳香烃等。

(5)放射性物质的污染　天然水中放射性物质的含量极微,一般是由于人为的污染引起,当有人工放射性元素进入水体时,放射性物质含量急剧增加,而危害畜禽健康。

2)水体的自净作用与卫生学意义

水体的自净与污染物种类、性质、排入量、浓度和水体本身的物理、化学、生物等因素有密切关系。水体的自净作用从净化的机制来看,可以分为几类:

(1)物理净化过程　污染物质进入水体后,由于被混合稀释、挥发(逸散)、沉降等物理过程,使其在水中浓度降低,最后达到不能引起毒害作用的程度。

(2)化学净化过程　污染物质由于氧化还原、酸碱反应、分解、化合等过程,使其在水中的浓度降低。

比如,水中溶解的二氧化碳,能中和进入水体的少量碱性废水。同时酸性废水和碱性废水相互之间也可互相中和一部分。但是这些中和作用是有限的,如排入过多的酸性或碱性废水,仍可使水的 pH 值改变。

(3)生物净化过程　由于生物活动而引起污染物质降低,尤其是水中微生物对有机物的氧化分解作用特别重要。比如进入水体中的微生物由于日光紫外线的照射(表层)、水生生物间的拮抗作用、噬菌作用以及不适宜的生活环境(如营养、pH 值、温度)等因素的影响,可能逐渐死亡。

被污染的水体通过水的自净过程,可逐渐变为无害的水体。往往是通过:有机物转变为无机物;致病微生物死亡或发生变异;寄生虫卵减少或失去其生活力而死亡;毒物的浓度下降或对机体不发生危害等途径而实现的。但水体的自净能力是有限度的,如果无限制地向水体中排放污水,就会使水体的自净能力降低或丧失,造成严重的污染。因此,尽管水体有自净的能力,我们依然要重视水源的卫生防护工作。

2.3.3　水质卫生标准与评价

我国现已公布和贯彻执行的水质卫生标准有:《生活饮用水水质卫生规范》(GB 5749—2006)、《地面水水质卫生标准》(GB 3838—2002)、《污水综合排放标准》(GB 8978—1988)等。生活饮用水卫生标准是对人畜饮用水水质评价和管理的依据,与人畜健康有直接关系;地面水水质卫生标准是对地面水污染状况和对废水排入地面水进行监测工作的依据;废水排放标准是工厂或车间排出口的废水水质必须达到的要求,以保证地面水水质不致受到过多的污染的法律规定。

1)水质卫生标准

(1)生活饮用水水质标准　关于畜禽的饮用水的水质标准,我国没有规定,可参照《生活饮用水水质卫生规范》,如表 2.3 所示,包括生活饮用水水质卫生要求、生活饮用水水源水质要求和水质监测等内容。

表 2.3　生活饮用水水质标准(GB 5749—2006)

编号	项　目	指　标	标　准
1	感官性状	色	色度不超过 15 度,并不得呈现其他异色
2		浑浊度	不超过 1 度,特殊情况下不超过 5 度
3		臭和味	不得有异臭、异味
4		肉眼可见物	不得含有
5	化学指标	pH 值	6.5 ~ 8.5
6		总硬度(以 $CaCO_3$ 计)	≤450 mg/L
7		铁	≤0.3 mg/L
8		锰	≤0.1 mg/L
9		铜	≤1.0 mg/L
10		锌	≤1.0 mg/L
11		挥发酚类	≤0.002 mg/L
12	毒理学指标	氟化物	≤1.0 mg/L,适宜浓度 0.5 ~ 1.0 mg/L
13		氰化物	≤0.05 mg/L
14		砷	≤0.05 mg /L
15		硒	≤0.01 mg/L
16		汞	≤0.001 mg/L

续表

编号	项 目	指 标	标 准
17		镉	≤0.01 mg/L
18		铬（六价）	≤0.05 mg/L
19		铅	≤0.05 mg/L
20	细菌学指标	细菌总数	≤100 个/mL
21		大肠菌群	≤3 个/L
22		游离性余氯	在接触30 min 后应不低于0.3 mg/L，集中式给水除出厂水应符合上述要求外，管网末梢水不低于0.05 mg/L

（2）地面水水质卫生标准　在我国《工业企业设计卫生标准》(TJ 36—79)中，将地面水水质卫生标准分为"地面水水质卫生要求"和"地面水有害物质最高容许浓度"两项内容。

（3）废水排放标准　为了全面贯彻地面水水质卫生标准，我国在《污水综合排放标准》中，按地面水域使用功能要求和污水排放去向，对向地面水水域和城市下水道排放的污水分别执行一、二、三级标准。根据工业废水中有害物质影响的大小，将目前排放的工业废水分为两类，并分别规定了最高容许排放浓度。

第一类，能在环境或动植物体内蓄积，对机体健康产生长远影响的有害物质，在车间或车间处理设备排出口的废水中，其含量就应符合规定，并不得用稀释的方法代替必要的处理。第二类，其长远影响小于第一类的有害物质，在工厂排出口的水质应符合规定。

2）饮用水水质卫生评价

水体污染包括水质、底质、水生生物等三方面的污染。对水质卫生评价应从水质本身、底质、水生生物三个方面进行综合观察和分析。主要通过流行病学调查、环境调查、水质检验来进行水质卫生评价。

（1）感官性状

①水温。水的比热很大，水温不容易发生较大的波动，如果改变超过正常的变动范围，表明水体有被污染的可能。水温可影响水中细菌繁殖，氧气在水体中的溶解量，水的自净作用。在水质检验时，采水样的同时，必须记录水温。

②颜色。清洁的水浅时无色，深时呈浅蓝色。被污染的水，可出现各种各样的颜色。一般用钴铂比色法测定，用"度"表示。如水体含腐殖质时呈棕或棕黄色；大量藻类在水体繁殖时呈绿色或黄绿色；含大量低价铁的深层地下水，汲出地面后氧化成高铁而呈现黄褐色。

③浑浊度。浑浊度是表示水中所含悬浮物多少的指标，以1 kg 蒸馏水中含有1 mL 二氧化硅为一个浑浊度单位。泥沙、有机物、矿物、生活废水、工业废水都可使浑浊度增加。水的浑浊度可影响水的感官性状和净化消毒效果。

④臭和味。清洁水无异味，被污染的水，往往产生异臭或异味。如铁盐带涩味，硫酸镁带苦味等。臭的强度，一般用嗅觉判断分为六级，并同时记录臭的性质，如鱼腥臭、泥土臭和腐烂臭等。味的表示法与臭类同。但在检验有污染可疑的水时，须经煮沸后才能尝味。

⑤肉眼可见物。水中的肉眼可见物是水质不清洁的标志，饮用水中不得含有。

（2）化学指标

①pH 值。天然水的 pH 值多在 7.2～8.6 之间。水体被工业废水和生活污水污染时，pH 值可能发生明显的变化。如水被有机物严重污染时，有机物被氧化分解而产生大量二氧化碳，使水体的 pH 值大大降低。

②总硬度。水的硬度是指水中钙、镁离子的含量。能够经煮沸生成沉淀而除去的碳酸盐硬度称为暂时硬度，煮沸后仍存在于水中的非碳酸盐硬度称为永久硬度，二者之和称为总硬度。以 1 L 水中含有相当于 10 mg 氧化钙的钙、镁离子量为 1°，小于 8° 为软水，大于 17° 为硬水。

地面水的硬度随水流经过的地区的地质不同而不同，地下水的硬度往往比地面水高，其程度随地质而异。水体被工业废水和含大量有机物的生活污水污染后，其硬度可能增高。

畜禽可以饮用不同硬度的水，主要是长期的饮用习惯和适应过程。但饮用软水的畜禽如突然改饮硬水，或由饮硬水改饮软水时，则畜禽不适应，会引起胃肠功能紊乱，出现消化不良性腹泻（所谓"水土不服"），经过一段时间后即可逐渐适应。过软的水质不能使畜禽获得必要的无机盐类，畜禽也不喜爱饮用。

③金属离子。水体中的铁对人畜并无毒害，但高于 1 mg/L 时，有明显的金属味。高铁使水体色度增大，影响水的感官性状。

微量的锰可使水变色，影响水味，多则出现"黑水"，慢性中毒时可发生脂肪肝，使脏器充血。锰含量过高时，可引起畜禽"锰佝偻病"。

水体中铜达 1.5 mg/L 或锌达 5～10 mg/L 时，有明显的金属味，使水浑浊。长期摄入较多的铜、锌，轻者刺激胃肠道，重者引起锌中毒。

④挥发酚类。挥发酚类具有恶臭，饮水加氯消毒时，酚与氯结合，形成氯酚，恶臭更甚。畜禽慢性中毒时出现神经衰弱征候群和贫血症状，长期摄入，影响其生长发育。

⑤阳离子合成洗涤剂。阳离子合成洗涤剂主要来自家庭和工业废水。其化学性质稳定，较难分解和消除，可使水产生异臭、异味和泡沫，并影响水的净化处理。

⑥氮化合物。氮化合物包括氨氮、亚硝酸盐氮和硝酸盐氮，简称"三氮"。"三氮"在水体检测中的卫生学意义，在于可以根据它们含量变化规律了解水体的污染与自净状况，如表 2.4 所示。

表 2.4　"三氮"在水体检测中的卫生学意义

氨氮	亚硝酸盐氮	硝酸盐氮	卫生学意义
+	−	−	表示水新近受到污染
+	+	−	水受到较近期污染，分解在进行中
+	+	+	一边污染，一边自净
−	+	+	污染物分解，趋向自净
−	−	+	分解已完成（或来自硝酸盐土层）
+	−	+	过去污染已基本自净，目前又有新近污染
−	+	−	水中硝酸盐被还原成亚硝酸盐
−	−	−	清洁水或已自净

（引自冯春霞，家畜环境卫生，2001）

氨是含氮有机物分解的产物,故水中氨氮含量增高时,表示人畜粪便的新近污染。当水中有氧存在时,氨进一步被微生物转化为亚硝酸盐、硝酸盐。因而水中亚硝酸盐氮含量增高,表明有机物分解过程还在继续,污染危险依然存在。硝酸盐是含氮有机物分解的最终产物,如水中仅有硝酸盐含量很高,说明污染时间已久,且最近没有新的污染。

但是,水中的"三氮"还有其他可能的来源,如沼泽水中氨含量高,是来自植物的腐败分解;水中亚硝酸盐类在脱氮菌的作用下,可还原为氨;工业废水、氮肥污染水体可使氨氮增加。因此,"三氮"在水体中出现,必须结合其他指标,综合分析,判明实际的污染情况。

水中亚硝酸盐含量过高,可引起人畜产生血红蛋白血症,使血红蛋白失去结合氧气的能力,发生组织缺氧,甚至窒息死亡。

⑦溶解氧(DO)。溶解于水中的氧,称为溶解氧。水温愈低,溶解氧含量愈高;反之亦然。在正常情况下,清洁地面水的溶解氧接近饱和状态。水生植物由于光合作用而放出氧,使水中溶解氧呈过饱和状态。地下水由于不接触空气,溶解氧较少。

溶解氧是水中有机物进行氧化分解的重要条件。大量有机物污染水体时,溶解氧急剧消耗,水中溶解氧急剧降低,故溶解氧可以作为判断水体是否受到有机物污染的间接指标。

⑧生化需氧量(BOD)。水体有机物在微生物作用下,进行生物氧化分解所消耗溶解氧量称为需氧量。水中有机物愈多,生化需氧量就愈大。在一定范围内,温度愈高,生物氧化作用愈剧烈,完成全部过程所需的时间也愈短。在实际工作中,常以 20 ℃条件下,培养 5 d 后 1 L 水中减少的溶解氧量(BOD_5)来表示。

BOD_5 相对地反映出水中有机物的含量,它是评价水体污染的重要指标。当有机物刚污染水体不久,或由于水体温度较低,有机物分解缓慢,即使污染较严重,水中氨氮量和溶解氧量也可能反映不出污染状况,而生化需氧量则能反映出来。但是,水体中如存在亚硝酸盐、亚硫酸盐等还原性无机物质时,也会增加水体的生化需氧量,这时必须作全面具体分析,结合其他指标,进行综合评价。

⑨耗氧量(COD)。耗氧量是用化学氧化剂氧化 1 L 水中的有机物所消耗的氧量。水中有机物含量愈多,耗氧量也愈高。被氧化的物质包括水中能被氧化的有机物和还原性无机物,但不包括化学上较稳定的有机物,因此只能相对地反映出水中有机物含量。同时因其测定完全脱离有机物在水体中分解的条件,故不如生化需氧量准确。

⑩氯化物与硫酸盐。天然水中一般都含有氯化物和硫酸盐,含量因地质条件不同而差异很大,但在同一地区内,水中氯化物与硫酸盐含量通常是相对恒定的。如果突然发生变化,可怀疑水体污染。水中硫酸根离子的增加会影响水味,并可使畜禽胃肠机能失调,引起腹泻。

(3)毒理学指标

①氟化物。地面水一般含氟较少,有的地区则地下水含氟较多。水体中的氟来自磷灰石矿层和工业废水,水中含氟低于 0.5 mg/L 时引起人畜龋齿,而高于 1.5 mg/L 可致人畜地方性氟中毒(斑釉齿、骨氟症)。

②氰化物。水体中的氰化物多来自工业废水污染。氰化物有剧毒,作用于呼吸酶,引起组织内窒息,并可使水呈杏仁臭。

③重金属离子。水体中的有毒重金属离子主要有砷、硒、汞、镉、六价铬、银等。它们在水体中的含量与土壤、工业废水、农药污染等有关。往往极少的含量也会造成人畜中毒。

砷化合物中毒主要影响畜禽的中枢神经系统、毛细血管渗透性和新陈代谢,对皮肤和黏膜有不同程度的刺激作用;硒可破坏一系列酶系统,对肝、胃、骨髓和中枢神经系统发生不良作用;汞及其化合物有毒,主要作用于神经系统、心肾和胃肠道;六价铬主要蓄积在肝、肾、脾脏中,引起慢性中毒和致癌;铅进入机体内,引起神经系统和血液系统的病变。铅可在体内蓄积,随同钙一同代谢,引起慢性铅中毒等。

④氯仿。水中氯仿往往是用氯消毒饮水的过程中产生的。加氯处理不当产生氯仿更多。氯仿在人畜体内可迅速被吸收,含量大时可引起急性中毒,表现为肾炎、肾损伤和破坏。

⑤四氯化碳。四氯化碳是制造氯氟甲烷及作谷物熏蒸剂、灭火剂、溶剂和清洁剂原料。污染水体后,在动物和人体内可迅速被吸收,主要由肺部排出。其毒性是使机体产生肝硬化和肾机能障碍,并可使动物致癌。

⑥苯并芘。是一种广泛存在的多环芳香烃,已从自来水中检出。苯并芘是一种强烈的接触致癌物质,如引起动物胃瘤和皮肤癌。在制订饮用水水质标准时,均采取从严的原则。

⑦"滴滴涕"和"六六六"。主要是通过农田施药后经雨水冲刷而污染水体。其化学性质稳定,在自然条件下不易分解,残效期长,可在农产品、动物和人体内大量蓄积,对人、畜健康产生潜在威胁。这两种农药主要是损害机体中枢神经系统的运动中枢、小脑、肝和肾,并均为动物致癌剂。

(4)细菌学指标　受到工业废水、生活废水和人畜粪便污染的水体中细菌大量增加,通常引起人畜肠道传染病的介水传播和流行。但水中细菌很多,直接检验水中各种病原菌方法复杂,时间长,而且得到的阴性结果也不能绝对保证流行病学上的安全。通常检查水中的细菌总数、总大肠菌群、游离性余氯来间接判断水质受到细菌污染的状况。

①细菌总数。细菌总数是指 1 mL 水在普通琼脂培养基中,于 37 ℃,经 24 h 培养后所生长的细菌群落总数。

②总大肠菌群。总大肠菌群是指一群需氧及兼性厌氧的,在 37 ℃生长时,能使乳糖发酵,在 24 h 内产酸产气的呈革兰氏阴性无芽孢杆菌的统称。通常有大肠菌群指数和大肠菌群值两种表示方法。

大肠菌群指数是指 1 L 水样中所含有的大肠菌群的数目。

大肠菌群值是指发现一个大肠菌的最小水量,即多少毫升水中可发现一个大肠菌群。

③游离余氯。水的消毒一般多用氯进行。为了保证饮用水的安全,氯化消毒后水中必须剩余一定的氯,称为余氯。若水中测不出余氯,表明水的消毒还不彻底;水中有余氯,则消毒已经基本安全,杀菌能力有余。

(5)放射性指标　随着原子能工业的迅速发展,以及放射性同位素在科学技术、工农业生产、医疗卫生等各方面的广泛应用,含有放射性物质的"三废"对环境的污染日益严重,给人和动物健康带来严重威胁。

放射性物质发出的电离辐射,通过饮水、食物或饮料进入人、畜体内,造成内照射而对机体产生危害。产生危害的主要是 α 射线,其次 β 射线。α 射线的穿透力很弱但有强大的电离能力,α 射线粒子进入机体后能引起严重的组织损伤。β 射线穿透力比 α 射线强很多,但其电离能力则较小,对机体的损伤亦较轻。

2.3.4　水的净化与消毒

一般水源水质不能直接达到生活饮用水水质标准的要求。为了保证饮用安全,使饮用水的水质符合卫生要求,必须对水源水进行净化与消毒处理。

水的净化处理方法有沉淀(自然沉淀与混凝沉淀)、过滤、特殊的净化处理等。沉淀和过滤的目的主要是改善水质的物理性状,除去水体中的悬浮物质及部分病原体。消毒的目的主要是杀灭水中的病原体。可以根据水源水质的具体情况,采取相应的净化措施。一般来讲,浑浊的地面水需要沉淀、过滤和消毒;较清洁的地下水只需经消毒处理即可;如受到特殊有害物质的污染,则需采取特殊净化措施。

1)沉淀

地面水中常含有泥沙等悬浮物和胶体物质,因而浑浊度较大。当水流速度减慢或停止时,水中较大的悬浮物质可因重力作用而逐渐下沉,从而使水得到初步澄清,称为自然沉淀。一般要在专门的沉淀池中进行,需要一定的时间。

但是悬浮在水中的微胶体粒子多带有负电荷,胶体粒子彼此之间互相排斥,不能凝集成比较大的颗粒,故可长期悬浮而不沉淀。如果加入一定量的混凝剂,使之与水中的重碳酸盐生成带正电荷的胶状物,带正电荷的胶状物与水中原有的带负电荷的胶体粒子互相吸引,凝集形成较大的絮状物而沉淀,称之为混凝沉淀。这种絮状物表面积的吸附力均较强,可吸附一些不带电荷的悬浮微粒及病原体共同沉降,因而使水的物理性状大大改善,可减少病原微生物90%左右。常用的混凝剂有铝盐(硫酸铝、碱式氯化铝、明矾)、铁盐(硫酸亚铁、三氯化铁)。

(1)硫酸铝(或明矾)混凝沉淀法　混凝剂的用量与水的浑浊度有关,可根据情况适度增减。一般,硫酸铝的用量为 50 ~ 100 mg/kg。集中式给水可建自然沉淀池与混凝沉淀池。分散式给水可将明矾碾碎加入水中,用棍棒顺一个方向搅动,待出现絮状物(矾花)时即可,静置约0.5 h后,水即可澄清。

硫酸铝要与水中的重碳酸盐作用后才可生成氢氧化铝胶体,因此,当水中的碱度不足和重碳酸盐的含量很低时,需加入适量的熟石灰才能保证有良好的混凝效果。熟石灰的用量约为硫酸铝的1/3。

(2)碱式氯化铝法　碱式氯化铝法的特点是使用方便、用量少。因其分子量较大,故吸附力强,形成的絮状物多、沉淀快、净化效率高,对温度及 pH 值的适应范围宽,不需要加入其他碱性助凝剂。使用时可将碱式氯化铝液体逐滴滴入水内,当水中出现絮状物时即可,静置后水便可澄清,或按30 ~ 100 mg/L 的用量加入水中,数分钟即可形成絮状物沉淀。

2)过滤

过滤是使水通过滤料得到净化。过滤净化可除去水中臭、味、色度以及寄生虫卵等。

常用的滤料是砂,所以也叫做砂滤。另外,也可掺入矿渣、煤渣等。但应注意,用这些物质做滤料时,不应含有对机体有害的化学物质和致病的微生物。

集中式给水需修建各种形式的砂滤池。分散式给水水源在河、塘岸边可修建砂滤池或砂滤井。砂滤井底应铺有约1.5 m厚的卵石层,0.7 m厚的黄沙层。砂滤井和清水井最好都要加盖。使用2 ~ 3 个月后,将井中表层的黄沙清洗干净后再填入,重新放水过滤。每隔2 ~ 3年必须将全部滤料取出洗净后再用,以确保良好的过滤效果。

3)消毒

饮用水消毒有两大类,即物理消毒法(如煮沸消毒、紫外线消毒、超声波消毒等)和化学消毒法(臭氧法、高锰酸钾法、氯化法等)。化学消毒法的种类最多,氯化消毒法最常用。以下主要介绍氯化消毒法。

（1）消毒剂　常用的氯化消毒剂有漂白粉、漂白粉精和液态氯三类。新制的漂白粉含有效氯 35%～36%，放置一段时间后，有效氯减少，一般在 25%～30%。漂白粉的性质不稳定，易受日光、潮湿、二氧化碳的作用使有效氯含量减少，当含量减少到 15% 时，即不适于供饮水消毒用。故应避光、密封，于阴暗干燥处保存。漂白粉精的有效氯含量为 60%～70%，性质较漂白粉稳定，多制成片剂，以方便投料使用。

（2）影响氯化消毒效果的因素

①消毒剂用量和接触时间。要保证氯化消毒的效果，必须向水中加入足够的消毒剂及保证有充分的接触时间。加入水中氯化消毒剂的用量，通常按有效氯计算。一般情况下，清洁水的加氯量为 1～2 mg/L，使药物和水接触 30 min 后，水中仍有余氯 0.2～0.4 mg/L，即可收到较为满意的消毒效果。

②水的 pH 值。各种氯化消毒剂在水中水解生成次氯酸。次氯酸是一种弱酸，在 pH < 7 的水中主要以次氯酸形式存在。pH > 7，则次氯酸可离解成次氯酸根。次氯酸的杀菌效果可超过次氯酸根 80～100 倍。

③水温。水温高，杀菌效果好。水温低时，加氯量应适当增加。

④水的混浊度。当水质浑浊时，水中含有较多的有机物和无机物，它们可以消耗一定的氯量，而且悬浮物内部包藏的细菌也不易被杀灭，故浑浊度高的水必须预先经过沉淀和过滤处理，再行氯化消毒才可确保饮水安全。

（3）消毒方法　根据不同水源及不同的供水方法，消毒方法可以多种多样，现介绍分散式给水消毒法：

① 常量氯化消毒法。即按常规加氯量进行饮水消毒的方法，如表 2.5 所示。通常井水消毒是直接在井中按井水量加入氯化消毒剂。将水库、河、湖或塘水放入水缸中，若水质浑浊，应预先经混凝沉淀或过滤后再行消毒。

表 2.5　对不同水源进行消毒的加氯量

水源种类	加氯量/(mg·L⁻¹)	水中加漂白粉量/(g·t⁻¹)
深井水	0.5～1.0	2～4
浅井水	1.0～2.0	4～8
土坑水	3.0～4.0	12～16
泉水	1.0～2.0	4～8
河、湖水（清洁透明）	1.5～2.0	6～8
河、湖水（水质浑浊）	2.0～3.0	8～12
塘水（环境较好）	2.0～3.0	8～12
塘水（环境不好）	3.0～4.5	12～18

（引自蔡长霞，畜禽环境卫生，2006）

井水消毒时，首先测量井水的水量，根据井水量及井水加氯量计算出应加的漂白粉，漂白粉置碗中，先加少量水调成糊状，然后再加水稀释，静置，取上清液注入井中，用水桶将井水搅动,使充分混匀,0.5 h后,水中余氯应为0.3 mg/L,即可取用。

将水库、河、湖或塘水放入水缸中消毒时,将漂白粉配成3% ~4%消毒液(每毫升消毒液约含有效氯10 mg),按200 mL/t将配好的漂白粉液加入缸中,搅拌混匀经30 min,即可取用。漂白粉液应随用随配,不应放置过久,否则药效将受损失。

②持续氯化消毒法。为了减少每天对井或缸水进行加氯消毒的繁琐手续,可用持续氯化消毒法,在井或缸中放置装有漂白粉或漂白粉精片的容器,装漂白粉的容器可因地制宜的采用塑料袋、竹筒、广口瓶或青霉素玻瓶等,容器上钻孔,由于取水时水波振荡,氯液不断由小孔溢出,使水中经常保持一定的有效氯量。加到容器中的氯化消毒剂量可为一次加入量的20 ~30倍;一次放入,可持续消毒10 ~15 d,效果良好。

③过量氯化消毒法。本法主要适用于下列情况:新井投入使用前,旧井修理或淘洗后,居民区或畜牧场发生介水传染病,井水大肠菌值或化学性状发生显著恶化或者水井被洪水淹没或落入异物等。加氯量为常规加氯量的10倍。在消毒污染井水时,一般在投入消毒剂后,等待10 ~12 h再用水。若此时水中氯气味太大,可用汲出旧水不断渗入新水的方法,直至井水失去显著氯味方可应用;亦可先测出水中的余氯含量,再按1 mg余氯投入3.5 mg硫代硫酸钠的量脱氯,然后再应用。

4)水的特殊处理

(1)除铁　水中的溶解性铁盐,通常是以重碳酸亚铁、硫酸亚铁、氯化亚铁等形式存在,有时为有机胶体化合物(腐殖酸铁)。重碳酸亚铁可用氧化法使其成为不溶解的氢氧化铁;硫酸亚铁或氯化亚铁可加入石灰石,在高pH条件下氧化为氢氧化铁,再经沉淀过滤清除之;有机胶体化合物可用硫酸铝或聚羟基氯化铝等混凝沉淀法除去。

(2)除氟　可在水中加入硫酸铝(每除去10 mg/L的氟离子,需投加100 ~200 mg/L的硫酸铝),或者碱式氯化铝(0.5 mg/L),经搅拌、沉淀而除氟。在有过滤池的水厂,可采用活性氧化铝法。

(3)软化　水质硬度超过25° ~40°时,可将石灰、碳酸钠、氢氧化钠等加入水中,使钙、镁化合物沉淀而除去硬度。也可采用电渗析法、离子交换法等。

(4)除臭　活性炭粉末作滤料将水过滤可除臭,或在水中加活性炭混合沉淀后,再经砂滤除臭,也可用大量氯除臭。若地面水中藻类繁殖发臭,可投加硫酸铜(1 mg/L以下)灭藻。

复习思考题

1.以在土壤中碘、氟和硒的异常含量为例,说明什么是生物地球化学性地方病? 有什么预防办法?

2.土壤从哪几个方面对畜禽的健康与生产造成影响?

3.怎样防治土壤污染?

4.搞好饲料卫生的意义是什么?

5.霉变谷物与饼粕饲料怎样去毒和脱毒?

6.黄曲霉毒素有什么危害? 怎样预防其毒素中毒?

7. 当水质不好或水体受到污染时,易引起畜禽哪些方面的疾病?

8. 检查水中的"三氮"有何意义? 哪些非污染原因能使水中的"三氮"增加?

9. 水的净化和消毒措施有哪些? 影响饮用水氯化消毒的因素有哪些?

10. 有一圆形浅井,水深 3 m,水面直径 1 m。另有一方形浅井,水深 2 m,水面 4 m²。现要用常量氯化消毒法对饮水进行消毒,每个井需用漂白粉(含有效氯 25%)多少?

第3章 畜舍环境的改善和控制

本章导读：主要阐述改善与控制畜舍环境卫生的措施。内容包括畜舍的基本结构与类型，畜舍的防寒与供暖、防暑与降温、通风与换气、采光与照明、湿度控制、垫料的使用、饲养密度的确定。通过学习，要求深刻理解畜舍结构与类型对环境卫生的影响；掌握生产实际中温度、湿度、通风、采光等环境因素的控制与改善措施，以及使用垫料和控制饲养密度的方法。

建造畜舍是改善和控制畜禽环境的主要手段，但是绝不能认为有了畜舍就可以为畜禽创造理想的环境，只有通过对畜舍有效环境的控制，同时采用先进的生产工艺，合理的设备选型配套，再配合日常的精心管理，才能达到防寒、防暑、通风、排污、采光、排水和防潮等目的。

3.1 畜舍的基本结构与类型

3.1.1 畜舍的基本结构

畜舍由各部结构组成，包括基础、墙、屋顶、门窗及地面等。其中屋顶和外墙组成畜舍的外壳，由于其将舍内外空间分隔，故称外围护结构。舍内小气候状况，在很大程度上取决于外围护结构的设计。

1）地基与基础

（1）地基 是指支持整个建筑物的土层。分天然地基和人工地基。作天然地基的土层必须具备足够的承重能力，足够的厚度，并且组成均匀一致，抗冲刷能力强，膨胀性小，地下水位在2 m以下，同时无侵蚀作用。沙砾、碎石、岩性土层以及砂质土层是良好的天然地基。黏土、黄土不适宜于做天然地基。人工地基是指在施工前经过人工处理加固的地基。大型畜舍一般使用人工地基更可靠；小型畜舍采用天然地基节省投资。

（2）基础 是建筑物深入土层的部分，是墙的延续和支撑。其作用是将墙或柱传来的建筑物全部荷载均匀传递到地基上。基础必须坚固、耐久，抗机械能力和防潮、抗冻、抗震能力强。它一般比墙体宽10～15 cm。设于墙、柱下的基础分别称条形基础和柱基础。基础底面的宽度和埋置深度必须由专业人员根据房舍的总荷载、地基的承载力、土层的膨胀程度、地下水位、冻土深度等计算确定。北方地区在膨胀土层上建畜舍,应将基础埋置在冻土层之下。基础还应注意防潮、防水,一般在基础的顶部(舍内地平线以下 6 cm)应设防潮层(如石棉水泥板等)。

(3)墙脚 是基础与墙壁的过渡部分。墙脚的作用是防止墙壁受到降水以及地下水的侵蚀。墙脚的高度不应低于 20 ~ 30 cm,如果是土墙则应为 50 ~ 70 cm。舍内水汽的一个重要来源,是由于墙壁的毛细管作用将地下水吸入而造成的。因此作墙脚的材料应防水防潮。

2)墙壁

墙壁是畜舍外围护结构的主要部分,它对于保证舍内必要的温、湿度以及通过安装在墙壁上的窗户保证舍内得到适宜的光照起着重要作用。所以墙壁必须坚固、耐久、抗震、防火、防冻、防水冲刷,同时结构要简单,便于清扫和消毒,还要有良好的隔热能力。

墙有不同的功能,承受屋顶重量的墙叫承重墙;起分隔作用的墙叫隔墙;将舍内与舍外隔开的墙叫外墙;不与外界接触的墙叫内墙;沿着畜舍长轴方向的外墙叫长墙或纵墙;沿着短轴方向的外墙叫端墙或山墙。

墙壁的隔热能力的大小取决于所用建筑材料的特性和厚度。干燥的泥土隔热能力要强于石头和砖。同时墙壁厚的隔热能力大于墙壁薄的。因此要尽可能选用隔热性能力强的材料来作墙壁的建筑材料;同时在墙壁的设计上要充分利用空气这个因素,因为干燥的空气隔热能力很强。

墙体的常用材料有土、砖、石和混凝土等。现代畜舍建筑多采用双层金属板中间夹聚苯板或石棉等保温材料的复合板块作为墙体,其隔热效果更佳。

3)门窗

(1)窗户 设置窗户的目的在于保证舍内有良好的采光和通风换气。因此窗户的大小、位置以及窗户的安装形式对舍内的光照与温度状况有很大的相关性。考虑到采光、通风与保温之间的矛盾,在窗户的设置上,寒冷地区必须要统筹兼顾。一般的原则是:在保证采光系数的前提下尽可能地少设窗户,只要能保证夏季通风就可以了。温暖地区可增加窗户面积。

为解决采光和保温的矛盾,国外已采用导热系数小的透明塑料作屋顶。

(2)门 畜舍的门有外门和内门之分。畜舍通向舍外的门叫外门;舍内分间的门和畜舍附属建筑通向舍内的门叫内门。外门的功能是:①保证家畜的进出;②保证生产过程的顺利进行;③在意外情况下能将家畜迅速撤出。专供人出入的门一般高 2.0 ~ 2.4 m,宽 0.9 ~ 1.0 m,供人、畜、手推车出入的门一般高 2.0 ~ 2.4 m,宽 1.2 ~ 2.0 m。每栋畜舍通常应有两个以上的外门,一般设在端墙上,正对舍内中央通道,这样便于运输饲料和粪便,同时也便于实现机械化作业。为了保温,在向着冬季主风向的墙壁上,不应开设使用频繁的大门。畜舍不应设门坎、台阶,以免家畜出入和工人进行生产管理操作时不便。但是为防止雨水倒灌,畜舍地面应高出舍外 20 ~ 25 cm,并用坡道相连。畜舍的门应向外开,以便在意外情况下家畜出门方便,从而保证安全。同时应注意门上不应有尖锐突出物,以避免家畜受伤。

4)地面

畜舍的地面是家畜的床,是家畜生活和生产的场所。地面的质量如何及其是否能保持正常的性能,都影响舍内小气候、家畜的健康和生产力。因此,地面必须满足下列基本要求:

(1)导热系数小,具有良好的保温性能;

（2）不透水，易于清扫和消毒；

（3）易于保持干燥、平整，无裂纹，不硬不滑，有弹性；

（4）有足够的抗机械能力及能防潮与抵抗各种消毒液作用的能力；

（5）向排尿沟方向应有一定的倾斜度，以便洗刷水和尿水的及时排走。不同家畜的畜床倾斜度不同，一般来说牛、马等大家畜按 1% ~ 1.5%，猪按 3% ~ 4%。

5）屋顶

屋顶是畜舍顶部覆盖物，其作用为避风雨和保温隔热。由于夏季屋顶接受太阳辐射热多，而冬季舍内热空气上升，通过屋顶散失的热量也较多，因此屋顶对舍内小气候的影响程度要比其他外围护结构大得多。屋顶由承重和面层两部分构成，屋架、条、山墙或梁、板等构成承重构件；面层是屋顶的覆盖层，起防水作用，一般由瓦、油毡、草或石棉瓦组成。屋顶形式种类繁多，如图 3.1 所示，主要有以下几种：

（1）单坡式 屋顶只有一个坡向，一般跨度较小，结构比较简单。由于高度低不便于操作，只适于单列舍，但有利于采光，适用于规模较小的畜群。

（2）双坡式 是最常用的形式。适用于较大跨度的畜舍，可用于各种规模的畜群，同时有利保温。

（3）联合式 联合式屋顶适用于跨度较小的畜舍。与单坡式屋顶相比，采光略差，但保温能力较强。

（4）拱顶式和平拱顶式 是一种省建材的屋顶，一般适用跨度较小的畜舍。这类屋顶造价较低，但屋顶保温性较差，不便于安装天窗和其他设施，对设施技术的要求也较高。

（5）钟楼式和半钟楼式 在双坡式屋顶上增设双侧或单侧天窗的屋顶形式，通风和采光好。但冬季不利于保温，故多用于跨度较大的畜舍和炎热地区。

（6）双折式 这种屋顶下有较大的空间，通常挂顶棚以形成楼阁，用于储存干草和垫草。故保温能力强，适用于多雪、寒冷地区，常用于栓养牛舍。但结构比较复杂，造价较高。

（7）锯齿式 实际是几个单坡式屋顶连栋而成的一种形式，既保留了单坡式屋顶的优点，又加大了跨度，适用于温暖地区。

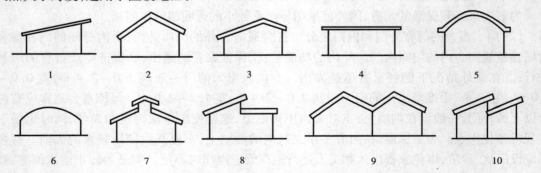

图 3.1 各种畜舍屋顶形式

1.单坡式 2.双坡式 3.联合式 4.平顶式 5.拱顶式

6.平拱顶式 7.钟楼式 8.半钟楼式 9.双折式 10.锯齿式

（引自李如治,家畜环境卫生学,2003）

6）天棚

天棚又称顶棚或天花板。是在屋顶下方与舍内隔开的结构，使该空间形成一个不流动的空气缓冲层,是加强屋顶隔热效果的一种结构,对畜舍起保温、隔热的双重作用。其主要功能是加强夏季的防热和冬季的保温,同时也有利于通风换气。因此,天棚必须具备保温、隔热、不透气、不透水,坚固耐久,防潮、不滑、结构轻便、简单等特点。一般选用隔热性能好的材料,如聚苯乙烯泡沫塑料、玻璃棉、珍珠岩等。

畜舍内的高度通常以净高表示。净高指地面到天棚的高度,无天棚时,指地面至屋架下缘的高。一般畜舍的净高为 $2.0 \sim 2.5$ m(羊棚 $1.5 \sim 1.5$ m)较为适宜,采用厚垫料饲养时,净高应加高 $0.5 \sim 1.0$ m。在实行多层笼养的鸡舍,为保证上层笼的通风,顶层笼面与天棚应保持 $1.1 \sim 1.3$ m 的高度。在寒冷地区,可适当降低净高,以有利于保温;在炎热地区,为有利于通风,缓和高温的影响,可适当增加净高。

3.1.2 畜舍的类型

畜舍根据外墙和窗的设置情况,可分为开放式、半开放式、敞棚式、有窗式、无窗式等多种式样,如图 3.2 所示;按照其四周墙壁的严密程度不同,又可分为封闭舍、开敞舍和半开敞舍、棚舍等类型。

因为畜舍内的温度、湿度、气流和光照等均受到畜舍外围结构的影响,所以,畜舍的类型不同,其畜舍小气候特点有很大的差异。因此,应结合本地区的气候特点及畜禽的类别,采用有利于畜禽生产的畜舍形式。

1)敞棚式(棚舍)

靠柱子承重而不设墙,或只设栅栏、矮墙,用于运动场遮阳棚或南方炎热地区的成年畜舍,或者饲养某些耐寒力较强的畜禽(主要是肉牛)。

该畜舍造价低,通风采光好,但保温隔热性能差,只起到遮阳避雨的作用。为了提高棚舍的使用效果,克服其保温能力较差的弱点,可以在畜舍前后设置卷帘,在寒冷季节,用塑料薄膜封闭,利用温室效应,以提高冬季的保温能力。如简易节能开放型畜舍、牛舍、羊舍,都属于此种类型。它在一定程度上控制环境条件,改善了畜舍的保温能力,从而满足畜禽的环境需求。

2)开放式

三面设墙,一面不设墙(南侧)而设运动场的畜舍。该样式结构简单,造价低,一般跨度较小,夏季通风及采光好,冬季保温差。北方地区的开放式畜舍,多在运动场南墙和屋檐间设置塑料棚,冬季白天利用阳光温室效应取暖,夜间加盖草帘保温,中午前后打开塑料顶部的气窗通风排湿,取得了较好效果。但这种方式在北方一般只用作成年畜畜舍。

3)半开放式

指三面有墙,正面上部敞开,下部有半截墙的畜舍。在冬季较开放式散热少,且半截墙上可设塑料薄膜窗框或挂草帘,以改善舍内小气候。

以上三种形式畜舍,均属简易舍。一般跨度小,造价低,采用自然通风和采光,但舍内小气候受外界影响较大,采用供暖降温措施时,耗能多,适用于小规模养殖户选用。

4)有窗式

四面设墙,且在纵墙上设窗的畜舍。这种畜舍冬季比较暖,夏季比较热;可采用自然通风和采光,也可采用机械辅助通风及供暖保温等设备,跨度可大可小,适用于各气候区和各种畜禽。

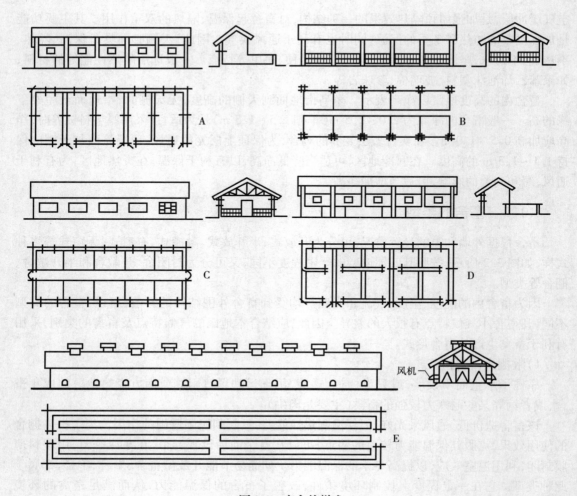

图3.2 畜舍的样式

A.开放式 B.敞棚式 C.有窗式 D.半开放式 E.无窗式

（引自李震钟,家畜环境卫生学附牧场设计,1993）

5）无窗式

又称环境控制式畜舍。畜舍与外界隔绝程度高,墙上只设不透光的保温应急窗,舍内的通风、采光、供暖、降温等均靠环境控制设备调控;舍内小气候完全是人为控制,不受季节的影响,为畜禽创造一个最佳的环境空间,从而有利于畜禽生产。

优点是:有效地控制疾病的传播;便于实现机械化;减轻劳动强度,提高劳动生产率。缺点是:建筑物和附属设备要求较高,投资较大,要求保证充足的电力,能源消耗多。

6）组装式

组装式是为了结合开放式与封闭式畜舍的优点,将畜舍的墙壁和门窗设计为活动的,天热时可以局部或全部取下来,成为半开敞式、开敞式或棚舍;冬季为加强保温可装配起来,成为严密的封闭舍。其优点是:适宜不同地区、不同季节,灵活方便,便于对舍内环境因素的调节和控制。缺点是:要求畜舍结构各部件质量较高,必须坚固轻便、耐用、保温隔热性能好。

7）联栋式

联栋式畜舍是一种新形式的畜舍,优点是:减少畜禽场的占地面积,降低畜禽场建设投资。但要求管理条件高,必须具备良好的环境控制设施,才能使舍内保持良好的小气候环境,满足畜禽的生理、生产要求。

总之,随着现代化畜牧业的发展,畜舍的形式也在不断变化着,新材料、新技术不断地应用于畜舍,并将温室技术与养殖技术有机结合,在降低建造成本和运行费用的同时,通过进行环境控制,实现优质、高效和低耗生产,使畜舍建筑越来越符合畜禽对环境条件的要求。后几种畜舍是现代畜舍的发展趋势。

3.2　改善与控制畜舍环境卫生的措施

3.2.1　畜舍的防寒与供暖

畜舍环境的控制主要取决于舍内温度的控制。畜舍防寒、防暑的目的在于克服大自然寒暑的影响,使舍内的环境温度始终保持在符合各种家畜所要求的适宜温度范围。目前在畜牧业生产先进国家已把控制畜舍温度作为有效提高饲料利用率,最大限度地获得产品的手段之一。通过畜舍外围护结构的隔热,最有效地保住家畜产生的热能,以达到家畜最需要的舍温环境,也是最经济的办法。而在炎热地区,通过良好的隔热设计和采取其他措施,同样是克服高温影响的根本途径。

1）畜舍的防寒与供暖

通过保温措施可降低舍内热量通过外围结构向外界放散,以达到防寒目的。多数畜舍只要合理设计施工,基本可以保证适宜的温度环境。只有幼畜,由于体温调节机能尚未完善,对低温极其敏感,因此在冬季比较寒冷的地区,需要在产仔舍、幼畜舍通过供暖来保证幼畜所要求的适宜温度(如表1.1表示)。

(1)加强畜舍的保温隔热设计

①屋顶、天棚的保温隔热设计。试验证明,在畜舍外围护结构中,失热最多的是屋顶、天棚;其次是墙壁、地面。因此,在寒冷地区对屋顶必须选用保温性能好的材料,并有应有的厚度;同时屋顶和天棚的结构必须严密,不透气。此外,适当降低畜舍的净高,也是在寒冷地区改善畜舍温度状况的一个办法,但一般应不低于2.4 m,且必须保证有良好通风换气条件。

②墙壁的保温隔热设计。在寒冷地区,为建立合符家畜要求的环境条件,必须加强墙壁的保温设计,除了选用导热系数①小的材料外,必须在确定合理的结构上下功夫,从而提高墙壁的保温能力。比如,选用空心砖代替普通红砖,墙的热阻值②可提高41%,而用夹心混凝土

---

① 导热系数是表示材料导热性的一个主要指标,表示当物体厚度为1 m,两表面温差为1 ℃时,1 h内通过1 m² 面积传导的热量(W/m·K)。

② 热阻值是指热量通过外围护结构传递时的阻力,单位为 m²·K/W,即当结构两端温差为1 ℃时,通过1 m² 面积,4.184 kJ(1 kcal)传出热量所需要的小时数。

块,则可提高 6 倍。采用空心墙体或在空心墙中填充隔热材料,均会大大提高墙的热阻值。如果施工不合理,往往会降低墙体的热阻值。比如,墙体透气、变潮都可导致对流和传导散热的增加。

在外门加门斗、双层窗或临时加塑料薄膜、窗帘等,在受冷风侵袭的北墙、西墙少设窗、门,对加强畜舍冬季保温均有重要作用。此外,对冬季受主风和冷风影响大的北墙和西墙加强保温,也是一项切实可行的措施。

③地面的保温隔热设计。地面与屋顶、墙壁比较,虽然失热在整个外围护结构中位于最后,但由于家畜直接在地面上活动,所以地面的状况直接影响畜体,因而具有特殊的意义。

"三合土"地面在干燥的情况下,具有良好的隔热特性,故在鸡舍、羊舍等较干燥,很少产生水分,也无重载物通过的畜舍里可以使用。

水泥地面具有坚固、耐久和不透水等优良特点,但既硬又冷,在寒冷地区对家畜极为不利,直接作畜床时必须铺垫草。

干燥的木板是理想的温暖地面,但木板铺在地上又往往吸水而变成良好的热导体。此外,木板的价格高,不合算。

现在国外已普遍采用一种叫空心黏土砖地面。这种地面的特点是:上层是导热系数小的空心砖,其下是蓄热系数①大的混凝土,再下是导热系数比较小的夯实素土。当畜体与这种地面接触时,首先接触的是抹有一薄层灰的空心砖,不感到凉,导热也慢,因而畜体失热少。而热量由空心砖传到混凝土层,由于其蓄热性强,被贮积起来。当要放散时,上面是导热系数小的空心砖,下面是导热系数比较小的夯实素土,因而受到阻碍。因此地面温度比较稳定。

④选择有利于保温的畜舍形式与朝向。畜舍的形式和朝向与畜舍的保温有密切的关系。大跨度畜舍、圆形畜舍的外围护结构的面积相对地比小型畜舍、小跨度畜舍的面积小,因此,通过外围护结构散失的总热量小,所用的建筑材料也节省。同时畜舍的有效面积大,利用率高,便于实现生产过程的机械化和采用新技术。多层畜舍既节约材料、土地,又有利于保温,故在寒冷地区多采用多层畜舍形式。

畜舍的朝向,不仅影响采光,而且与冷风侵袭有关。在寒冷地区,由于冬春季风多偏西、偏北,故在实践中,畜舍以南向为好,有利于保温(见附录1)。

⑤充分利用太阳辐射的畜舍设计——塑料暖棚畜舍。仿照我国种植业使用的温室来设计畜舍,是充分利用太阳辐射的范例。建造温室式塑料暖棚畜舍,如单坡式畜舍,斜坡向阳,用玻璃或塑料布做屋顶,上覆盖草带,白天卷起,太阳辐射通过塑料膜入射到棚内,使棚内地面、墙壁和畜禽获得太阳短波辐射,把光能变成热能。其热量一部分被储藏,一部分以长波辐射释放,由于塑膜能够阻止部分长波辐射,使这部分辐射阻流在棚内,从而使棚温升高。晚上将草帘放下,以利保温。为了减少热量散失,减少舍温波动,也可以建成半地下式的温室畜舍以饲养产仔母猪和雏鸡。这种大棚式畜舍在我国北方地区的专业户和小型养殖场被广泛采用。

(2)加强防寒管理 对家畜的饲养管理及畜舍的维修保养与越冬准备,直接或间接地对畜舍的防寒保温起着不可低估的作用。

----

① 蓄热系数是表示蓄热性的一个指标。材料的蓄热系数大,吸收和容纳的热量多。即表面温度波动 1 ℃时,在 1h 内,1 m² 围护结构表面吸收和散发的热量,单位是 W/m² · K。

①采取一切措施防止舍内潮湿是间接保温的有效方法。由于水的导热系数是空气的25倍,因而潮湿的空气、地面、墙壁、天棚等物体的导热系数往往要比干燥状态增大若干倍,其结果是破坏畜舍外围护的保温,加剧畜体热的散失,并且由于舍内空气湿度高而不得不加大通风换气,造成热量的散失。因此在寒冷地区设计、修建畜舍时,不仅要采取严格的防潮措施,而且要尽量避免畜舍内潮湿和水汽的产生,同时也要加强舍内的清扫与粪尿的及时清除,以防止空气污浊。

②在不影响饲养管理及舍内卫生状况的前提下,适当加大舍内饲养密度,等于增加热源,是一项行之有效的辅助性防寒措施。

③利用垫草改善畜体周围小气候,是简便易行的防寒措施。铺垫草不仅可以改进冷硬地面的使用价值,而且可在畜体周围形成温暖的小气候状况。此外铺垫草也是一项防潮措施。但铺垫草比较费工,不利于实现机械化作业,特别是在大型场,由于用量大,往往受来源和运输的制约而受到限制。

④加强畜舍的严密性,防止冷风的渗透,防止"贼风"的产生。

⑤加强畜舍入冬前的维修保养,包括封门、封窗,设置防风林、挡风墙,粉刷、抹墙等,它对畜舍防寒保温有着不可低估的作用。

(3)畜舍的供暖 在采取各种防寒措施仍不能保障要求的舍温时,必须采取供暖。

供暖方式有集中供暖和局部供暖两种。前者是由一个热源(锅炉房或其他热源),将热媒(热水、蒸汽或空气)通过管道送至舍内或舍内的散热器;后者是在需要供暖的房舍或地点设置火炉、火炕、火墙、烟道或者保温伞、热风机、红外线灯等。无论采取哪种方式,都应根据畜禽要求,供暖设备投资、能源消耗等考虑经济效益来定。

北欧各国广泛采用热风装置,往畜禽活动区送热风。意大利则多用热水管(一层或二层管设在距地面50 cm处)取暖。而美国则多用保温伞(育雏期)调节雏鸡活动区的温度;对哺乳仔猪,多用红外线灯照射。也有在畜床下铺设电阻丝或热水管做所谓热垫。一般来讲,在温暖地区往畜舍送热风比较理想,而在寒冷地区(尤其多雾时)或畜舍保温不良时,则采用水暖较好。

在母猪分娩舍采用红外线照射仔猪比较合理,既可保证仔猪所需较高的温度,而又不致影响母猪,一般一窝一盏(125 W)。利用保温伞育雏,一般每800~1 000只雏鸡一个。

畜舍供暖由于受到能源和设备的制约,因此,一方面应尽量加强畜舍的保温隔热;另一方面应开辟新的能源,如利用太阳能取暖,利用畜粪发酵产气(沼气),这可为畜舍供暖提供便宜的能源。

3.2.2 畜舍的防暑与降温

我国南方广大地区,包括长江流域的苏、浙、皖、赣、湘、鄂等省和四川盆地,东南沿海的闽、粤、台湾等省及南海诸岛,还有云、桂、黔等省的大部分或部分地区,属湿热气候类型。其特点是气温高而持续时间长;7月份最高气温为30~40 ℃;日平均气温高于25 ℃的天数每年约有70~150 d,并且昼夜温差小,太阳辐射强度大,相对湿度大,年降雨多,最热月的相对湿度为80%~90%。

但是,与在低温情况下采取防寒保温措施相比,在炎热地区解决夏季防热降温要更艰巨、更复杂。

解决畜舍防热降温的措施包括以下几点：

1) 加强畜舍外围护结构的防暑设计

在炎热地区造成舍内过热的原因有三个：①大气温度高；②强烈的太阳辐射；③家畜在舍内产生的热。因此，加强畜舍外围护结构的隔热设计，就能防止或削弱高气温与太阳辐射对舍温的影响。

(1) 屋顶隔热　强烈的太阳辐射和高温，可使屋面温度高达 60 ~ 70 ℃，甚至更高。可见屋顶隔热好坏，对舍温的影响很大。屋顶的隔热设计可采取下列措施：

①选用隔热性能好的材料和确定合理的结构。与解决畜舍保温防寒一样，在综合考虑其他建筑学要求与取材方便的前提下，尽量选用导热系数小的材料，以加强隔热。在实践中往往一种材料不可能保证最有效地隔热，所以，人们常用几种材料修建多层结构屋顶。其原则是：在屋面的最下层铺设导热系数小的材料，其上为蓄热系数较大的材料，再上为导热系数大的材料。采用这种多层结构，当屋面受太阳照射变热后，热传到蓄热系数大的材料层而蓄积起来，而再向下传导时受到抵制，从而缓和了热量向舍内传播。而当夜晚来临时，被蓄积的热又通过上层导热系数大的材料迅速散失。但是这种结构只能适用于夏热冬暖的地区，而在夏热冬冷地区，则应将上层导热系数大的材料换成导热系数小的材料。

②增强屋顶反射，以减少太阳辐射热。舍外表面的颜色深浅和光滑程度，决定其对太阳辐射热的吸收与反射能力。色浅而平滑的表面对辐射热吸收少而反射多；反之，则吸收多而反射少。深黑色、粗糙的油毡屋顶，对太阳辐射热的吸收系数值为 0.86；红瓦屋顶和水泥粉刷的浅灰色大平面均为 0.56；而白色石灰粉刷的光平面仅为 0.26。由此可见，采用浅色、光平屋顶，是减少太阳辐射热向舍内传递的有效隔热措施。

(2) 墙壁的隔热　在炎热地区多采用开放舍或半开放舍，墙壁的隔热没有实际意义。但在夏热冬冷地区，必须兼顾保温，因此墙壁必须具备适宜的隔热能力，既要有利于冬季的保温，又要有利于夏季的防暑。如现行采用的组装式畜舍，冬季组装成保温的封闭舍，而到夏季则卸去构件改成半开放舍。对在炎热地区的大型全封闭舍的墙壁，则应按屋顶隔热的原则进行处理，特别是太阳强烈照射的西墙。

(3) 加强畜舍的通风设计

①通风屋顶或通风屋脊。空气是廉价的隔热材料。由于它导热系数小，不仅用做保温材料；而且由于受热后因密度发生变化而流动的特性，也常用做防热材料。

空气用于屋面的隔热时，通常采用通风屋顶来实现。所谓通风屋顶是将屋顶做成两层，中间空气可以流动，上层接受太阳辐射后，中间的空气升温变轻，由间层向通风口流出，外界较冷空气由间层下部流入，如此不断把上层接受的太阳辐射热带走，大大减少经下层向舍内的传热，这是靠热压形式的通风；在外界有风的情况下，空气由通风面间层开口流入，由上部和背风侧开口流出，不断将上层传递的热量带走，这是靠风压使间层通风。

一般，坡式屋顶的间层适宜的高度是 12 ~ 20 cm；平屋顶为 20 cm 左右。夏热冬冷地区不宜采用通风屋顶，因其冬季会促使屋顶散热不利于保温。但可以采用双坡屋顶设置天棚，在两山墙上设风口，夏季也能起到通风屋顶的部分作用，冬季可将山墙的风口堵严，有利于天棚保温，如图 3.3 所示。

②通风地窗。在靠近地面处设置地窗，使舍内形成"扫地风"、"穿堂风"，直接吹向畜体，防暑效果更好。在冬冷夏热地区，宜采用屋顶风管，管内设调节阀，以便冬季控制排风量或关

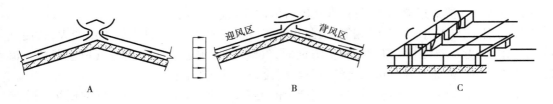

图 3.3　通风屋顶示意图

A. 热压通风　B. 风压通风　C. 平顶通风

（引自李如治,家畜环境卫生学,2003）

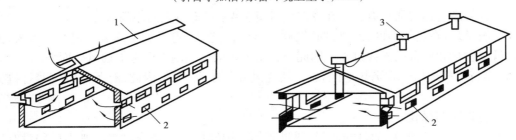

图 3.4　地窗、通风屋脊和屋顶风管

1. 通风屋脊　2. 地窗　3. 屋顶通风管

闭风管。地窗应做成保温窗,冬季关严以利防寒,如图 3.4 所示。

2）加强畜舍的通风

通风是畜舍防热措施的重要组成部分,目的在于驱散舍内产生的热能,不让它在舍内积累而使舍内温度升高。有关畜舍的通风,作为控制环境的一项主要措施,在后面的内容中将专门介绍。这里只就畜舍的地形、朝向、布局问题以及直接与畜舍降温有关的问题加以阐述。

（1）地形　地形与气流活动密切相关。炎热地区的牧场一定要设在开阔、通风良好的地方,而切忌设在背风、窝风的地方。

（2）朝向　畜舍朝向对畜舍通风降温也有一定的影响。为组织好畜舍通风降温,在炎热地区,畜舍朝向除考虑减少太阳辐射和防暴风雨外,必须同时考虑夏季主风方向。我国部分地区的建筑物最佳朝向见附录 1。

（3）牧场布局　畜舍的布局和间距除与防疫、采光有关外,也影响通风,故必须遵守总体布局原则与间距。

牧场建筑以行列式布置有利于生产、采光。这种情况下,当畜舍的朝向均朝夏季主风方向时,前后行应左右错开,即呈品字形排列,等于加大间距,有利于通风。如果受条件限制,朝向不能对夏季主风方向时,左右行应前后错开,即顺着气流方向逐行后错一定距离,有利于通风。如果前后左右整齐排列,则不论什么风向,都是间距大比间距小有利通风。

（4）通风口设置　进风口的位置与气流进入畜舍内的方向关系极为密切,与排气口关系较小。

①为保证畜舍内有"穿堂风",进气口应位于正压区内,排气口位于负压区内（如图 1.4 所示）。

②为保证夏季通风均匀,进气口应均匀布置。

③气流进入舍内后往往偏向进气口一侧。因此,考虑到家畜在近地面处活动,故设地脚

窗通风,使舍内气流在近地面处通过,即从家畜体四周吹过,比较合理。

④由于流入与排出的空气量相等,因此在进气口不变的情况下,排气口由小变大,舍内气流速度也由小变大。当排气口正对气流方向时,气流通畅,流速较大。当排气口位置使气流排出有所转折时,流速减缓。可见排气口不影响流向,而影响流速。

⑤进气口要远离尘土飞扬及污浊空气产生的地方;防止相邻两舍污浊空气的相互流通。

⑥为组织有效的通风降温,充分利用穿堂风是一种简便的有效措施,而畜舍跨度与穿堂风强弱有关。跨度小的畜舍,通风线路短而直,气流顺畅,而当跨度超过9.5 m时则不能形成足够的通风。

⑦畜舍的净高也与通风有关。在炎热地区畜舍保持3m以上的净高有利。

⑧一般说来,在炎热地区,通风口面积愈大,通风量愈大,愈有利于降温。但开口太大,会引起大量辐射热和使舍内光线过强。因此要在所要求的范围内综合考虑通风口面积。

(5)实行机械通风　在炎热地区,靠自然通风往往效果不好,因此,有条件时应实行机械通风。

3)实行遮阳与绿化

(1)畜舍的遮阳　遮阳的目的在于,通过遮挡太阳辐射防止舍内过热。遮阳后和没有遮阳之前所透进的太阳辐射热量之比,叫做遮阳的太阳辐射透过系数。①挡板遮阳。是一种能够遮挡正射到窗口的阳光的一种方法,适宜于西向、东向和接近这个朝向的窗口。据测定,西向窗口用挡板遮阳时,太阳辐射透过系数约为17%。②水平遮阳。是一种用水平挡板遮挡从窗口上方射来的阳光的方法,适用于南向及接近南向的窗口。③综合式遮阳。用水平和垂直挡板遮挡由窗口左右两侧射来的阳光的综合方法,适用于东南向、西南向及接近此朝向的窗口,也适用于北回归线以南的低纬度地区的北向及接近北向的窗口。西南向窗口用综合式遮阳时,太阳辐射透过系数约为26%。可见在炎热地区,遮阳对于减少太阳辐射,缓和舍内过热等具有重大意义。

此外,加宽畜舍挑檐、挂竹帘、搭凉棚,以及植树和种棚架攀缘植物等,都是简便易行、经济实用的遮阳措施。不过,遮阳与采光、通风有矛盾,应全面考虑。

(2)畜牧场绿化　绿化是指通过栽树、种植牧草和饲料作物,来覆盖裸露的地面以缓和太阳辐射。绿化的作用在于,净化空气、防风、改善小气候、美化环境、缓和太阳辐射、降低环境温度等。绿化的降温作用在于:

①通过植物的蒸腾作用与光合作用,吸收太阳辐射热,从而显著降低空气温度;

②通过遮阳以降低太阳辐射,使建筑物和地表面温度降低,绿化了的地面比未绿化的地面的辐射热低4～15倍;

③通过植物根部所保持的水分,可从地面吸收大量热能而降温。

此外,降低饲养密度也可缓和舍内过热的状况。

4)畜舍降温措施

通过隔热、通风和遮阳,只能削弱舍内畜体散出的热能,造成对家畜舒适的气流,并不能降低大气温度。因此当气温接近家畜体温时,为缓和高温对家畜健康和生产力的不良影响,必须采取降温措施。

(1)喷雾降温　是用高压喷嘴将低温的水呈雾状喷出,以降低空气温度的方法。这是一种比较经济的降温措施。采取喷雾降温时,水温愈低,降温效果愈好,空气愈干燥,降温效果也愈好。喷雾降温可用于各种畜舍,特别是鸡舍。但喷雾能使空气湿度提高,因此在湿热天气不宜使用。目前我国已有畜舍专用喷雾机,既可用于喷雾降温,也可用于喷雾消毒。

国产 9PJ–3150 型自动喷雾降温设备的结构组成如图 3.5 所示。可安装三列并联150 m的喷管。自来水经过过滤器流入水箱,水位由浮球阀门控制,水经水泵加压后进入安装在舍内喷管上的喷嘴,形成细雾喷出,雾点在沉降中吸热汽化。

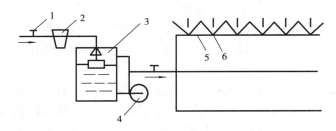

图3.5　自动喷雾降温设备结构示意

1. 阀门　2. 过滤器　3. 蓄水箱　4. 水泵　5. 喷管　6. 喷嘴

（2）蒸发冷却　是用麻布、刨花或专用蜂窝状纸等吸水、透风材料制作成的蒸发垫放在机械通风口处,用水管不断往蒸发垫上淋水,气流通过时,水分蒸发吸热,从而降低进舍气流的温度。

（3）喷淋降温　是在粪沟或畜床上方,设喷头或钻孔水管,定时或不定时为家畜淋浴,通过水的吸热而达到降温,从而降低热对家畜的影响。

在我国养猪业中,设水池让猪在水中打滚也是一种降温措施。但是采用这种办法,必须经常换水,否则水温很快升高,不仅失去冷却作用,且极易腐败发臭。

以上办法都是空气或畜体直接与水接触而达到降温的目的,故又称湿式冷却。

（4）干式冷却　与湿式冷却相反,干式冷却的空气不是直接与制冷物质如冷水、冰等接触,而是使空气经过盛冷物质的设备而降温的形式。干式冷却不受空气湿度的限制,但需设备多,成本高。

试验证明,水比空气温度低 15～17 ℃时,仅可使空气温度降低 3～5 ℃。而要想降温超过 5 ℃,则需采用冰或干冰,干冰可使箱壁温度降低到 –78 ℃。

将冷风与喷雾相结合的冷风机,降温效果比较好,是目前国内外广泛生产的一种新型设备。

3.2.3　畜舍的通风换气

1)畜舍通风换气的目的

畜舍通风换气是畜舍环境控制的重要手段,其目的有两个:缓和高温对家畜的不良影响;排除舍内污浊空气,以改善畜舍的空气环境。

2)畜舍通风换气应遵循的原则

畜舍冬季通风换气效果主要受舍内温度的制约,而空气中的水汽量随空气温度下降而降低。也就是说,升高舍内气温有利于通过加大通风量以排除家畜产生的水汽,也有利于潮湿物体和垫草中的水分进入空气中,而被驱散;反之,若是舍外气温显著低于舍内气温,换气时,必然导致舍内温度剧烈下降而使空气的相对湿度增加,甚至出现水汽在墙壁、天棚、排气管内壁等处凝结。在这种情况下,如果不补充热源,就无法组织有效的通风换气。因此,在寒冷季节畜舍通风换气的效果,既取决于畜舍的保温性能,也取决于舍内的防潮措施和卫生状况。

因而,通风换气应注意做到:

①排除舍内过多的水汽,使舍内空气的相对湿度保持在适宜状态,从而防止水汽在物体表面、墙壁、天棚等处凝结。

②维持适中的气温,不至于发生剧烈变化。

③气流稳定,不会形成贼风,同时要求整个舍内气流均匀,无死角。

④清除空气中的微生物、灰尘以及氨、硫化氢、二氧化碳等有害气体和恶臭。

3)畜舍的自然通风

是指不需要机械设备,而靠自然界的风压或热压,产生空气流动,通过畜舍外围护结构的空隙所形成的空气交换。自然通风又分无管道与有管道自然通风两种系统。无管道通风是靠门、窗所进行的通风换气,它只适用于温暖地区或寒冷地区的温暖季节。而在寒冷地区的封闭舍中,为了保温,须将门、窗紧闭,要靠专用通风管道来进行通风换气。

(1)自然通风原理

①风压通风(如图3.6所示)。是当风吹向建筑物时,迎风面形成正压,背风面形成负压,气流由正压区开口流入,由负压区开口排出,形成的风压作用的自然通风。夏季的自然通风主要是这种通风,只要有风,就有自然通风现象。

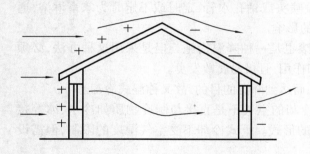

图3.6 风压通风原理示意图　　　　图3.7 热压通风原理示意图

(引自李如治,家畜环境卫生学,2003)

②热压通风(如图3.7所示)。当舍外温度较低的空气进入舍内,遇到由畜体散出的热能或其他热源,受热变轻而上升。于是在舍内靠近屋顶、天棚处形成较高的压力区,因此,这时屋顶若有孔隙,空气就会逸出舍外。与此同时,畜舍下部空气由于不断变热上升,成为空气稀薄的空间,舍外较冷的空气不断渗入舍内,如此周而复始,形成自然通风。

(2)自然通风的应用　畜舍的自然通风,在寒冷地区多采用进气—排气管道,在炎热地区多采用对流通风和通风屋顶。

①寒冷地区的自然通风。在寒冷地区多采用进气—排气管道,进气—排气管道是由垂直设在屋脊两侧的排气管和水平设在纵墙上部的进气管所组成(如图3.4所示)。冬季通风是一个比较难解决的问题。由于舍内外空气温度差异较大,换气就会使舍内气温骤然下降,因而无法将舍内潮湿污浊的空气排出。所以自然通风只适用于冬季气温不低于 $-14 \sim -12$ ℃的地区。

一般排气管的断面积为 50 cm × 50 cm ~ 70 cm × 70 cm。两个排气管的距离 8 ~ 12 m。排

气管的高度一般 4 ~ 6 m,排气管必须具备结构严密、管壁光滑、保温性好等。

　　进气口的断面积多采用 20 cm × 20 cm ~ 25 cm × 25 cm。舍外端应向下弯,以防止冷空气或雨雪侵入。舍内端应有调节板,以调节气流的方向,从而防止冷空气直接吹到畜体,并用以调节气流的大小和关闭。进气管彼此之间的距离一般为 2 ~ 4 m。

　　②炎热地区畜舍的自然通风。我国南方大部分地区是湿热气候区,在夏天舍外气温经常高达 35 ~ 40 ℃,甚至更高。在这种环境气温接近人畜的皮肤温度的情况下,再加上空气湿度往往在 70% ~ 95%,使得畜禽的对流、辐射散热受阻,蒸发散热也受影响。因此在炎热地区组织好自然通风就显得非常重要。

　　由于炎热地区气温高、温差小、热压很小,自然通风主要靠对流通风,即穿堂风。为保证畜舍通风顺利进行,必须从场地选择、畜舍布局和朝向以及畜舍设计等加以充分的考虑和保证(见 3.2.2)。

　　对流通风时,通风面积愈大、畜舍跨度愈小,则穿堂风愈大。据测定,9 m 跨度时,几乎全部是穿堂风;而当跨度为 27 m 时,穿堂风大约只有一半,其余一半由天窗排出。因此,在南方夏热冬暖的地区,采取全开放式畜舍有利于通风;而在夏热冬冷地区,因要兼顾夏季防暑降温和冬季防寒保温双重目的,不宜采用开放式畜舍,宜采用组装式畜舍。

　　但必须要指出,在炎热地区,尤其在夏天,由于气温高,太阳辐射强,而风又小,仅靠自然通风,往往起不到应有的作用,因此应选择机械通风。

　　(3)自然通风设计

　　根据空气平衡方程($L = 3\,600\,F \cdot V$)可计算排气口面积,公式为:

$$F = L/(3\,600v)$$

式中,L——通风换气量($\mathrm{m^3/s}$);

　　　F——排气口面积($\mathrm{m^2}$);

　　　v——排气管中的风速($\mathrm{m/s}$),可用风速计直接测定或按下列公式计算。

$$V = 0.5\sqrt{\frac{2gh(t_n - t_w)}{273 + t_w}}$$

式中,0.5——排气管阻力系数;

　　　g——重力加速度($9.8\,\mathrm{m/s^2}$);

　　　h——进、排风口中心的垂直距离(m);

　　　t_n——舍内气温(℃);

　　　t_w——舍外气温(℃)(冬季最冷月平均气温);

　　　L——通风换气量($\mathrm{m^3/s}$)。

　　因此,得热压通风量:

$$L = 7\,968.94F\sqrt{\frac{h(t_n - t_w)}{273 + t_w}}$$

此式可用于计算设计方案或检验已建成畜舍的通风量。

　　理论上讲,排气口面积应与进气口面积相等。但事实上,通风门窗缝隙或畜舍不严以及门窗开关时,都会有一部分空气进入舍内,因此,进气口面积应小于排气口面积,一般按排气口面积的 50% ~ 70% 设计。

4）畜舍的机械通风

由于自然通风受许多因素,特别是气候与天气条件的制约,不可能保证畜舍经常的、充分地换气。因此,为建立良好的畜舍环境,保证家畜健康及生产力的充分发挥,多采用机械通风,又叫强制通风。

（1）风机类型

①轴流式风机。这种风机所吸入的空气与送出的空气的流向和风机叶片轴的方向一致。这种风机的叶片可以逆转,逆转时气流方向随之改变,而通风量不减少。通风时所形成的压力比离心式风机低,但输送的空气量比离心式大得多。因此既可用于送风,也可用于排风。一般在通风距离短时,即无通风管道或通风管道较短时适用。由于畜舍通风的目的在于供给新鲜空气,排除污浊空气,故一般选用轴流式风机。

②离心式风机。这种风机运转时,气流靠带叶片的工作轮转动时所形成的离心力驱动,故空气进入风机时和叶片轴平行,离开风机时变成垂直方向。这种风机不具有逆转性,压力较强,在畜舍中多半在送热风和送冷风时使用。

（2）通风方式

①负压通风（也叫排气式通风或排风）。这种方式是用风机抽出舍内的污浊空气,使舍内变成空气稀薄的空间,压力相对小于舍外,因而舍外的新鲜空气通过进气口或进气管流入舍内。

畜舍通风多采用负压通风。这种方式具有比较简单,投资少,管理费用也较低的特点。根据风机安装的位置分为:屋顶排风、侧壁排风、穿堂风排风等几种形式。

屋顶排风适用于气候温暖和较热地区、跨度在 12 m 以内的畜舍或 2～3 排多层笼鸡舍;侧壁排风适用于跨度在 20 m 以内的畜舍或有五排笼架的鸡舍;对两侧有粪沟的双列猪舍最适用,但不适于多风地区;穿堂风排风适用于跨度小于 10 m 的畜舍。如果采用两山墙对流通风,通风距离不应超过 20 m。可用于无窗鸡舍,但两排以上多层笼,一列以上猪、牛舍不宜采用。在多风、寒冷地区不适用。

②正压通风（也叫进气式通风或送风）。这种方式是用风机将舍外的新鲜空气强制送入舍内,使舍内的压力增高,舍内的污浊空气经风口或风管自然排出。

优点在于可对进入舍内的空气进行加热或冷却或过滤等预处理,从而可有效地保证畜舍内的适宜温湿状况和清洁的空气环境。在寒冷、炎热地区适用。但这种通风方式比较复杂,造价高,管理费用也高。根据风机安装的位置可分为:侧壁与屋顶送风等形式。

侧壁送风适用于炎热地区,并且限于前后墙的距离不超过 10 m 的小跨度畜舍,两侧送风适用于大跨度畜舍,但如果实行供热、冷却、空气过滤等,由于进气口分散,不论设备、管理,还是能源利用都不经济。屋顶送风适用于多风地区,设备投资大、管理麻烦。此外,供热、冷却、空气过滤也不经济。

③联合式通风。是送风和排风结合的方式。大型封闭舍,尤其是无窗舍中,仅靠送风或排风往往达不到应有的效果。因此需要采取联合式机械通风。

联合式通风系统风机安装形式有两种:进气口设在较低处的方式有助于通风降温,适用于温暖和较热地区。进气口设在畜舍上部,可避免在寒冷季节冷空气直接吹向畜体,也便于预热、冷却和过滤空气,对寒冷地区或炎热地区都适用。

（3）风机的选择

①风机功率的确定。畜舍总通风量一般以夏季通风量为依据,也就是根据各种家畜的夏季通风量参数乘以舍内最大容纳头数来求得。根据畜舍总通风量再加 10% ~ 15% 损耗,即为风机总风量。根据选定的风机总风量来确定风机的数量。

②风机选择的原则。选用哪种风机合适,必须对安装和使用该种风机和由于改善环境条件而得到的经济效益加以比较而确定。并且在此基础上,还必须考虑以下几点:

第一,为避免通风时气流过强,引起舍温剧变,选用多台风量较小的风机比安装少数几台大风量的风机合理。

第二,为节省电力、降低管理费用,应选择工作效率高的风机。

第三,考虑到夏季通风量和冬季通风量差异很大,应尽量选用变速风机或采取风机组合。

第四,由于畜舍中多灰尘、潮湿,因此应选用带全密封电动机的风机;而且最好装有过热保护装置,以避免过热烧坏电机。

第五,为减少噪声危害,应选用震动小、声音小的风机。

第六,风机应具备防锈、防腐蚀、防尘等性能,并且应坚固耐用。

③ 风机使用中应注意的问题:

第一,安装轴流式风机时,风机叶片与风口、风管壁之间空隙以 5 ~ 8 cm 为宜。过大会使部分空气形成循环气流,影响通风效果。风口以圆形为好。为克服自然风对风机的影响,应设挡风板、百叶等。

第二,风道内表面必须光滑,不能有突出物,应严密不透气。

第三,进风口、排气口应加铁丝网罩,以防鸟兽闯入而发生事故。

第四,风机不要离门太近,以免风机开动时空气直接从门处排走。

第五,进气口要选在空气新鲜、灰尘少和远离其他废气排出口的地方。

（4）通风换气量的计算

①根据 CO_2 计算通风量。二氧化碳作为家畜营养物质代谢的尾产物,代表着空气的污浊程度。各种家畜的二氧化碳呼出量可查表获得。

$$L = \frac{1.2 \times mk}{C_1 - C_2}$$

式中,L ——通风换气量(m^3/h);

k ——每头家畜产生的 CO_2(L/h);

1.2 ——考虑舍内微生物活动产生的及其他来源的二氧化碳而使用的系数;

m ——舍内家畜的头数;

C_1 ——舍内空气中 CO_2 允许含量($1.5 L/m^3$);

C_2 ——舍外大气中 CO_2 允许含量($0.3 L/m^3$)。

因为 $C_1 - C_2 = 1.2$,公式可简化为:$L = mk$。

通常,根据 CO_2 算得的通气量,往往不足以排除舍内产生的水汽,故只适用于温暖、干燥地区。在潮湿地区,尤其是寒冷地区应根据水汽和热量来计算通风量。

②根据水汽计算通风换气量。畜舍内的水汽由家畜和潮湿物体水分蒸发而产生。用水汽计算通风换气量的依据,就是通过由舍外导入比较干燥的新鲜空气,以替换舍内的潮湿空

气,根据舍内外空气所含水分之差而求得排除舍内的水汽所需的通风换气量。其公式为:

$$L = \frac{Q_1 + Q_2}{q_1 - q_2}$$

式中,L ——通风换气量(m^3/h);

$\quad Q_1$ ——家畜在舍内产生的水汽量(g/h);

$\quad Q_2$ ——潮湿物体蒸发的水汽量(g/h);

$\quad q_1$ ——舍内空气温度保持适宜范围时所含的水汽量(g/m^3);

$\quad q_2$ ——舍外大气中所含水汽量(g/m^3)。

由潮湿物体表面蒸发的水汽(Q_2),通常按家畜产生水汽总量(Q_1)的10%(猪舍按25%)计算。

用水汽算得的通风换气量,一般大于用二氧化碳算得的量,故在潮湿、寒冷地区用水汽计算通风换气量较为合理。

③根据热量计算通风换气量。家畜在呼出 CO_2、排出水汽的同时,还在不断地向外散发热能。因此,在夏季为了防止舍温过高,必须通过通风将过多的热量驱散;而在冬季如何有效地利用这些热能温热空气,以保证不断地将舍内产生的水汽、有害气体、灰尘等排出,这就是根据热量计算通风量的理论依据。其公式为:

$$L = \frac{Q - \sum KF \times \Delta t - W}{\Delta t}$$

式中,L——通风换气量(m^3/h);

$\quad Q$——家畜产生的可感热(kj/h);

$\quad \Delta t$ ——舍内外空气温差(℃);

$\quad \sum FK$ ——通过各外围护结构散失的总热量($kj/(h \cdot ℃)$);

$\quad K$——外围护结构的总传热系数($kj/(m^2 \cdot h \cdot ℃)$);

$\quad F$ ——外围护结构的面积(m^2);

$\quad W$ ——地面及其他潮湿物表面水分蒸发所消耗的热能,按家畜总产热的10%(猪按25%)计算。

根据热量计算通风换气量,实际是根据舍内的余热计算通风换气量,这个通风量只能用于排除多余的热能,不能保证在冬季排除多余的水汽和污浊空气。

④根据通风换气参数计算通风换气量。前面3种计算通风量的方法比较复杂,而且需要查找许多的参数。因此,一些国家为各种家畜制订了简便的通风换气量技术参数,这就对畜舍通风换气系统的设计,尤其是对大型畜舍机械通风系统的设计提供了方便。李震钟(1993)在《家畜环境卫生学附牧场设计》中提供了各种家畜的通风换气技术参数,如表3.1所示。

表 3.1　畜舍通风参数表

畜舍		换气量/$[m^3 \cdot (h \cdot kg)^{-1}]$			换气量/$[m^3 \cdot (h \cdot 头)^{-1}]$			气流速度/$(m \cdot s^{-1})$		
		冬季	过渡季	夏季	冬季	过渡季	夏季	冬季	过渡季	夏季
牛舍	栓系或散养乳牛舍	0.17	0.35	0.70				0.3～0.4	0.5	0.8～1.0
	散养、厚垫草乳牛舍	0.17	0.35	0.70				0.3～0.4	0.5	0.8～1.0
	产仔间	0.17	0.35	0.70				0.2	0.3	0.5
	0～20 日龄犊牛室				20	30～40	80	0.1	0.2	0.3～0.5
	20～60 日龄犊牛舍				20	40～50	100～120	0.1	0.2	0.3～0.5
	60～120 日龄犊牛舍				20～25	40～50	100～120	0.2	0.3	< 1.0
	4～12 月龄幼牛舍				60	120	250	0.3	0.5	1.0～1.2
	1 岁以上青年牛舍	0.17	0.35	0.70				0.3	0.5	0.8～1.0
猪舍	空怀及妊娠前期母猪舍	0.35	0.45	0.60				0.3	0.3	< 1.0
	种公猪舍	0.45	0.60	0.70				0.2	0.2	< 1.0
	妊娠后期母猪舍	0.35	0.45	0.60				0.2	0.2	< 1.0
	哺乳母猪舍	0.35	0.45	0.60				0.15	0.15	< 0.4
	哺乳仔猪舍	0.35	0.45	0.60				0.15	0.15	< 0.4
	后备猪与育肥猪舍	0.45	0.55	0.65				0.3	0.3	< 1.0
	断奶仔猪	0.35	0.45	0.60				0.2	0.2	< 0.6
	165 日龄前	0.35	0.45	0.60				0.2	0.2	< 1.0
	165 日龄后	0.35	0.45	0.60				0.2	0.2	< 1.0
羊舍	公羊、母羊、断奶后及去势后的小羊舍				15	25	45	0.5	0.5	0.8
	产仔间暖棚				15	30	50	0.2	0.3	0.5
	采精间				15	25	45	0.5	0.5	0.8

续表

畜 舍	换气量/[m³·(h·kg)⁻¹]			换气量/[m³·(h·头)⁻¹]			气流速度/(m·s⁻¹)		
	冬季	过渡季	夏季	冬季	过渡季	夏季	冬季	过渡季	夏季
笼养蛋鸡舍	0.70		4.0					0.3~0.6	
地面平养肉鸡舍	0.75		5.0					0.3~0.6	
火鸡舍	0.60		4.0					0.3~0.6	
鸭舍	0.70		5.0					0.5~0.8	
鹅舍	0.60		5.0					0.5~0.8	
1~9周龄蛋用雏鸡舍	0.8~1.0		5.0					0.2~0.5	
10~22周龄蛋用雏鸡舍	0.75		5.0					0.2~0.5	
1~9周龄肉用仔鸡舍	0.75~1.0		5.5					0.2~0.5	
10~26周龄肉用仔鸡舍	0.70		5.5					0.2~0.5	
笼养1~8周龄肉用仔鸡舍	0.70~1.0		5.0				0.2~0.5		
1~9周龄雏火鸡、雏鸭、雏鹅舍	0.65~1.0		5.0				0.2~0.5		
9周龄以上雏火鸡、雏鸭、雏鹅舍	0.60		5.0				0.2~0.5		

(左侧合并单元格竖排:禽舍)

3.2.4 畜舍的采光与照明

光照不仅对家畜健康与生产力有重要影响,而且直接影响人的工作条件和工作效率。为给禽畜创造适宜的环境条件,必须进行采光。畜舍的采光分自然光照和人工光照两种。开放式和半开放式畜舍以及有窗畜舍主要靠自然采光,必要时辅以人工光照;而无窗式畜舍则需完全靠人工照明。

1)畜舍的自然采光

自然采光是让太阳的直射光或散射光通过畜舍的开露部分或窗户进入舍内。影响畜舍自然采光的因素主要有以下几点:

(1)畜舍的方位 畜舍的方位直接影响着畜舍的自然采光及防寒防暑,因此应周密考虑。确定畜舍方位的原则将在后面的章节中详细阐述。

(2)舍外情况 畜舍附近若有高大的建筑物或大树,就会遮挡太阳的直射光和散射光,影响舍内的照度。因此,其他建筑物与畜舍的距离,应不小于建筑物本身高度的2倍。为防暑而在畜舍旁边植树时,应选用主干高大的落叶乔木,并且应妥善确定位置,尽量减少其遮光。舍外地面的反射能力的大小,对舍内的照度也有影响。据测定,裸露土壤对太阳光的反射率为10%~30%,草地为25%。

(3)窗户面积 窗户面积愈大,进入舍内的光线就愈多。窗户面积的大小,用采光系数来表示。采光系数是指窗户的有效采光面积与舍内地面面积之比(以窗户的有效面积为1)。畜舍的采光系数,因家畜种类而不同,乳牛舍为1:12,肉牛舍为1:16,犊牛为1:14~1:10,种猪舍为 1:12~1:10,肥育猪舍为 1:15~1:12,成年禽舍为 1:12~1:10,雏禽舍 1:9~1:7。

缩小窗间壁的宽度,不仅可以增大窗户的面积,而且可使舍内的光照比较均匀。将窗户两侧的墙修成斜角,使窗洞呈喇叭形,能够显著提高采光的面积。

(4)入射角　入射角是指畜舍地面中央的一点到窗户上缘或屋檐所引的直线与地面水平线之间的夹角,如图 3.8 所示。入射角愈大,越有利于采光。为保证舍内得到适宜的光照,入射角应大于 25°。

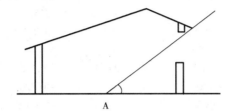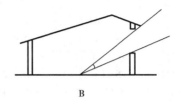

图 3.8　入射角和透光角

A.入射角示意图　B.透光角示意图

从防暑和防寒考虑,夏季不应有直射光进入舍内,冬季则希望光线能照射到畜床上。这些要求,只有通过合理设计窗户上缘和屋檐的高度才能达到。当窗户上缘外侧(或屋檐)与窗台内侧所引的直线同地面水平线之间的夹角小于当地夏至的太阳高度角时,就可防止夏季阳光直射入舍内;当畜床后缘与窗户上缘(或屋檐)所引直线同地面水平线之间的夹角等于或大于当地冬至的太阳高度角时,就可使太阳在冬至前后直射在畜床上。

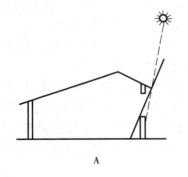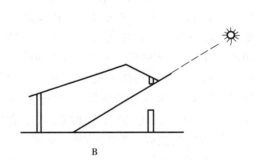

图 3.9　根据太阳高度角设计窗户上缘的高度

A.夏至太阳高度角　B.冬至太阳高度角

太阳的高度角,可用公式求得:$h = 90° - \Phi + \delta$

式中,h—— 太阳高度角;

　　Φ—— 当地纬度;

　　δ—— 赤纬。

赤纬在夏至时为 23°26′,冬至时为 -23°26′,春分和秋分为 0°。各时节的赤纬度如表 3.2 所示。

(5)透光角　透光角又叫开角,指畜舍地面中央一点向窗户上缘(或屋檐)和下缘所引的两条直线形成的夹角(如图 3.8 所示)。若窗外有树或建筑物,引向窗户下缘的直线应改为引向大树或建筑物的最高点。透光角越大,越有利于光线进入。为保证舍内适宜的照度,透光角一般不应小于5°,所以,从采光的效果来看,立式窗户比水平窗户有利于采光;但立式窗散热较多,不利于冬季保温,故寒冷地区常在畜舍南墙上设立式窗户,在北墙上设水平窗户。

表3.2　各时节的赤纬表

节　气	日　期*	赤　纬	节　气	日　期*	赤　纬
立春	2月4日	−16°23′	立秋	8月8日	16°18′
雨水	2月19日	−11°29′	处暑	8月23日	11°38′
惊蛰	3月6日	−5°53′	白露	9月8日	5°55′
春分	3月27日	0	秋分	9月23日	0°09′
清明	4月5日	5°51′	寒露	10月8日	−5°40′
谷雨	4月20日	11°19′	霜降	10月24日	−11°33′
立夏	5月6日	16°22′	立冬	11月8日	−16°24′
小满	5月21日	20°04′	小雪	11月23日	−20°13′
芒种	6月6日	22°35′	大雪	12月7日	−22°32′
夏至	6月22日	23°26′	冬至	12月22日	−23°26′
小暑	7月7日	22°39′	小寒	1月6日	−22°34′
大暑	7月23日	20°12′	大寒	1月20日	−20°14′

注:*表示不同年份的具体日期稍有差异。

为增大透光角,除提高屋檐和窗户上缘高度外,还可适当降低窗台高度,并将窗台修成向内倾斜状。但是窗台过低,就会使阳光直射到家畜头部,对家畜健康不利,特别是马属动物。因此,马舍窗台高度以1.6~2.0 m为宜,其他家畜窗台高度可为1.2 m左右。

(6)玻璃　窗户玻璃对畜舍的采光也有很大影响。一般玻璃可阻止大部分的紫外线,脏污的玻璃可阻止15%~50%的可见光,结冰的玻璃可阻止80%的可见光。

(7)舍内反光面　舍内物体的反光情况,对进入舍内的光线也有影响。反照率低时,光线大部分被吸收,舍内就较暗;反照率高时,光线大部分被反射出来,舍内就较明亮。据测定,白色表面的反照率为85%,黄色表面为40%,灰色表面为35%,深色表面仅为20%,砖墙约为40%,由此可见,舍内的表面(主要是墙壁、天棚)应当平坦、粉刷成白色,并保持清洁,这样就利于提高畜舍内的光照强度。

2)人工光照

人工光照是指在畜舍内安装一些照明设施实行人为控制光照。这种办法受外界因素影响小,但造价高,投资大。

(1)光源　畜舍人工光照的光源可用白炽灯或荧光灯。荧光灯耗电量比白炽灯少,而且光线比较柔和,不刺激眼睛,但价格比较贵。

(2)光照设备的安装

①灯的高度。灯的高度直接影响着地面的照度,灯离地越高,地面的照度就越小。为使地面获得10.76 Lx的照度,白炽灯的高度可按如表3.3所示的要求进行设置(灯距按灯高的1.5倍计算)。

表 3.3　灯的高度与瓦数的关系

灯泡瓦数	15	25	40	60	100
有灯罩的高度/m	1.1	1.4	2	3.1	4.1
无灯罩的高度/m	0.7	0.9	1.4	2.1	2.9

②灯的分布。为使舍内的照度较均匀,应适当降低每个灯的瓦数,而增加总灯数。在鸡舍内安装白炽灯时,以 40 ~ 60 W 为宜。灯与灯的距离可按灯高的 1.5 倍计算。舍内如果安装两排以上的灯泡,则应交错排列,靠墙的灯泡与墙的距离为灯距的一半。灯泡不可使用软线吊挂,以防被风吹动而造成鸡受到惊吓。

通常灯高 2 m、灯距 3 m、2.7 W/m² 的白炽灯,可使地面获得 10 Lx 左右的光照强度。

幼畜需要的光照为 20 ~ 50 Lx,成年畜 50 ~ 100 Lx,雏禽 5 ~ 20 Lx,蛋禽 20 ~ 30 Lx。一般,肉用畜禽的光照比种用畜禽要低,蛋用禽比肉用禽要高。

③灯罩。使用灯罩可使照度增加 50%。要避免使用上部敞开的圆锥状灯罩,应使用平型或伞形灯罩。

④可调变压器。为避免灯在开关时对鸡造成应激反应,可设置可调变压器。

(3)蛋禽的光照方案　因为光照时间的长短直接影响禽类的性成熟,一般长日照光照提前性成熟,短日照光照延迟性成熟。家禽性成熟提前一般导致开产早,则产蛋量低,蛋重小,产蛋持续期短。

因此蛋用雏禽,在育雏育成期,每天的光照时数要保持恒定或稍减少,而不能增加,一般不应超过 11 h、不低于 8 h;产蛋期则相反,每天的光照时数要保持恒定或增加,而不能减少,一般不应超过 17 h、不低于 12 h。

密闭式禽舍可以按照光照要求来制订人工光照方案;开放式禽舍由于受自然光照的影响,一般要根据季节、地区的自然光照时间来定,并采用窗帘遮光或补充人工光照的方法来减少或增加光照时间。光照的方案有两种:一种是渐减渐增给光法,另一种是恒定给光法。

(4)肉仔鸡光照方案　光照的目的是为肉用仔鸡提供采食方便,促进生长;弱光照强度可降低鸡的兴奋性,使鸡保持安静的状态对肉鸡增重是很有益的。世界肉鸡生产创造的最好成绩,就是在弱光照制度下取得的。其光照方案可分为连续光照制度和间歇光照制度。

①连续光照制度。进雏后的 1 ~ 2 d 内通宵照明;3 d 至上市出栏,每天采用 23 h 光照,1 h 黑暗。生产中为节约用电,在饲养的中后期夜间不再开灯。

②间歇光照制度。幼雏期间给予连续光照,然后变为 5 h 光照,1 h 黑暗,再过渡到 3 h 光照,1 h 黑暗,最后变为 1 h 光照,3 h 黑暗并反复进行。采用间歇光照方法,能提高饲料的利用率、增重速度快,可节约大量的电能。

3.2.5　畜舍的湿度控制

畜舍内家畜的排泄物和管理上的污水,是造成舍内潮湿、空气卫生状况差的主要原因,因此,保证这些排泄物及污水及时排出舍外,是畜舍湿度控制的重要措施。

1)畜舍的排水系统

家畜每天排出的粪尿量与体重之比,牛为 7.9%,猪为 5% ~ 9%,鸡为 10%;生产 1 kg 牛奶排出的污水约为 12 kg,生产 1 kg 猪肉约为 25 kg。因此,畜舍排水系统性能状况如何,不仅影响畜舍本身的清洁卫生,也可能造成舍内潮湿,影响家畜健康和生产。

畜舍的排水系统因家畜种类、畜舍结构、饲养管理方式等不同而有差别,一般分为传统式和漏缝地板式两种类型。

(1)传统式排水系统　传统式的排水系统是依靠人工清理操作并借助粪水自然流动而将粪尿及污水排出的设施,一般由畜床、排尿沟、降口、地下排出管和粪水池组成。

①畜床。畜床是畜禽采食、饮水及休息的地方。为便于尿水排出,畜床地面向排尿沟方向应有适宜的坡度,一般牛舍为 1% ~1.5%,猪舍为 3% ~4%。

②排尿沟。是承接和排出粪尿及污水的设施。为便于清扫、冲刷及消毒,排尿沟多设为明沟,用水泥砌成方形或半圆形,内面光滑不透水,朝"降口"方向要有 1% ~1.5% 的坡度,沟宽一般为 20 ~50 cm,深度 8 ~12 cm,牛舍不超过 15 cm,猪舍不超过 12 cm。对头式畜舍,一般设在畜床的后端,紧靠除粪道与除粪道平行;对尾式畜舍,设在中央通道的两侧。

③降口。俗称水漏,是排尿沟与地下排出管的衔接部分。排尿沟过长,应每隔一定距离设置一个降口;为防粪草落入堵塞,上面应有铁箅子,铁箅子应与排尿沟同高;降口下部,排出管口以下部分应设 30 ~50 cm 深的沉淀池,以免粪尿中固形物堵塞地下排出管道,如图 3.10 所示。

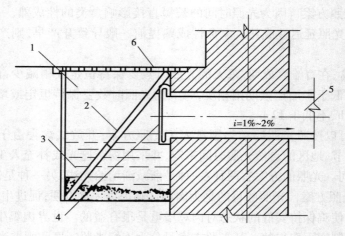

图 3.10　畜舍排水系统中的降口
1.通长地沟　2.铁板水封,水下部分为细铁箅子或铁网　3.沉淀池
4.可更换的铁网　5.排水管　6.通长铁箅子或沟盖板
(引自李震钟,家畜环境卫生学附牧场设计,1993)

为防止粪水池中的臭气经地下排出管逆流进入舍内,在降口中可设水封。水封是用一块板子斜向插入降口沉淀池内,让流入降口的粪水顺着板子流下,先进入沉淀池,让上清液部分从排出管流出的设施。由于排出管口以下沉淀池内始终有水,就起到了阻挡气体的作用。

④地下排出管。是将各降口流下来的尿及污水导入舍外的粪水池中,一般与排尿沟垂直,向粪水池方向有 3% ~5% 的坡度。在寒冷地下,地下排出管要采取防冻措施,以免管中的污液结冰,如果地下排出管自畜舍外墙到粪水池的距离大于 5 m 时,应在墙外设检查井,以便在管道堵塞时进行疏通。

⑤粪水池。是一个密封的地下储水地,一般设在舍外地势较低处,并且在运动场相反的

一侧,距离畜舍外墙 5m 以上。粪水池的容积和数量根据舍内家畜种类、头数、舍饲期长短以及粪水存放时间来确定。粪水池的容积太大,造价高、管理难度大。故一般按储积 20 ~ 30 d,容积 20 ~ 30 m^3 来修建。粪水池要离饮水井 100 m 以上,粪水池及检查井均应设水封。

(2)漏缝地板式排水系统　漏缝式排水系统由漏缝地板与粪沟组成,与清粪设施配套。

①漏缝地板。所谓漏缝地板,是指在地板上留出很多缝隙。粪尿落到地板上,液体部分从缝隙流入地板下的粪沟,固体部分被家畜从缝隙踩入沟内,少量的残粪用人工稍加冲洗清理。这比传统清粪方式要大大节省人工,提高劳动效率。

畜舍漏缝地板分为部分漏缝地板和全部漏缝地板两种形式,它们可用木材、钢筋水泥、金属、硬质塑料制作。但木制漏缝地板很不卫生,且易破损,使用年限不长;金属制的漏缝地板易腐蚀、生锈;钢筋混凝土制的地板经历耐用,便于清洗消毒;硬质塑料制的地板比金属地板抗腐蚀,并且也易于清洗。各种形式的制作尺寸如表 3.4 所示。

表 3.4　各种家畜的漏缝地板尺寸

家畜种类	类　别	缝隙宽度/cm	板条宽度/cm	备　注
牛	10 d ~ 4 月龄	2.5 ~ 3.0	5	
	4 ~ 8 月龄	3.5 ~ 4.0	8 ~ 10	
	9 月龄以上	4.0 ~ 4.5	10 ~ 15	
猪	哺乳仔猪	1.0	4	板条横断面为上宽下窄梯形,而隙缝是下宽上窄的梯形;表中缝隙宽、板条宽均指上宽
	育成猪	1.2	4 ~ 7	
	中　猪	2.0	7 ~ 10	
	育肥猪	2.5	7 ~ 10	
	种　猪	2.5	7 ~ 10	
羊		1.8 ~ 2.0	3 ~ 5	
种鸡		2.5	4.0	板条厚 2.5 cm,距地面高 0.6 m。板条占舍内地面的 2/3,另 1/3 铺垫料

②粪沟。位于漏缝地板的下方,用以储存由漏缝地板落下的粪尿,随时或定期清除,粪沟的大小决定于漏缝地板的长度和宽度。如果是全漏缝地板,粪沟就大一些,基本与地板大小相同,若为局部漏缝地板,则设局部粪沟。

粪沟清粪的方法大致采用机械刮板清粪和水冲两种形式。机械刮板清粪是用钢丝绳牵引刮粪板,将粪沟内粪便刮走;每天定时进行。但刮板不易保持清洁,且因受粪尿腐蚀,钢丝绳易断,故不耐久,因此,刮粪板必须选用耐腐蚀材料。水冲不需特殊设备,只需用高压水龙头,简单易行,而且可将粪沟中 90% 的粪便冲走,比刮板清粪工效高 20%,但用水量大,粪水储存量大,成本较高。

2)畜舍的防潮管理

在生产中,防止舍内潮湿,特别是冬季,这是一个比较困难而又非常重要的问题。因此,防潮应从以下几个方面采取措施来进行:

①把畜舍修建在高燥的地方,畜舍的墙基和地面应做防潮层。

②新建场在充分干燥后使用。

③在饲养管理过程中尽量减少舍内用水,力求及时清除粪尿和污水避免积存。

④加强畜舍保温,使舍内温度始终保持在露点温度以上,防止水汽凝结。

⑤保持舍内通风良好,及时将舍内过多的水汽排出舍外。

⑥铺垫草可以吸收大量水分,是防止舍内潮湿的一项重要措施。

3.2.6　垫料的使用

垫料又叫垫草或褥草,是指在日常管理中给畜床铺垫的材料。控制畜舍内空气环境卫生的一项重要的辅助性措施。

1)垫料的作用

(1)保暖　垫料的导热性一般都较低,冬季在导热性高的地面上铺上垫料,可以显著降低畜体的传导散热,铺垫得越厚,效果越好。据测定,当外界气温为 −38 ℃,而舍内气温为 8 ℃时,垫草内的温度为 21 ℃,仔猪躺上非常暖和。

(2)吸潮　一般垫料的吸水能力在 200% ~ 400%,只要勤铺勤换,既可避免尿液流失,又可保持地面干燥。此外,干燥的垫料还可吸收空气中的水汽,有利于降低空气湿度。

(3)吸收有害气体　垫料可以直接吸收空气中的有害气体,使有害气体的浓度下降。据试验,把奶牛的垫料用量由 2 kg/(d·头)增加到 4 kg/(d·头),舍内空气的相对湿度和氨的含量都降低,牛的产奶量则有所增加,如表 3.5 所示。

表 3.5　垫草用量对舍内空气卫生状况和牛的产奶量的影响

牛舍别	2 kg 垫草			4 kg 垫草		
	相对湿度 /%	含氨量 /(mg·kg^{-1})	产奶量 /L	相对湿度 /%	含氨量 /(mg·kg^{-1})	产奶量 /L
10 号	78.7	22.9	3.6	73.7	14.7	4.2
12 号	77.1	15.1	3.2	70.6	11.2	3.6
13 号	68.9	27.6	5.3	67.0	15.9	6.0
16 号	77.4	87.6	7.1	74.2	19.2	7.9

(引自冯春霞,家畜环境卫生,2001)

(4)弹性大　畜舍地面一般硬度较大,对孕畜、幼畜和病弱畜容易引起碰伤和褥疮,铺上垫料后,柔软舒适,就可避免这些弊病。

(5)保持畜体清洁　铺用垫料可使家畜免受粪尿污染,有利于畜体卫生。

2)垫料种类

(1)稿秆类　最常用的是稻草、麦秸等。稻草的吸水能力为 324%,麦秸为 230%,二者都很柔软,且价廉、来源广。为了提高其吸水能力,最好切短。

(2)野草、树叶　吸水能力大体在 200% ~ 300% 之间。树叶柔软适用,野草则往往夹杂有较硬的枝条,容易刺伤皮肤和乳房,有时还可能夹杂有有毒植物,应予以注意。

(3)刨花锯末　其吸水性很强,约为 420%,而且导热性低、柔软。不足之处是肥料价值低,而且有时含有油脂,充塞于毛层中,能污染被毛,刺激皮肤,更为严重的是,锯末常充塞于蹄间,长期分解腐烂,引起蹄病。

(4)干土壤　干土壤的导热性低,吸收水分和有害气体的能力很强,而且遍地皆是,取之不尽。其缺点是容易污染家畜的被毛和皮肤,使舍内尘土飞扬,运送费力。

(5)泥炭　导热性低,吸水能力达 600% 以上,吸氨能力达 1.5% ~2.5%,远远超过其他材料,而且本身呈酸性,具有杀菌作用。但它具有与干土壤相同的缺点。

3)垫料的使用

(1)常换法　是指及时将湿污的垫料取出舍外,重新换上新鲜干净垫料的一种方法。这种方法舍内比较干净,但需垫料量大,且费工。

(2)厚垫法　是指每隔一定时间增铺新垫料,直到春末天暖后或一个饲养期结束后才一次清除湿污垫料的一种方法,这种方法的优点是:①保暖性好,垫料内的微生物长期进行着生物发热过程。据有人测定,当垫料厚度达到 27 cm 时,1 m²/h 可释放 967 kJ 的热量,十分有利于防寒越冬;②垫料内的微生物可合成大多数的 B 族维生素,尤其可形成 VB_{12};③还具有肥料质量好,节省劳动力等优点。缺点是:①若处理不当,反而会造成不良影响;②草内温度较高,有利于寄生虫和微生物的生存和繁殖。

3.2.7　家畜的饲养密度

饲养密度是指舍内畜禽密集的程度,一般用每头家畜所占用的面积来表示,家禽用每平方米面积上饲养的只数来表示。饲养密度大,就是单位面积内饲养的家畜头数多,亦即是每头家畜占用的面积小;饲养密度小则相反。

饲养密度直接影响畜舍内的空气卫生状况,因此是畜禽重要外界环境条件之一,确定适宜的饲养密度,实质上就是畜舍小气候控制的重要一环。

①饲养密度大,家畜散发出来的热量总和就多,舍内气温就高;饲养密度小则较低。为了防寒和防暑,冬季可适当提高饲养密度,夏季则应适当降低。

②密度大时,舍内地面经常比较潮湿,由地面蒸发和家畜排出的水汽量也较多,因而舍内空气也比较潮湿;密度小则比较干燥。

③密度越大,舍内灰尘、微生物、有害气体的数量就越多,噪声也比较频繁而强烈。

④饲养密度还影响每头家畜活动面积的大小,决定了家畜相互发生接触和争斗机会的多少,对家畜的起卧、采食、睡眠等各种行为都产生直接的影响,如表 3.6 所示。

表 3.6　饲养密度对猪的行为的影响

每天各种活动所占时间/%	饲养密度/(m²·头⁻¹)		
	1.19	0.77	0.56
站立和走动	23	21	24
采　食	21	22	26
活动躺卧	9	10	9
安静躺卧	11	13	14
睡　眠	36	34	27

畜禽的饲养密度的确定要考虑畜禽种类、品种、类型、年龄、生理阶段、地理条件、气候特点、季节、畜舍类型、饲养管理方法等因素。在生产中必须具体情况具体分析,饲养密度如表3.7 ~3.10 所示。

表3.7 猪的饲养密度

猪群类别	体重/kg	地面种类及饲养密度/(m²·头⁻¹)		每栏头数
		非漏缝	局部或全部漏缝	
断奶仔猪	4~11	0.37	0.26	20~30
生长猪	11~18	0.56	0.28	20~30
	18~45	0.74	0.37	20~30
肥育猪	45~68	0.93	0.56	12~15
	68~95	1.11	0.74	12~15
后备母猪	113~136	1.39	1.11	4~5
后备母猪(妊娠)		1.58	1.30	2~4
成年母猪	136~227	1.67	1.39	1~2
带仔母猪		3.25	3.25	1
种公猪	密闭式	3.3~3.7	1.9~2.3	1~2
	开放式	14~23(运动场)	2.8~3.3(休息处)	1

表3.8 肉牛的饲养密度

牛群类别	饲养密度/(m²·头⁻¹)
繁殖母牛(带仔)	4.65
犊牛(每栏养数头)	1.86
断奶幼牛	2.79
1岁幼牛	3.72
肥育牛(肥育期平均体重340 kg)	4.18
肥育牛(肥育期平均体重430 kg)	4.65
公牛(牛栏面积)	11~12
分娩母牛(分娩栏面积)	9.29~11.12
成年母牛	2.1~2.4

表3.9 羊的饲养密度(m²/只)

地面类型		公羊 (80~130 kg)	母羊 (68~91 kg)	母羊带羔羊 (2.3~14 kg)		肥育羔羊 (14~50 kg)
舍内地面	实地面	1.9~2.8	1.1~1.5	1.4~1.9*	0.14~0.19	0.74~0.93
	漏缝地面	1.3~1.9	0.74~0.93	0.93~1.1*	(补料间)	0.37~0.46
运动场	土地面	2.3~3.7	2.3~3.7	2.9~4.6		1.9~2.9
	铺砌地面	1.5	1.5	1.9		0.93*

注:*表示产羔率超过170%时,增加0.46 m²/只。

表 3.10   鸡的饲养密度

地面网上		笼 养		网上平养	
周龄	羽/m²	周龄	羽/m²	周龄	羽/m²
0 ~ 6	20	0 ~ 1	60	0 ~ 6	24
7 ~ 14	12 ~ 10	1 ~ 3	40	6 ~ 18	14
15 ~ 20	8 ~ 6	4 ~ 6	34		
		6 ~ 11	24		
		11 ~ 20	14		

复习思考题

1. 名词解释:

地基 采光系数 入射角 透光角 正压通风 负压通风 饲养密度

2. 怎样在南方搞好畜舍的防暑? 北方畜舍如何防寒保暖?

3. 畜舍通风换气的原则有哪些? 通风换气量是如何确定的? 通风换气的方法有哪些?

4. 怎样搞好畜舍的防潮?

5. 根据你当地的纬度,为一个舍内地面面积为 120 m²,跨度 9 m 的肥育猪舍设计窗户,要求1:15的采光系数,请确定适宜的窗户面积与窗台高度,并绘出窗户设计示意图。

6. 垫料的种类有哪些? 垫料的作用有哪些? 铺用垫料的方法有哪些?

7. 结合本地的某养殖场在采光、保温、通风、排水、环境保护等方面的情况,提出改进措施与建议。

第 4 章 畜牧场的设置

本章导读:主要阐述畜牧场设置的基本要求与方法。内容包括畜牧场的工艺设计、场址选择、场地规划与建筑物布局、公共卫生设施和畜舍的设计,通过学习,要求了解畜牧场工艺设计、场址选择、场地规划与建筑物布局的原则及方法;掌握畜舍设计的基本知识,具备根据当地实际,进行畜舍设计的能力,能够进行建筑物设计图的绘制,对畜牧场的原有设计做出合理评价,在生产实际中能因地制宜,因畜建舍。

畜牧场是集中饲养畜禽和组织畜牧生产的场所,是畜禽的重要外界环境条件之一。其工艺设计的成败、场址选择是否适宜、场地规划与建筑设计的优劣,直接关系到家畜的生产效率,畜禽的健康和生产性能的发挥,以及畜牧场本身和周围的环境状况。因此,对畜牧场的设置要求力求严格。

设置畜牧场必须遵循下列原则:①采用先进科学的饲养管理工艺,但应考虑我国国情和当地条件,因地制宜地做到经济上合理,技术上可行;②保证场区具有较好的小气候条件,有利于畜舍内空气环境的控制;③便于严格执行各项卫生防疫制度和措施,同时不对周围的环境造成污染;④便于合理组织生产,提高设备利用率和工作人员的劳动生产率。因此,畜牧场的设置,应从工艺设计、场址选择、场地规划和建筑物布局、场区卫生防疫设施等方面进行考虑,尽量做到完善合理,以确保畜牧场持续、高效的生产。

4.1 工艺设计

设置畜牧场之前,对畜牧场的工艺设计应根据经济条件、技术力量、社会和生产需求,并结合环保要求进行。

工艺设计内容包括:畜牧场的性质和规模、主要生产指标、畜群组成和周转方式、畜牧兽医技术参数和标准、各种畜舍的样式和主要尺寸、畜牧场附属建筑和设施、卫生防疫制度、环境保护措施等。工艺设计方案应既科学先进又切合实际,且应具体详尽,可操作性强。

4.1.1　畜牧场的性质和规模

畜牧场的性质应根据社会和生产的需求来决定,另外,还需要考虑当地技术力量、资金等条件,原种场建设须纳入国家或地方的良种繁育计划,并符合有关规定和标准。

畜牧场规模的确定应考虑社会和市场的需求及资金情况、能量供应、管理水平及环境污染等,鉴于畜牧场污物处理的困难,新建畜牧场尤其是离城镇较近的畜牧场,规模不宜过大。

4.1.2　主要生产指标

主要生产指标包括:畜禽公母比例,种畜禽利用年限,发情期受胎率,年产窝(胎)数,窝(胎)产活仔数,仔畜初生重,种蛋受精率,种蛋孵化率,年产蛋量,畜禽各阶段的死淘率,耗料定额和劳动定额等。

制订生产指标必须根据畜禽品种的生产力、技术水平和管理水平、饲养人员素质等,使指标高低适中,经努力可以实现。

4.1.3　畜禽组成及周转

根据畜禽不同生长发育阶段的特点和对饲养管理的不同要求,分成不同类群。在工艺设计中,应定出各类畜禽的饲养时间和消毒空舍时间,分别算出各类群畜禽的存栏数和各类畜舍的数量,并绘出畜群周转图。

在集约化畜牧场生产工艺上,应尽量采用"全进全出"的周转模式,一栋畜舍只饲养同一类群的畜禽,并要求同时进舍,一次装满。到规定时间的,又同时出舍。畜舍和设备经彻底消毒、检修后空舍几天再接受新群,这样有利于卫生防疫,可防止疫病的交叉感染。目前,我国的鸡场,大多都采用"全进全出"的饲养制度。

4.1.4　饲养管理方式

饲养管理方式包括饲养方式、饲喂方式、饮水方式、清粪方式等。

饲养方式可分为地面平养,厚垫草平养,板条地面、两高一低式饲养,漏缝地板饲养,笼养等。

饲喂方式有手工喂料和机械喂料,也可分为定时、限量饲喂和自由采食,料型可分为干粉料、颗粒料等。

饮水方式分为水槽和各式饮水器。水槽供水方式不便于机械化,不卫生,常造成畜舍潮湿,刷洗消毒水槽费工费力。规模化畜牧场多使用各式饮水器,易实现自动化,且卫生、便于管理。

清粪方式可分为干清粪、水冲清粪、水泡粪。干清粪是将粪和尿水分离并分别清除。畜床的结构和设施,应能迅速、有效地将粪便与尿水分开,并便于人工清粪或机械清粪。水冲清粪、水泡粪工艺是在漏缝地板下设粪沟,前者沟底有坡度,每天多次用水将沟内粪污冲出舍外,后者沟为平底或有坡,沟内积存粪尿和水,即将积满时提起沟端的闸板排放沟中的稀粪。该两种清粪方式虽可提高劳动效率,降低劳动强度,但耗水耗能较多,舍内卫生状况变差,更主要的是,粪中的可溶性有机物溶于水,使污水处理难度大大提高,难以将粪污进行资源化合理利用,且容易造成环境污染。

4.1.5　卫生防疫制度

疫病是养殖生产中的最大威胁,积极有效的对策是贯彻"预防为主,防重于治"方针,工艺设计应据此制订出严格的卫生防疫制度。

4.1.6　畜牧兽医技术参数与标准

工艺设计应提供有关的各种参数和标准,包括各种畜禽要求的温度、湿度、光照、通风、有害气体允许浓度等环境参数;畜群大小及饲养密度、占栏面积、采食及饮水宽度、通道宽度、日耗料量、粪尿污水排出量及冬夏对畜舍墙壁和屋顶内表面温度的要求。

4.1.7　畜舍的样式和主要尺寸

畜舍样式应根据畜禽的特点,并结合当地气候条件,常用建材和建筑习惯,建成无窗畜舍、有窗畜舍、开放舍、半开放舍等。畜舍主要尺寸是指畜舍的长、宽、高,应根据畜禽种类、饲养方式,场地地形及尺寸确定。

4.1.8　附属建筑及设施

附属建筑包括行政办公用房、生产用房、技术业务用房、生产的附属用房。附属设施包括地秤、产品装猪台、除粪场等,均应在工艺设计中做出具体要求。

4.2　场址选择

家庭饲养少量畜禽可利用现有空闲民房外,具有一定规模的畜牧场均应选择适宜的场地建场。它关系到场区小气候状况、畜牧场和周围环境的相互污染、畜牧场的生产经营等。如选址不当,畜牧场一旦建成就已无法更改,由此造成影响生产、污染环境、疫病发生的情况并不少见。场址选择主要考虑场地的地形、地势、水源及社会联系等条件。

4.2.1　地形与地势

1)地形

地形是指场地形状、大小和地面设施情况。作为畜牧场的地形,要求整齐、开阔、有足够的面积。场地不要过于狭长或边角过多,否则不利于场区建筑物的合理布局,还会增加场区防护设施的投资,并给运输、管理造成不便。场地面积可根据拟建畜牧场的性质和规模,按表4.1中推荐值估算。确定场地面积应本着节约占地的原则,还应根据牧场规划,留有发展余地。我国畜牧场一般采取密集型布置方式,建筑系数一般为20%～35%(建筑系数是指畜牧场总建筑面积占场地面积的比例,用百分数表示)。

表 4.1　畜牧场所需场地面积估计

牧场性质	规　模	所需面积 /(m²·头⁻¹)	备　注
奶牛场	100~400 头成乳牛	160~180	
繁殖猪场	100~600 头基础母猪	250~150	按基础母猪计
肥猪场	年上市 0.5~2.0 万头肥猪	7~10	按基础母猪计
羊场		15~20	按基础母猪计
蛋鸡场	10~20 万蛋鸡	0.65~1.0	本场养种鸡,蛋鸡笼养,按蛋鸡计
蛋鸡场	10~20 万蛋鸡	0.5~0.7	本场不养种鸡,蛋鸡笼养,按蛋鸡计
肉鸡场	年上市 100 万只肉鸡	0.4~0.5	本场不养种鸡,蛋鸡笼养,按蛋鸡计
肉鸡场	年上市 100 万只肉鸡	0.7~0.8	本场养种鸡,蛋鸡笼养,按 20 万肉鸡计

（引自李蕴玉,养殖场环境卫生与控制,2002）

2）地势

地势是指场地的高低起伏状况。作为牧场场地,要求地势高燥、平坦、有缓坡。如在山区地建场,一般选择稍平缓的向阳坡地,有利于排水。坡度最好在 1%~3% 较为理想,最大不超过 25%。羊的放牧地坡度可稍大些。平原地区建场,至少要处在当地历史洪水线以上,地下水位要距地表 2 m 以下。

地势低洼的场地容易积水而潮湿泥泞,夏季通风不良,空气闷热,孳生蚊蝇和微生物;在冬季则阴冷,降低畜舍的保温隔热性能和使用年限。场地不平坦、坑洼、沟坎、或坡度大,势必加大施工土方量,并给基础施工造成困难,使基建投资加大。阴坡场地不仅背阴,而且冬季迎风,夏季背风,对场区小气候十分不利。

4.2.2　土壤与水源

1）土壤

畜牧场场地的土壤情况对畜禽影响很大（见 2.1）。建场的土壤要求是透水性、透气性好,容水量、吸湿性小,毛细管作用弱,导热性小,保温良好;没有被有机物和病原微生物污染;没有生物地球化学地方病。

作为建场的土壤,在保证没有污染的前提下,以选择砂壤土较为理想,黏土较差。但土壤的选择往往受客观条件的限制,选择最理想的土壤是不易的,不宜过分强调土壤种类和物理特性,可以从建筑物设计以及生产管理上去弥补土壤的缺陷。

2）水源

在畜牧场的生产过程中,畜禽饮水、饲料调剂、畜舍和用具的洗涤,畜体的洗刷等,都需使用大量的水,而水质好坏直接影响畜禽健康和畜产品质量（见 2.3）。因此,畜牧场的水源必须:①水量充足,满足场内各项用水,还应考虑消防用水以及未来发展的需要;②水质良好,符合生活饮用水水质标准;③便于防护,不易受污染;④取用方便,处理技术简单易行。

4.2.3 社会联系

社会联系是指养殖场与周围社会的关系,如与居民区、工厂及其他养殖场的关系,交通运输和电力供应等。

1)与居民区、工厂及其他养殖场的关系

畜牧场场址的选择,必须遵循公共卫生原则,既要使养殖场的畜产废弃物不污染环境,同时也要防止受周围环境的污染。因此,畜牧场应设在居民区的下风处,且地势低于居民区,但要离开居民区污水排出口,更不应选在化工厂、屠宰场、制革厂等容易造成环境污染企业的下风处或附近。与居民区之间的距离,小中型养殖场应不少于 300 ~ 500 m,大型养殖场(10 000 头猪场、1 000 头奶牛场、100 000 羽禽场等)应不少于 1 000 m。与其他养殖场的距离,小中型养殖场应不少于 150 ~ 300 m(禽、兔等小家畜之间距离宜大些),大型养殖场之间应不小于 1 000 ~ 1 500 m。

2)交通条件

畜牧场的交通运输主要是饲料、畜产品及肥料的运送。特别是大型商品养殖场,进出物资的运输任务繁重,对外联系密切,要求交通运输方便。但交通干线往往又是疫病传播的途径,因此,选择场址时既要考虑到交通便利,又要与交通干线保持一定的距离。一般距一、二级公路与铁路应不少于 300 ~ 500 m,距三级公路(省内公路)应不少于 150 ~ 200 m,距四级公路(县级和地方公路)不少于 50 ~ 100 m,养殖场应有专用道路与主要公路相连接。

3)供电条件

选择场址时,还应重视供电条件,特别是机械化程度较高的养殖场,更要具备可靠的电力供应。为减少供电投资,应靠近输电线路,尽量缩短新线架设距离。尽可能采用工业与民用双重供电线路,或设有备用电源,以确保生产正常进行。

4)饲料供应

饲料是畜牧生产的物质基础,饲料费一般可占畜产品成本的 60% ~ 80%。因此,选择场址时还应考虑饲料的就近供应,草食家畜的青饲料应尽量由当地供应,或本场计划出饲料地自行种植,以避免长途运输而提高饲养成本。

5)其他社会联系

场址选择还应考虑产品的就近销售,以缩短距离,降低成本和减少产品损耗。同时,也应注意牧场粪污和废弃物的就近处理和利用,防止污染周围环境。

4.3 场地规划与建筑物布局

场地选定之后,需根据场地的地形、地势和当地主风向,有计划地安排养殖场不同建筑功能区、道路排水、绿化等地段的位置,这就是场地规划。根据场地规划方案和工艺设计对各种建筑物的规定,合理安排每栋建筑物和各种设施的位置、朝向和相互之间的距离,称为建筑物布局。场地规划与建筑物布局在设计时主要考虑不同场区和建筑物之间的功能关系,场区小气候的改善,以及养殖场的卫生防疫和环境保护。

4.3.1　场地规划

1）畜牧场的分区规划原则

①在体现建场方针、任务的前提下,做到节约用地。

②全面考虑家畜粪尿、污水的处理利用。

③合理利用地形地物,有效利用原有道路、供水、供电线路及原有建筑物等,以减少投资,降低成本。

④为场区今后的发展留有余地。

2）畜牧场的分区规划

畜牧场通常分为:管理区(包括行政和技术办公室、车库、杂品库、更衣消毒和洗澡间、配电室、水塔、宿舍、食堂、娱乐室等),生产区(包括各种畜舍、饲料储存、加工、调制等建筑物),隔离区(包括病畜隔离舍、兽医室、尸体剖检和处理设施、粪污处理及储存设施等)三个功能区,在进行场地规划时,主要考虑人、畜卫生防疫和工作方便,考虑地势和当地全年主风向,来合理安排各区位置,如图 4.1 所示。

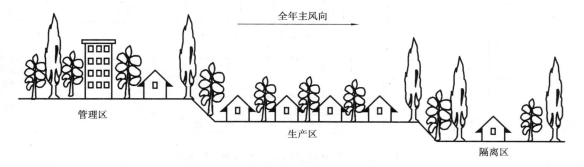

图 4.1　按地势和风向划分场区示意图

(引自李蕴玉,养殖场环境卫生与控制,2002)

(1)管理区　是担负畜牧场经营管理和对外联系的区域,应设在与外界联系方便的位置。场大门设于该区,门前设消毒池,两侧设门卫和消毒更衣室。车库、料库应在该区靠围墙设置,车辆一律不得进入。亦可将消毒更衣室、料库应设于该区与生产区隔墙处,场大门只设车辆消毒池,可允许进入管理区。有家属宿舍时,应单设生活区,生活区应设在管理区的上风向、地势较高处。

(2)生产区　是畜牧场的核心区域,应设于全场中心地带。规模较小的畜牧场,可根据不同畜群的特点,统一安排各种畜舍。大型的畜牧场,则进一步划分种畜、幼畜、育成畜、商品畜等小区,以方便管理和有利于防疫。

(3)隔离区　是畜牧场病畜、污物集中之地,是卫生防疫和环境保护工作的重点,应设在全场子下风向和地势最低处。为运输隔离区的粪尿污物出场,宜单设道路通往隔离区。

4.3.2　建筑物布局

畜牧场建筑物的布局,就是合理设计各种房舍建筑物及设施的排列方式和次序,确定每栋建筑物的每种设施的位置、朝向和相互之间的距离。布局合理与否,对场区环境状况、卫生防疫条件、畜舍小气候状况、生产组织、劳动生产率及基础投资等都有直接影响。因此,畜牧场建筑布局必须考虑各建筑之间的功能关系、小气候的改善、卫生防疫、防火和节约用地等,根据现场条件进行设计布局。为合理面壁畜牧场的建筑物,须先根据所规定的任务与要求(养哪种家畜、养多少、产品产量),确定饲养管理方式、集约化程度和机械化水平、饲料需要量和饲料供应情况(饲料自产、购入与加工调制等),然后进一步确定各种建筑物的形式、种类面积和数量。在此基础上综合考虑场地的各种因素,制订最好的布局方案。

1)建筑物的位置

确定建筑物的位置时主要考虑它们之间的功能关系、卫生防疫及生产工艺流程的要求。

(1)根据功能关系来布局 功能关系是指房舍建筑物和设施在畜牧生产中的相互关系如图4.2所示。在安排各建筑物位置时,应将相互有关、联系密切的建筑物和设施靠近安置,以便于生产联系。不同畜群间,彼此应有较大的卫生间距,大型养殖最好达200 m之远。

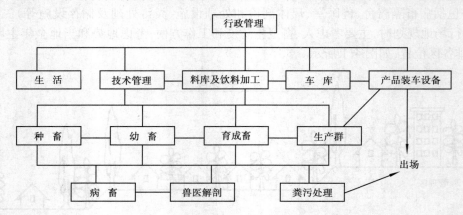

图4.2 养殖场建筑物和设施的功能关系

①商品畜群。如奶牛群、肉牛群、肥育猪群、蛋鸡群、肉羊群等。这些畜群的产品要及时出场销售,管理方式多采用高密度和较高机械化水平。这些畜群的饲料、产品、粪便的运送量相当大,因而与场外的联系比较频繁。一般将这类畜群安排在靠近场门交通比较方便的地段,以减少外界疫情向场区深处传播的机会。奶牛群为便于青绿多汁饲料的供给,还应使其靠近场内的饲料地。

②育成畜群。指青年畜群,包括青年牛、后备猪、育成鸡等。这类畜群应安排在空气新鲜、阳光充足、疫病较少的区域。

③种畜群。应设在防疫比较安全的场区处,必要时,应与外界隔离。

④干草和垫料堆放棚。应安排在生产区下风的空旷地方。注意防止污染,并尽量避免场外运送干草、垫料的车辆进入生产区。

(2)根据卫生防疫要求来布局 在考虑建筑物位置时,不能只考虑功能的需要,亦不能违背卫生防疫的要求。如在场地规划中所述,考虑卫生防疫要求时,应根据场地地势和当地全年主方向,将办公、生活、饲料、种畜、幼畜的建筑物尽量安置在地势高、上风向处。生产群可置于相对较低处,病畜及粪污处理应置于最低、下风处。有的情况不得不牺牲功能联系而保全防疫的需要。如家禽孵化室是一个污染较大的区域,不能强调其与种禽、育雏的功能关系,应主要考虑防疫的需要。大型养禽场最好单独设孵化场,小型养禽场也应将孵化室安置在防疫较好又不污染全场的地方,并设围墙或隔离、绿化地带。育雏舍对防疫要求也较高,且因某些疫病在免疫接种后需较长时间才产生免疫力,如与其他鸡舍靠近安置,则易发生免疫力产生之前的感染。因此,大型鸡场宜单设育雏场,小型鸡场则应与其他鸡舍保持一定距离,并设围墙严格隔离。

(3)根据生产工艺流程安排来布局(如图 4.3 所示)

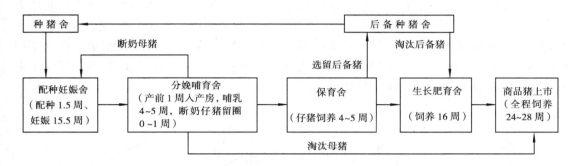

图 4.3　猪生产工艺流程图

①商品猪场。商品猪场的生产工艺流程是:种猪配种→妊娠→分娩哺育→保育或育成→育肥→上市。因此,应按种公猪舍、空怀母猪舍、妊娠母猪舍、产房、断奶仔猪舍、肥猪舍、装猪台等顺序来安排建筑物与设施。饲料库、储粪场等,与每栋猪舍都发生联系,其位置应考虑"净道"(运送饲料、产品和用于生产联系的道路)和"污道"(运送粪污、病畜、死畜的道路)的分开布置,并尽量使其至各栋猪舍的线路最短距离相差不大。

②种鸡场。种鸡场的生产工艺流程是:种蛋孵化→育雏(又分幼雏、中雏、大雏)→育成→产蛋→孵化→销售(种蛋或鸡苗)。因此,鸡舍的布局根据主风向应当按下列顺序配置,即孵化室、育雏舍、中雏舍、育成鸡舍、产蛋鸡舍。即孵化室建在上风向,成鸡舍在下风向,这样能使幼雏舍得到新鲜空气的空气,从而减少发病的机会,同时,也能避免由成鸡舍排出的污浊空气造成疫病传播。

2)建筑物的排列

畜牧场建筑物一般横向成排(东西),竖向成列(南北)。排列的合理与否,关系到场区的小气候、畜舍的光照、通风、建筑物之间的联系、道路和管线铺设的长短、场地的利用率等,要求尽量做到合理、整齐、紧凑、美观。尽量避免狭长排列,否则会造成饲料、粪污的运输距离加大,管理和工作联系不便,道路、管线加长,增加建场投资。生产区尽量按方形或近似方形排列为好。一般四栋以内,宜单列;超过四栋时,呈双列或多列,如图 4.4 所示。

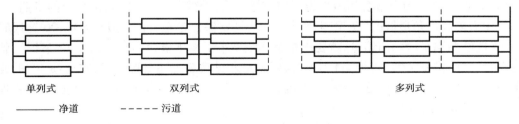

图 4.4　养殖场建筑物排列布置模式图

3）建筑物的朝向

确定养殖场建筑物的朝向主要考虑其日照和通风效果。畜舍建筑物一般为长矩形，纵墙面积比山墙（端墙）面积大得多，门窗也都设在纵墙上。因此，确定畜舍朝向时，冬季为使纵墙接受太阳较多的光照，尽量减少盛行风对纵墙的吹袭；夏季则应尽量减少太阳对纵墙的照射，增加盛行风对纵墙的吹袭，这样的朝向才能使畜舍冬暖夏凉。

（1）根据日照确定朝向　在我国，冬季太阳高度角小，方位角（指太阳在平面上与正南方向所夹的角）变化范围也小，如图4.5所示。南向畜舍的南墙接受太阳光多，照射时间相对较长，照进舍内也较深，如图4.6所示，有利于防寒。夏季则相反，南向畜舍的南墙接受太阳照射较少，照射时间也较短，光线照入舍内较浅，因此有利于防暑。所以从防寒和防暑要求来看，畜舍朝向向南或南偏东、偏西45°内为宜。

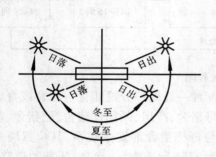

图4.5　冬季、夏季太阳方位变化　　　　　图4.6　南向畜舍日照情况

（2）根据通风要求确定朝向　我国地处亚洲东南季风区，夏季盛行南风或东南风，冬季多为东北风或西北风。可向当地气象部门了解本地风向频率图。为了防止冬季主风向吹袭畜舍纵墙，减少冷风渗入舍内，畜舍的纵墙应与冬季主风向形成0°～45°夹角。为了增强夏季自然通风，保证舍内通风均匀，纵墙与夏季主风成30°～45°夹角。

按日照和主风向来确定畜舍朝向时，手续繁琐，有关单位经多年调查研究和实践，总结出我国部分地区民用建筑最佳和适宜朝向（见附录1），以供参考。

4）建筑物的间距

相邻两栋建筑物的纵墙之间的距离称为间距。间距大，前排畜舍不致影响后排采光，并有利于通风排污、防疫和防火，但会增加占地面积；间距小，可节约占地面积，但不利于采光、通风和防疫、防火，影响畜舍小气候。因而应合理确定。一般从日照、通风、防疫和防火等方面考虑。

（1）根据日照来确定畜舍间距　为了使南排畜舍在冬季不会遮挡北排畜舍的日照，一般按一年中太阳高度角最低的"冬至"日计算，也就是要保证冬至日的9:00至17:00这段时间内，日光能够照满畜舍的南墙，这就要求畜舍间距不小于南排畜舍的阴影长度。经计算，朝南向的畜舍，当南排畜舍净高（檐高）为 h 时，要满足北排畜舍上述日照要求，在北纬40°的北京地区，畜舍间距约需2.5 h，在北纬47°地区，则需3.7 h，因此，在我国的大部分地区，间距保持3～4 h，可基本满足日照的要求。

（2）根据通风要求来确定畜舍间距　为了不影响位于下风向畜舍的通风效果，同时又能免受上风向畜舍排除的污浊空气的污染。在确定畜舍间距时，应避免下风向的畜舍处于相邻上风向畜舍的涡风区内。而实践表明,当风向垂直吹向畜舍纵墙时,涡风区最大,约为其檐高的 5 倍(5 h),当风向与纵墙不垂直时,涡风区缩小。可见,畜舍的间距为 3~5 h,即可满足通风排污和卫生防疫要求。在目前广泛采用纵向通风的情况下,因排风口在两侧山墙上,畜舍间距可缩小到 2~3 h。

（3）根据防火间距来确定畜舍间距　防火间距的大小取决于建筑物的材料、结构和使用特点,可参照我国建筑防火规范。畜舍建筑一般为砖墙,混凝土屋顶或木质屋顶,耐火等级为 Ⅱ 或 Ⅲ 级,防火间距为 6~8 m。

综上所述,在我国的大部分地区,畜舍间距不小于 3~5 h,就可满足日照、通风、排污、防疫和防火等要求,当采用纵向通风时,间距保持在 2~3 h 即可。

4.4　畜牧场的公共卫生设施

为了保障畜牧场的环境卫生与防疫安全,为畜禽创造适宜的小气候环境、避免可能的污染与干扰,畜牧场应建立必要的公共卫生设施。

4.4.1　场界与场区

畜牧场要有明确的场界,集约化畜牧场四周应建较高的围墙(2 m 为宜)或坚固的防疫沟,如图 4.8 所示,以防止场外人员及其他动物进入场区,传播疾病。防疫沟中放水可更有效地阻断外界的污染因素。防疫沟的造价较高,也可结合防护林绿化来起隔离防疫作用。场内各分区间(不同年龄的畜群,最好不集中一个区域内,并使它们之间留有 100~200 m 的防疫间距),也可设较低的围墙(1~1.5 m)或小型防疫沟,或结合隔离林绿化而代替防疫沟。

4.4.2　场内的道路

场区内道路要求直而线短,保证场内生产环节最方便的联系。生产区的道路应分为"净道"和"污道"。"净道"和"污道"不得混用或交叉,以保证卫生防疫安全。管理区和隔离区应分别设与场外相通的道路。

道路不应透水,路面(向一侧或两侧)有 1%~3% 的坡度。路面材料可根据条件选用柏油路、混凝土、砖石或渣土。道路宽度根据用途和车宽决定,通行载重汽车并与场外相连的道路需 3.5~7 m,通行电瓶车、小型车、手推车等场内用车辆的道路需 1.5~5 m。只考虑单向行驶时,可取其较小值,但须考虑回车道,回车半径及转弯半径。各种道路两侧应植树并设排水沟。

4.4.3　场内的排水

场区排水设施是为了排除雨水、雪水、保持场地干燥卫生。为减少投资,一般可在道路一侧或两侧设明沟排水,沟壁、沟底可砌砖、石,也可将土夯实做成梯形或三角形断面。排水沟最深处不应超过 30~60 cm,路旁排水沟如图 4.7 所示。

场地坡度较大的小型畜牧场,也可采用地面自由排水,在地势低处的围墙上设一定数量的排水孔,装铁箅子即可;有条件时,也可设暗沟排水(地下水沟用砖、石砌筑或用水泥管),但不宜与舍内排水系统的管沟通用,以防泥沙淤塞,影响舍内排污,并防止雨季污水池满溢,污染周围环境。

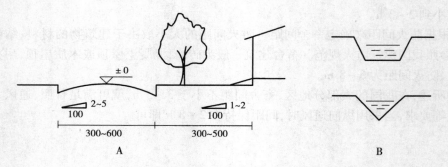

图4.7 路旁排水沟(单位:cm)

A. 路旁斜坡或排水沟断面 B. 明沟排水断面

4.4.4 消毒设施

消毒是畜牧场保证畜禽健康和生产正常进行必不可少的卫生措施,各场区及畜舍入口均应设有相应消毒设施。养殖场大门应设门卫消毒室、脚踏消毒池(槽)和车辆消毒池,如图4.8和图4.9所示。

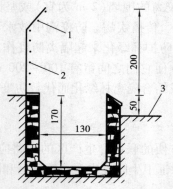

图4.8 场界防疫沟断面示意图(单位:m)

1. 孔径50 mm×50 mm的铁丝网

2. 孔径15 mm×50 mm的铁丝网 3. 场外平地

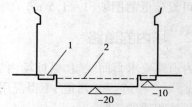

图4.9 车辆消毒池及人的脚踏

消毒池断面(单位:m)

1. 脚踏消毒池 2. 车辆消毒池

人员进入生产区必须经过卫生消毒室、洗浴、换鞋和更衣,室内的消毒可采用喷淋消毒或紫外线消毒。紫外线消毒必须强调有停留5~10 min的时间,不采用通过式设计。

4.4.5 畜禽的运动场

畜禽的舍外运动能增强体质,提高抗病能力,尤其能改善种公畜的精液品质,提高母畜受胎率,促进胎儿正常发育,减少胎儿难产。因此,有必要给畜禽设置舍外运动场,特别是种用畜禽。在集约化程度高的养殖场,为了提高饲养密度、减少建筑面积与占地,一般不设运动场。

运动场应选在背风向阳的地方,一般利用畜舍间距,也可在畜舍两侧分别设置。如受地形限制,也可在场内比较开阔的地方单设运动场。在运动场的西侧及南侧,应设遮阳棚或种植树木,以遮挡夏季烈日。运动场围栏外应设排水沟。运动场大小如表4.2所示。

表 4.2　畜禽运动场参数

	乳牛	青年牛	带仔母猪	种公猪	生长猪与后备猪	羊	育成鸡
运动场面积 /[m² · (头或只)⁻¹]	20	15	12~15	30	4~7	4	0.5~1
围栏或围墙 高*/m	1.5	1.2	1.1	2~2.2	1.1	1.1	1.8

注: * 表示各种公畜运动场的围栏高度,可再增加 20~30 cm,也可以用电围栏。

4.4.6　畜牧场的绿化

畜牧场植树、种草绿化,不仅可改善场内小气候环境,还可以减少污染,因此是重要的环境卫生设施。在进行场地规划时,必须规划出绿化地带。

1)防风林

一般在冬季上风向,沿围墙内外种植。最好是落叶树和常绿树搭配,高矮树种搭配,植树密度可稍大些,种植 3~5 行,乔木行株距可 2~3 m,灌木行距 1~2 m,呈“品”字形排列(如图4.10所示)。

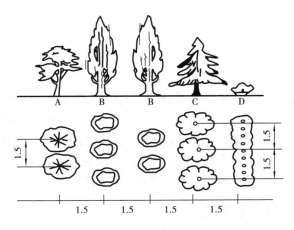

图 4.10　防护林带(单位:m)

A.洋槐　B.北京杨　C.油松或落叶松　D.紫穗槐或醋栗

2)隔离林

主要设在各场区之间及围墙内外,夏季上风向的隔离林,应选择树干高、树冠大的乔木,如北京杨、柳或榆树等,行株距应稍大些,一般植 1~3 行。

3)行道绿化

指路旁和排水沟边的绿化,起路面遮阳和排水沟护坡作用。靠路面可植侧柏、冬青等作绿篱,其外再植乔木,也可在路两侧埋杆塔架,种植藤蔓植物,使上空 3~4 m 形成水平绿化。要根据道路的宽窄选择树种的高度,靠近建筑物的地段,不宜种植高大、叶密的树种,以免影响畜舍的采光和通风。

4)遮阳绿化

一般设于畜舍南侧和西侧,或设于运动场周围和中央,起到为畜舍或运动场遮阳的作用。可选择树干高而树冠大的落叶乔木,如北京杨、加拿大杨、辽杨、槐、枫等树种,以防夏季阻碍通风和冬季遮挡阳光。遮阳绿化也可以搭架种植藤蔓植物。

5)场地绿化

是指牧场内裸露地面的绿化,可植树、种花、种草,也可种植有饲用价值或经济价值的植物,如苜蓿、草坪、果树等。

4.4.7 畜牧场的粪污处理

积(化)粪池应设在生产区的下风向,与畜舍至少保持 50~100 m 的卫生间距,并便于运往农田。积粪池一般深 1 m,宽 9~10 m,长 30~50 m。底部用黏土夯实或做成水泥池底。各家畜所需积粪池的面积:牛 2.5 m²/头,猪 0.4 m²/头,羊 0.4 m²/只。

畜牧场的积粪场(池)是粪尿、污水与生活污水汇集之地,是产生恶臭、蚊蝇的根源,并常在雨季造成水源污染,故堆放时间愈短愈好,最好直接进入粪污处理设施。

随着环境保护意识的加强和生态农业的发展,运用生物工程技术对家畜粪尿进行综合处理和利用,合理地将养殖业与种植业结合起来,形成物质的良性循环模式。粪尿的综合利用工程技术主要有两大类型,即物质循环利用型和健康与能源型综合利用系统(见第 5 章)。

4.5 畜舍的设计

畜舍设计包括建筑设计和技术设计。建筑设计是从建筑学的角度来考虑建筑物如何构建;技术设计是从畜禽环境卫生要求、畜牧生产工艺流程出发来考虑畜舍的构建要求。而建筑设计师不一定懂得畜牧生产,畜牧工作者也不一定懂得建筑工程设计。经常有些畜牧场投资巨大,畜舍修得也很漂亮,但却不适用。因此,畜舍的设计不能等同于房屋的设计,设计合理与否,关系到家畜的安全和使用年限,也对舍内小气候状况具有重要影响。

4.5.1 畜牧场总体平面布置

选定场址之后,可根据当地气象条件和地形地势,首先安排各区的位置,然后布置各区每栋建筑物和各种设施的位置,并规划出各种道路、排水和绿化地带。最好按地形图(即表示某地区地形地势的图纸)的比例将各种建筑物剪成纸块,在地形图上摆布出几种方案,以便提供讨论。最后确定的总平面布置方案,要按审核定案后的各建筑物单体设计尺寸,绘出总平面图。例如,集约化养鸡场平面布局图,如图 4.11 所示。

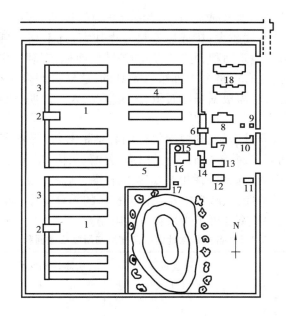

图 4.11　某养鸡场平面布局示意图

1.蛋鸡舍　2.集蛋间　3.走廊　4.育成鸡舍　5.育雏舍　6.消毒间
7.食堂　8.办公室　9.传达室　10.车库　11.配电间　12.病畜急宰间
13.机修间　14.鸡笼消毒间　15.水塔　16.锅炉房　17.水井　18.职工宿舍

4.5.2　畜舍的内部设计

畜舍内部设计应保证饲养管理方便,符合畜禽生活和生产要求,建筑上尽量节约面积和降低造价,方便施工。

1)畜舍的平面设计

畜舍的平面设计,就是要合理安排和布置畜栏、笼具、通道、粪尿沟、食槽、附属房间等、从而确定畜舍跨度、间距和长度,绘出畜舍平面图,如图 4.12 所示。

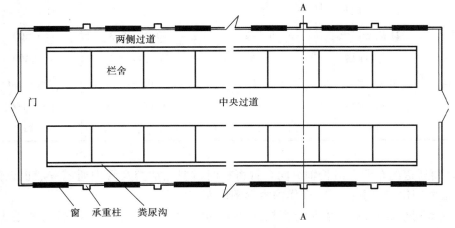

图 4.12　某集约化保育猪舍平面图

（1）畜栏或笼具的布置　畜栏或笼具一般是沿畜舍的长轴纵向排列，有单列式、双列式、多列式，排列数越多，畜舍跨度越大，梁或屋架尺寸也加大，且不利于自然采光和通风。但排列数多可以减少通道，节约建筑面积，并减少外围护结构面积，有利于保温隔热。有些畜舍如笼养育雏舍、笼养兔舍等，也有沿畜舍短轴布置笼具的，这样自然采光和通风好，但会加大建筑面积。采用何种排列方式，需根据场地面积、建筑情况、人工照明、机械通风、供暖降温条件等来决定。

如采用定型的栏圈或笼具产品，则根据每栏的容纳畜禽数、每栋畜舍的畜禽总数计算出所需栏数，按确定的排列方式，并考虑通道、粪尿沟、食槽、水槽、附属房间等的设置，初步确定畜舍跨度、长度，绘出平面图。如果采用的不定型的栏圈，则需要根据每圈头数和每头采食宽度，确定栏圈宽度，采食时不拥挤、减少争斗。各类畜禽的采食宽度，如表4.3所示，采用自动饲槽或吊桶式喂料器的，栏圈宽度可不受采食宽度限制。

表4.3　各类畜禽地面采食宽度与所需栏圈面积

畜禽种类		采食宽度 /[cm·(头或只)$^{-1}$]	所需栏圈面积 /(m^2·头$^{-1}$)	每圈适宜头数
栓养牛	3~6月龄	30~50	1.86	—
	青年牛	60~100	1.4~1.5	25~50
	泌乳牛	110~125	2.1~2.3	50~100
散养牛	成年奶牛	50~60	5~6	50~100
猪	20~30 kg	18~22	0.3~0.4	20~30
	30~50 kg	22~27	0.6~0.8	15~20
	50~100 kg	27~35	0.8~1	8~12
	成年母猪	35~40	4~5	2~2.5(空怀)
	成年公猪	40~45	5~6	1~2
蛋鸡	0~4周龄	2.5	0.04~0.06	500~1 500
	5~10周龄	5	0.08~0.1	500~1 500
	11~20周龄	7.5~10	0.1~0.2	500~1 500
	21周龄以上	12~24	0.25~0.3	≤500
	肉用种鸡	15	0.25~0.3	≤500
肉鸡	0~3周龄	3	0.05~0.06	≤3 000
	3~8周龄	8	0.06~0.12	≤3 000
	8~16周龄	12	0.12~0.2	≤3 000

（2）舍内通道的布置　沿长轴纵向布置畜栏时，饲喂、清粪及管理通道一般也纵向布置，其宽度须根据用途、使用的工具、操作内容等酌情而定。

双列或多列布置时，靠纵墙布置畜栏或笼具，可节省一条通道。但靠墙的畜栏或笼具受墙面冷辐射或热辐射的影响较大。较长的双列式或多列式畜舍，每30~40 m应沿跨度方向设横向通道,其宽度一般为 1.5~2.0 m。

(3)粪尿沟、排水沟及清粪设施的布置 拴系饲养或固定栏架饲养的牛舍、马舍和猪舍,以及笼养的鸡舍和猪舍,因排泄粪尿位置固定,应在"畜床"的后部或笼下设粪尿沟,如图 4.12、图 4.13 所示。

简易猪舍也可把清粪通道与畜舍地面结合,划分"采食区、休息区、排粪区",在排粪区设 25~30 cm 宽的漏缝地板,漏缝地板下设通长地沟,饲养中训练猪"三点(采食、休息、排粪)"定位的习惯。也可在排粪区与饲养区域之间设可开关的门,猪采食时,可将门关闭,使排粪区变成清粪通道,用手推车清粪,这样还可使猪栏不靠墙,有利于改善猪栏环境,由于排粪区可供猪活动,故休息区面积可适当减少。

畜舍内有些部位,如喂饲通道,冲洗消毒的污水无法利用排粪设施的地沟排出时,应单独设排尿沟。笼养鸡舍采用自流水槽时,可在横向通道上设长地沟,上盖铁算子,以排除鸡笼水槽的水。

(4)畜舍附属房间的设置 畜舍一般应设饲料间,存放 3~5 d 的饲料,牛舍还应设草料棚,存放当天的青贮、青饲料或多汁饲料。为加强管理,畜舍内还应设饲养员值班室。奶牛舍还应设真空泵房、挤奶间等,大型畜舍还可设消毒间、工具间等。附属房一般设在畜舍靠场内净道一端,长度较大的畜舍,附属房间也可设在畜舍中部,以方便管理。

2)畜舍的剖面设计

畜舍的剖面设计主要是确定畜舍内部的各种构配件、设备和设施的高度尺寸,并绘出平面图相对应的剖面图和立面图,如图 4.13 所示。

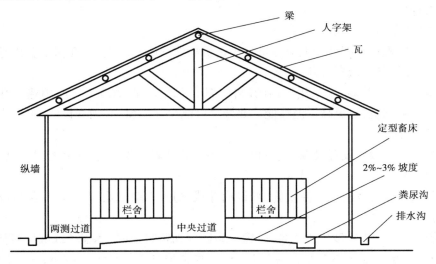

图 4.13 某集约化保育猪舍剖面图(图 4.12 中的 A—A 处)

(1)畜舍高度 除取决于自然采光和自然通风外,还应考虑当地气候和防寒、防暑要求,也与畜舍跨度有关,寒冷地区檐下高度一般以 2.2~2.7 m 为宜,跨度 9 m 以上的畜舍可适当加高;炎热地区则不宜过低,一般以 2.7~3.5 m 为宜。

(2)舍内地面 舍内地面水平高度,一般应比舍外地面高 20~30 cm,场地低洼时,可提高到 45~60 cm。畜舍大门前应设置坡道(≤15%),以保证家畜和车辆进出,不能设置台阶;舍内地面的坡度,一般在畜床部位保证 2%~3%,以防畜床积水潮湿;厚垫草平养的畜禽舍,地面应向排水沟有 0.5% ~1.0% 的坡度,以便清洗消毒时排水。

(3)饲槽、水槽设置 鸡的饲槽、水槽设置高度一般应使槽上缘与鸡背同高;猪、牛的饲槽和水槽底可与地面同高或稍高于地面;猪用饮水器距地面的高度,仔猪为 10 ~15 cm,育成猪 25 ~35 cm,肥猪 30 ~40 cm,成年母猪 45 ~55 cm,成年公猪 50 ~60 cm。如将饮水器装成与水平呈 45°~60°角,则距地面高 10 ~15 cm,即可供各种年龄的猪使用。

(4)隔栏(墙)的设置脚 畜舍隔栏(墙)高度,因畜禽种类、品种、年龄不同而异。平养成年鸡舍隔栏高度一般不应低于 2.5 m,用铁丝网或竹竿制作;成年母牛隔栏高度为 1.3 ~1.5 m;猪栏高度,如表 4.4 所示。

表 4.4 猪栏高度

	哺乳仔猪	育成猪	育肥猪	空怀母猪	怀孕后期及哺乳母猪	公猪
猪圈围栏高/m	0.4 ~0.5	0.6 ~0.8	0.8 ~1.0	1.0 ~1.1	0.8 ~1.0	1.3

4.5.3 各地畜舍设计特点

我国各地因气候特点的不同,在畜舍建筑设计上就要求有不同特点,比如,炎热地区需要重点考虑畜舍的通风、遮阳、隔热、降温;寒冷地区需要考虑畜舍如何保温防寒;沿海地区台风强大,多雨潮湿;高原地区日照强烈,气候干燥,这些在当地建筑上都要有所反映。在畜舍建筑设计中必须因地制宜,因畜建舍。

1)北方地区

(1)防寒与保温

①在平面布置和空间处理上应尽量减小建筑物外围墙面的面积,在保证舍内空气状况良好的条件下,应尽量降低畜舍高度。

②外墙(尤其是北墙)要采用保温的墙体结构(如空心墙、填充墙)或用热工性能较高的材料和保温砂浆砌筑,以提高保温性能。北墙尽可能少开门窗,必须开设时,可考虑采用双层窗,窗缝必须封闭严密。

③斜坡屋顶一般应设置天棚,而屋顶构造还应防范融雪期间水的渗透,及因檐口结冰柱可能产生的影响。

④畜舍大门需要有防风保温设施,如设门斗或采用双道门,北墙一般不能开设为家畜出入的大门。

(2)防风沙 为防风沙尘土入舍,外窗窗扇四周加密封条(如木盖条或绒毡衬垫等)。

(3)防冻 东北地区冬季冻土层在 1 ~3 m,畜舍地基础设计上要注意,一般通过增加地基深度,或采取防冻基础的措施。外墙、内墙、南墙、北墙附近的土壤冻深各有不同,墙基深度可分别对待。一般在冬季不宜进行畜舍施工,必须施工时,要着重考虑低温条件下的各种技术措施。

(4)防碱 碱土对畜舍墙基有腐蚀作用,碱土地区应采取措施防御。此外,西北地区渭河河谷及河南的西北部一般为大孔性黄土层,有湿陷性,须加以防范。

2)南方地区

(1)通风、隔热与遮阳 一般畜舍均应有直接对外的通风口,必要时采用机械通风,屋顶要有隔热设计,最好设天棚,以防直接辐射热的作用。西墙也应有隔热措施并少开门窗,以减少夏季西晒的影响,如受条件限制不能避免西向时,应采取绿化遮阳措施,或加厚墙身,筑空心墙,避免太阳辐射侵入舍内而导致舍内过热现象。

华南地区畜舍宜采用敞开式,如果必须采用封闭式时,外墙宜采用隔热性能好的空心墙,或各种类型的轻质隔热墙,向阳门窗均应设遮阳设施。

(2)避雨防潮　南方雨水较多,畜舍屋顶需进行防水处理,坡度一般不小于 25% 。外墙要能防雨水渗透,外门宜设雨篷以挡雨水,墙基须有防潮层,舍内地面须高出舍外地面 30 ~ 45 cm。由于地下水位较高,不宜考虑地下建筑,地下管道也应有较严密的防水措施。

(3)防风、防雷　沿海地区,应注意减少建筑物的受风面积,建筑物的短轴与大风垂直,长轴与大风方向平行,舍外构件要加固。在开放式或半开放式畜舍,尤其应注意强大气流的直接冲击或由于强大气流引起吸力的作用,防止屋顶被风掀去。易遭雷击地区,畜舍还应有防雷设施。

3)高原地区

(1)保温防寒　除藏南个别冬季较暖的地区外,多为严寒地区,建筑物的保温的要求比北方地区更高,外墙的保温性能一般相当于 37 ~ 49 cm 厚的实砌砖墙。面向冬、春盛行风的外墙,尽可能不开或少开门窗。畜舍高度宜更低,向阳墙面宜开启面积较大的窗户,多争取冬季日照,调剂舍内温度。该地区积雪较深、降雪期长,要避免屋顶积成雪檐、冰柱。

(2)遮阳　该地区夏季气温虽低,但太阳辐射强烈,故向阳门窗宜设遮阳设施。

(3)其他　在选择场址及进行设计时应考虑风沙、雷击、山洪等自然灾害的影响。

4.5.4　建筑工程图绘制常识

1)绘图基本知识

建筑工程图是一种用图形精确表示某种技术构思或意图的语言,图中一定的形象表示一定的物体,并注有尺寸。建筑工程图必须使绘图设计者以外的人也能看懂,以便于施工和技术交流。因此,必须要按国际公认的规则,符号,图形来绘制工程图。我国《建筑制图标准》(GBJ 1—73),为"工程技术语言"提供了全国统一的"文法"和"基本词汇"。

(1)图幅　即图纸的大小,建筑图图幅须符合如表 4.5 所示的规定。每张图纸的右下角要绘出标题栏,又称图标。栏中注明工程名称、图纸名称、图纸编号、设计单位及有关人员(设计、制图、审核等)签名。此外,建筑、结构、设备等各设计工序之间必须相互关联、配合,因此,每张图纸都必须经各工种设计人员过目,并在图纸左上角会签栏内签字。

表 4.5　图幅规定表(mm)

编　号		0	1	2	3	4
图幅(长 × 宽)		1 189 × 841	841 × 594	594 × 420	420 × 297	297 × 210
图线与纸边预留宽度	图幅上、下、右侧	10			5	
	图幅左侧	25				

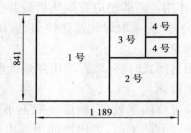
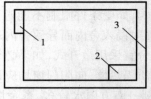

1.会签栏　2.标题栏　3.图框线

图4.14　图幅及图幅代码

（2）线条　图形是由各种不同粗细的线条组成的。常用的有线条：实线、虚线、对称轴线（点画线）等几种，图纸中根据某一物体投影时，物体的全部可见轮廓用实线表示，物体的不可见轮廓部分用虚线表示，拟建的建筑物也可用虚线表示；对称的物体则用对称轴线表示，表示尺寸时，用尺寸线（细实线）。

线条的用法如表4.6所示。

表4.6　线条的用法

序号	名　称		形　式	宽　度	适用范围
1	实线	粗实线	——	$b(=0.4\sim1.2\text{ mm})$	1. 立面图外围轮廓线，剖切线； 2. 平面图、剖面图的截面轮廓线； 3. 图框线
		特粗线	——	$1.5b\sim2b$	立面图上室外地平线
		中实线	——	$b/2$	平、剖面图上门、窗和突出部分（檐口、窗台、台阶等）的外轮廓线
		细实线	——	$b/4$	1. 尺寸线、尺寸界线及引出线； 2. 立面图、剖面图中的次要线条（如粉刷线、门窗格子线等）
2	点画线	粗点画线	—·—·—	b	结构平面图中梁和桁架的轴线位置线，吊车轨道
		点画线	—·—·—	$b/4$	1. 定位轴线；2. 中心线
3	虚线	粗虚线	————	b	地下建筑物或地下管道
		虚线	————	$b/2$	不可见轮廓线
		细虚线	--------	$b/4$	1. 计划扩建的预留地或建筑物； 2. 吊车、搁板、阁楼等假想位置
4	折断线		—/\—	$b/4$	1. 被断开部分的边线； 2. 长距离的断裂线
5	波浪线		～～	$b/4$	1. 表示构造层次分局部界线； 2. 长杆件的断裂线

（3）制图比例　由于建筑物的实际尺寸很大，不可能按实际尺寸画在纸上，制图时常将实物缩小，把缩小的尺寸与实物实际尺寸之比，就称为图的比例，也叫比例尺。常用比例尺如表4.7所示。不论采用哪一种比例尺，建筑图上都以实际尺寸标注。一张图纸只能用一个比例，一般标注在标题栏中。

表4.7　常用绘图比例

图　名	常用绘图比例
牧场总平面图	1：500；1：1 000；1：2 000
总图的断面图	1：100；1：200；1：1 000；1：2 000
畜舍的平面图、剖面图和立面图	1：100；1：200；1：500
次要平面图	1：300；1：400
详图	1：1；1：2；1：5；1：10；1：20；1：25；1：50

（4）尺寸标志　工程图上尺寸的大小是用尺寸标志的，长度用尺寸线，高度用标高符，圆形物体用直径或半径表示，如图4.15所示。

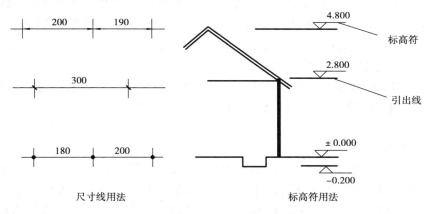

图4.15　尺寸标志示例图

尺寸线的两端用箭头或圆点或短划表示尺寸的起点和终点，在尺寸线的中央或上方注明实际尺寸的数字，总平面图上以米为单位，其他均以毫米为单位；建筑物各部高度尺寸的表示，一般以室内地平面高度为零，用三角形尖端标出各部分的实际高度，标高数字一律以米为单位（注至小数点后第三位），零点标高注为±0.000，正数标高前不加正号，负数标高前必须加负号。圆形物体的直径尺寸的表示，是在数字前加"Φ"字，其半径是在数字前加"R"表示。

（5）等高线　等高线是连接地面上高度相等的各点所组成的线形而成，用来表示地形的高低起伏。为了在看图时能从等高线看出地形的高低，应对等高线的以下特点有所了解。

①同一等高线上的各点高度相等。

②每一等高线必自行闭合，或在一图范围以内闭合，或在此图以外闭合。

③等高线愈密表示地形愈陡，愈疏则愈平坦；各等线高线间水平距离相等者，表示地形具有均匀坡度。

④从具有等高线的地形图上，不仅可以了解地形起伏，还可计算该地的平均坡度。

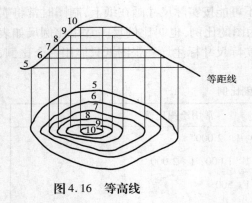

图 4.16 等高线

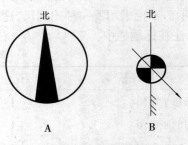

图 4.17 指北针
A. 指北针
B. 指北针、风向玫瑰图与全年主方向结合一体

（6）字体 建筑图的文字、符号、字母代号均应从左向右横向书写，并注意标点符号清楚，中文书写采用仿宋体，数字用阿拉伯数字，字母用汉语拼音字母。

（7）标志 图面中某一部分或构件另有详图时，用引用线（细实线）标注详图索引。详图索引以直径 8 ~ 10 mm 的单圆圈表示。被索引的详图下需用外细内粗的双圆圈详图标志标明，内圈直径一般为 14 mm，外圈直径一般为 16 mm，以便按详图索引查找该详图。

（8）指北针 在总平面图的右上角应绘出指北针，其直径一般为 25 mm，指北针下端宽度为圆圈直径的 1/8，如图 4.17 所示。

（9）图例 建筑图需要用各种图例来表示不同建筑物、构配件和材料等。《建筑制图标准》规定部分图例（见附录 3），没有需要的图例，需在图样中注字说明，或在图样外绘出自定义图例。

2）设计图的种类

（1）总平面图 它表明一个工程的总体布局，主要表示原有和新建畜舍的位置、标高、道路布置、构筑物、地形、地貌等。作为新建畜舍定位、施工放线、土方施工及施工总平面布置的依据。如牧场所有建筑物的布局图，即称总平面图，如图 4.18 所示。总平面图的基本内容包括下列各项：

①表明新建筑区的总体布局，如批准地号范围，各建筑物的位置、道路、管网的布置等。

②确定建筑物的平面位置。

③表明建筑物首层地面的绝对标高，室外地坪、道路的绝对标高，说明土方填挖情况、地面坡度及排水方向。

④用指北针表示房屋的朝向，用风向玫瑰图表示常年风向频率和风速。

⑤ 根据工程的需要，有时还有水、暖、电等管线总平面图，各种管线综合布置图，竖向设计图，道路纵剖面图以及绿化布置等。

（2）平面图 建筑的平面图，就是一栋畜舍的水平剖视图，如图 4.19 所示。主要表示畜舍占地大小，内部的分割，房间的大小，走道、门、窗、台阶等局部位置和大小，墙的厚度等。一般施工放线、砌砖、安装门窗等都用平面图。内容包括：

①建筑物形状、内部的布置及朝向。

②建筑物的尺寸和建筑地面标高。

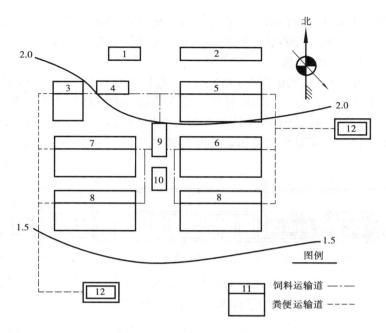

图 4.18　某牧场总平面图

1. 办公室　2. 职工宿舍　3. 公牛舍　4. 人工授精室
5. 产房及犊牛预防室　6. 犊牛舍　7. 青年牛舍　8. 乳牛舍
9. 饲料加工间　10. 乳品处理间　11. 隔离室　12. 积粪池

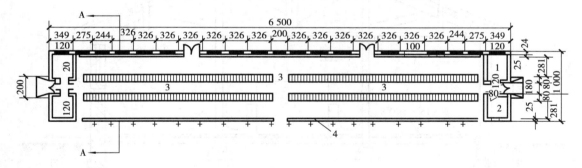

图 4.19　青年牛舍平面图(单位：mm)

1. 饮料调制阀　2. 值班室　3. 走道　4. 尿沟

(引自冯春霞,家畜环境卫生,2001)

③建筑物的结构形式及主要建筑材料。

④门窗及其过梁的编号、门的开启方向。

⑤剖面图、详图和标准配件的位置及其编号。

⑥反映工艺、水、暖、电对土建的要求。

⑦表明舍内装修做法,包括舍内地面、墙面、天棚等处的材料及做法。

⑧其他文字说明。

(3)立面图　表示畜舍建筑物的外观形式、装修及使用材料等。一般有正、背、侧三种立面图如图 4.21 所示。立面图应与周围建筑物协调配合。

（4）剖面图　表明建筑物内部在高度方面的情况,如房顶的坡度、房间的门窗各部分的高度,同时也可表示出建筑物所采用的形式。剖面图的剖面位置,一般选择建筑内部做法有代表性,空间变化比较复杂的位置。

在畜舍的平面图中被切到的部分的轮廓线一般用粗实线表示,而未被切到但可见的部分,其轮廓用细实线表示。为了表明建筑物平面图的或剖面图作切面的位置,一般在其另一张图纸上画有切面位置线(如图 4.13 是图 4.12 中"A—A"线处的剖面,图 4.21 是图 4.19 中"A—A"线处的剖面),表示是由这里作切面而绘制的。

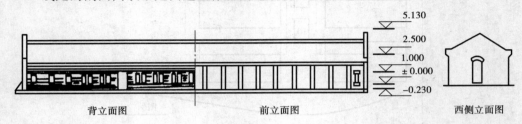

图 4.20　青年牛舍立面图(单位:m)

(引自冯春霞,家畜环境卫生,2001)

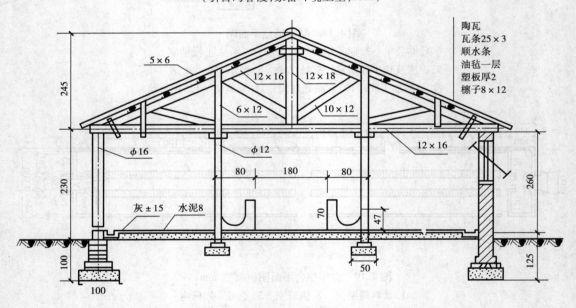

图 4.21　图 4.19A - A 处剖面图(单位:cm)

(引自冯春霞,家畜环境卫生,2001)

复习思考题

1. 结合畜牧场场址的选择要求,说明选择场址时应注意的问题? 考虑哪些条件?

2. 如何合理进行畜牧场的分区规划?

3. 结合采光、通风、防疫和放火这几个方面要求,畜牧场的畜舍朝向、间距如何确定?

4. 养殖场建筑物如何进行合理布局?

5. 在养殖场内,应有哪些卫生设施?

6. 举例说明畜舍平面设计主要包括哪些内容? 绘出平面简图?

7. 举例说明畜舍的立面设计主要包括哪些内容? 绘出立面简图?

8. 根据你当地的实际情况,设计一套(包括平面图、立面图、剖面图)适用于养殖专业户畜舍。

第 5 章　畜牧场环境保护

本章导读：主要阐述畜牧场的环境污染、污染物的消除、环境的管理与卫生监测。内容包括环境污染的产生原因及危害；粪尿、污水的科学处理与利用方法；恶臭的消除、尸体的处理、防鼠灭虫与环境消毒等的基本方法与措施；环境卫生监测的一般方法与环境质量评价。通过学习，要求深刻理解畜牧场的环境保护的重要性；掌握畜牧场废弃物处理及利用的方法与措施；畜牧场的环境管理的具体办法与卫生监测的方法与措施。

畜牧生产中产生的大量废弃物，如不经处理，不仅会危害畜禽本身，也会对水体、大气、土壤、人类健康及生态系统造成直接或间接的污染和威胁，甚至形成公害。当前，环境污染问题已经广泛引起了公众及各国政府的关注。我国也相继颁布了《畜禽养殖污染防治管理办法》、《畜禽养殖业污染物排放标准》与《畜禽养殖业污染防治技术规范》等相关法律法规。因此，在畜牧生产过程中，除为畜禽提供适宜的环境外，同时还必须妥善处理和利用畜禽粪尿和污水，防止畜产公害；搞好日常环境管理，以保证养殖场环境整洁和安全；并进行养殖场的环境卫生监测，以便及时采取有效的防治措施，确保畜禽健康和畜牧生产的顺利进行。

畜牧场的环境保护意义在于：①防止畜牧场对自身环境和周围环境造成污染；②保护养殖场免受外界的污染。后者有关内容已在第1,2章述及，本章着重阐述如何防止畜牧生产对环境的污染以及防治办法。畜牧场造成的环境污染主要是粪尿等有机废弃物，不同于大多数工业"三废"的无机污染物，如果经净化处理后应用于种植业、水产养殖业，则是宝贵的资源，弃之为害，用之为宝，对促进农牧结合、有机农业的发展、绿色食品的生产，有着十分重要的战略意义。

5.1　畜牧场的环境污染

5.1.1　畜牧生产产生环境污染的原因

1)畜牧业经营方式及饲养规模的转变

20 世纪 80 年代以前,我国畜牧业以传统的小规模分散经营方式为特征,家畜头数不多,规模小,生产过程中形成的废弃物可及时就地处理。绝大部分的畜禽粪便作为农家肥料直接施入农田,对环境污染较轻。

随着畜牧业向专业化、集约化、规模化、工厂化方向的发展,虽然极大地推动了畜禽养殖业的快速发展。但是,使单位土地面积上载畜量不断加大,废弃物的产量远远超出了农田的消纳量。随之粪尿及污水量的大大增加,比如,一个 400 头泌乳牛的奶牛场,每天产生粪尿 30 t,污水 300 ~ 400 t。废弃物任意排放的现象,造成了严重的环境污染,增加了疾病传播的机会,降低了畜禽对疾病的抵抗力,造成了畜禽疾病以及人畜共患疾病的蔓延。

2)畜牧场场址选择不当与规划不合理

2001 年国家环境保护总局对全国 23 个省的规模化畜禽养殖场污染情况调查发现,有 8% ~10% 的畜禽养殖场距离民用取水点在 50 m 以内的;有 25% ~40% 的规模化畜禽场距离周边居民区或民用水源地不超过 150 m。同时,由于市民对畜产品的需求量显著增多,为了便于购买饲料、销售产品,城市近郊的畜牧场越来越多,与居民点和交通主干道的距离越来越近,使疫病流行的机会加大了,对城市环境和城乡居民的健康构成了严重的威胁。

由于畜禽养殖业从牧区、农区向城市、城镇周边大量转移,从人口稀少的偏远农村向稠密的城郊地区逐渐集中,从而造成农牧脱节,粪便不能及时送到农田施用,致使城郊粪便堆积,环境恶化。

3)农牧业的严重脱节

在传统的家庭养殖中,畜禽养殖业作为农村副业的形式出现,种植、养殖一条龙,畜禽粪便可以作为有机肥料及时使用,一般不会产生严重的环境污染。而一方面畜禽养殖业的专业化、规模化导致畜牧业作为主业的出现,从而导致农牧严重脱节,再加上畜禽养殖环境管理滞后,从而使畜禽粪尿成为畜产公害。另一方面,现代农业中化肥代替了传统的有机肥导致畜禽肥的还田利用率降低。国家环保总局对全国规模化养殖业的污染情况调查中化肥及有机肥用量的统计结果,如表 5.1 所示,反映了我国自 20 世纪 80 年代以来使用化肥的数量和比例不断上升,而有机肥比例大幅度下降的情况。致使城郊畜牧场密集区的畜禽粪便等有机肥积压,成为废弃物,而形成公害。

4)兽药、饲料添加剂的使用不当

生产者和经营者无节制过量使用微量元素添加剂,使畜禽粪便中的锌、铜、铁含量过高;盲目增加饲料蛋白质含量,使粪尿中氮的含量增加;为预防疾病,促进动物生长,盲目使用抗生素(如四环素、土霉素、磺胺类药物等)、激素类药物(如雌激素、孕激素)、镇静剂(如氯丙嗪、安定、安眠酮等)、激动剂(如盐酸克伦特罗),造成药物在粪便和尿液中残留,这些都对环境造成了新的污染。

表 5.1　我国化肥和有机肥的使用情况(kg/hm²)

项　目		1978 年	1980 年	1985 年	1988 年	1990 年	1993 年	1995 年
总氮	用量	99.9	129.1	162.1	186.7	204.5	227.6	251.4
化肥	用量	59.44	89.37	118.1	140.6	162.6	183.3	202.2
	比例/%	59.5	69.2	72.9	75.3	79.5	80.5	80.4
有机肥	用量	40.46	39.7	44.0	46.1	41.9	44.3	49.2
	比例/%	40.5	30.8	27.1	24.7	20.5	19.5	19.6

5)畜牧场污染物处理技术落后

畜牧场缺乏经济有效的收集、处理、综合利用畜禽粪污的配套技术与设施,难以形成具有多环节链接和实现"粪便—沼气—肥料"综合效应的良性循环。使粪尿无法被有效吸纳与降解排放。尽管国内一些研究单位对畜禽粪污处理技术和途径进行了研究,并建成了一些示范工程,但由于存在废水处理工程投资额大及废水处理过程中运转费用高等问题,使得畜牧场采用率低。实用的、低成本的、处理效果好的畜禽粪污处理的综合利用技术,是当前环保研究的重点。

5.1.2　畜牧场环境污染的危害

1)污染大气

畜牧场的废弃物的厌氧分解产生大量的恶臭。在畜牧场发生的恶臭污染事件中,猪场居各种牧场之首,据报道,英国畜产恶臭污染中,养猪业占57%,养鸡业占22%,养牛业占17%。恶臭强度扩散范围与养殖场规模、生产管理方法、气温、风力等因素均有关,一般扩散范围在100~1 000 m。

据国家"八五"攻关课题研究结果表明,全球气温逐渐变暖,大气层中甲烷浓度以每年约1%的速度增长,其中畜禽年释放的甲烷量约占大气中甲烷气体的20%,尤其是反刍动物甲烷释放量最大,牛羊等反刍动物是甲烷、二氧化碳等温室效应气体的重要释放者。随着畜牧业产业化的发展,畜禽养殖业的甲烷释放量将呈增长趋势,对环境造成的影响也将更加严重。

畜牧场排放的尘埃会污染大气环境,直接影响人和动物的呼吸系统健康,其中微生物也随尘埃飘浮于大气中,能传播疾病,对人、动物造成健康威胁。有资料表明,一个72 万羽规模的养禽场,排放尘埃为41.4 kg/h,细菌1 748 亿个/h,二氧化碳2 087 m³/h,氨13.3 kg/h。

2)污染水体

畜牧场污水以规模化养猪场和奶牛场产生的数量最多,问题最为突出。一条年上市 1 万头肉猪的生产线,冲洗猪舍排出的污水为 80~120 t/d,数量十分惊人。畜牧场产生的污水量因畜种、养殖场性质、饲养管理工艺、气候、季节等情况的不同有很大差别。如肉牛场污水量比奶牛场少;鸡场的污水量比猪场少;采用乳头式饮水器的鸡场比水槽自流饮水的污水量少;当饲养管理条件等同的情况下,南方污水比北方污水量大,同一牧场夏季比冬季污水量大。同时,废水中污染物浓度与畜牧场清粪方式关系密切。如养猪场,采用干清粪比水冲粪的废水中 COD 的浓度平均值约低一个数量级,其他指标也相差 3~6 倍。干清粪技术已成为畜牧场减少污水排放的重要措施之一。

3）引起食品安全问题

畜牧生产中使用的抗菌素、药物以及其他添加剂，不仅造成环境污染问题，而且可能残留在动物产品中，构成食品安全问题；或者增强微生物的耐药性，产生耐药菌株。

动物产品中的药物残留问题是国际普遍存在的共性问题。1972 年墨西哥 10 000 多人感染抗氯霉素的伤寒杆菌导致 1 400 人死亡；1992 年美国 13 300 人死于抗生素耐药性细菌感染。中国近 10 年生产的鸡肉农药污染检出率为 100%。1999 年 6 月比利时发现鸡脂肪和鸡蛋中有超过常规 800~1 000 倍的致癌物质——二𫫇英。

4）传播疾病

据 WHO 统计，畜禽染疫而致人发病的达 90 余种，其中由猪传染的有 25 种，禽类 24 种，牛 26 种，羊 13 种。传染渠道主要是动物性食品、患病动物的粪尿、分泌物、污染的废水、饲料等。据美国疾病控制和预防中心研究统计，每年有 9 000 人死于致病性细菌。畜产品中含有寄生虫也是食品中重要的生物危害。原料肉中常见的寄生虫有猪囊虫、牛囊虫、旋毛虫、绦虫和血吸虫等。能通过禽产品感染的病原如表 5.2 所示。

表 5.2　能通过禽产品感染人的主要病原菌

病　　原	产品来源	人感染后症状	发病时间	持续期
沙门氏菌	蛋、肉	呕吐、腹痛、腹泻	6~48 h	1~2 d
空肠弯曲杆菌	肉	发热、头痛、腹泻、腹痛	2~5 d	1~2 周
单核李氏杆菌	肉	发热、头痛、畏寒、呕吐	数天至数周	6 周
葡萄球菌	蛋、肉	腹痛、大便带血、肾衰	2~8 h	24~48 h
大肠杆菌	肉	腹痛、大便带血、肾衰	5~48 h	3 d~2 周
波特淋菌	罐头制品	虚弱、头昏	18~36 h	10 d

（引自吴红专，中国家禽，2003）

5）引起畜禽疾病和减低畜禽生产性能

环境污染使畜牧场周围环境的空气、土壤和水体质量恶化。一方面使畜禽的体质下降，容易继发感染各类传染性疾病和寄生虫疾病。另一方面，有害生物如病媒昆虫及致病微生物大量繁殖与孳生，使许多传染性疾病和寄生虫病容易传播与流行，造成更大的经济损失。如硫化物可导致哮喘，铬可引起过敏性皮炎。

环境中的污染物对动物机体的影响是逐渐积累的，短期内不显示出明显的危害作用，但是，畜禽较长时间处低浓度污染环境中，可以逐渐消瘦，抗病能力下降，发病率增加，严重者造成慢性中毒而死亡。

5.2　畜牧场废弃物的处理与利用

5.2.1　畜牧场废弃物处理的原则

我国的畜牧业由于利润低、风险大，其污染防治不能走工业污染防治和城市污染防治的路子,不能简单地依靠末端治理手段解决畜禽环境污染问题。应该加强宣传,树立新的环境保护理念,要防治结合,综合治理,建立与现代化畜牧业相适应的符合国情的畜禽污染防治体系。

我国颁布的《畜禽养殖污染防治管理办法》明确提出了畜禽养殖污染防治实行综合利用优先,"减量化、无害化和资源化"处理三原则。

1)减量化原则

根据我国畜禽养殖业污染物排放量大的特点,通过多种途径,采取清污分流、粪尿分离等手段削减污染物的排放总量。

①采取农牧结合方式来收集、处理、消纳和控制养殖业的污染物。

②以预防污染为主来操作生产的全过程,开展清洁生产,减少粪污的产生与排放。

③提倡"安全"饲料、"环保"饲料配方设计。减少营养过剩,开发"绿色"饲料添加剂、生态营养型饲料则是标本兼治的有效措施。

2)无害化原则

环境无害化技术是减少污染、合理利用资源、节约能源与环境相容的技术总称。其内容包括生产过程技术和末端治理技术,它涵盖了技术诀窍、生产过程、产品和服务、装备以及组织与管理的整个过程。无害化处理污染物符合我国资源短缺的现状;符合资源的再生利用的要求;符合环境污染治理与生态保护的要求;符合国际环境保护发展趋势的要求。

①对有害微生物进行无害化消毒以保护环境和人体健康。

②加强执法检查,严格执行饲料及饲料添加剂使用规范,严禁使用违禁药物,控制畜产品中药物残留、重金属的污染。对受重金属污染的畜禽粪便进行科学处理。

③对畜禽畜牧场废弃物进行无害化处理。

3)资源化原则

资源化利用是畜禽粪便污染防治的核心内容。畜禽粪便经过处理可作为肥料、饲料、燃料等,具有很大的经济价值。如畜禽粪便不仅是农作物很好的土壤肥料来源,尤其是在绿色食品生产中,科学使用有机肥更为适合。同时畜禽粪便中含有许多未被畜禽消化利用的营养成分,可以通过无害化处理后作为饲料,也可以用于发电厂作燃料。

5.2.2　粪尿的无害化处理与利用

随着环境保护意识的加强和生态农业的发展,运用生物工程技术对家畜粪尿进行综合处理和利用,合理地将养殖业与种植业结合起来,形成物质的良性循环模式。粪尿的综合利用工程技术主要有两大类型,即物质循环利用型和健康与能源型综合利用系统。

目前,对家畜粪尿的处理利用方法有:

1)沼气发酵

利用畜禽粪尿及其他有机废物(如秸秆、垫料、杂草)进行厌氧发酵而生产沼气(主要成分为甲烷,约占60%~70%),开辟二次能源的利用。沼气不仅可作为生活、生产用燃料,也可用于发电;同时,因厌氧发酵杀灭病原微生物和寄生虫卵;发酵后的沼渣含有较高的氮、磷、微量元素及维生素,不仅是一种良好肥料,也可作为鱼塘的良好饵料;沼液也可用来喂猪,效果良好。因此,这是综合利用畜产废弃物、防止污染环境和开发新能源的有效措施。

(1)沼气池的构造　沼气池一般由进料池、发酵池、储气室、出料池、使用池与导气管等六部分组成(图5.1)。沼气池身通常建于地下,一般以深3 m、宽1.2~1.5 m为宜,各地方政府能源办公室一般有定型设计。

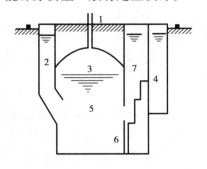

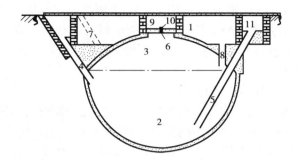

图5.1　沼气池示意图

1.导气管　2.进料池　3.储气室
4.使用池　5.发酵池　6.挡渣板
7.出料池

图5.2　强回流沼气池结构示意图

1.水压酸化池　2.发酵主池　3.储气箱　4.进料管
5.出料管　6.活动盖　7.回流冲刷管　8.限压回流管
9.储水箱　10.导气管　11.出肥间

(2)生产沼气应满足的条件

①沼气池应密闭,保持无氧环境。在国家标准的基础上改进设计的一种小型高效沼气池如图5.2所示。

②合理搭配沼气池内的原料。原料搭配得合理与产气速度和产气持续期有关如表5.3所示。纤维含量多的原料(如秸秆、垫料、青草等),其分解速度和产气速度慢,但产气持续长;纤维少的原料(如人、畜粪)则相反。此外,原料的氮、碳比以1:2为宜。常用的配料比例为人粪:青草:猪粪为1:2:2。常用原料的产气速度如表5.3所示。

表5.3　常用原料产气速度(占总产气量的%)

原料类别	0~15 d	15~45 d	45~75 d	75~135 d
猪粪	19.6	31.8	25.5	23.1
牛粪	11.0	33.8	20.9	34.3

③原料的浓度要适当。原料太稀会降低产气量,太浓则使有机酸大量积累,使发酵受阻,原料与加水量的比例以1:1为宜。

④保持适宜的温度。甲烷细菌繁殖的适宜温度为20~30 ℃,低于8 ℃或高于40 ℃时,产气速度大幅度减少。

⑤保持适宜的pH。池内pH值以6.5~8.5为宜,发酵液过酸时,可加石灰或草木灰中和。

⑥经常进料、出料和搅拌池底以促进细菌的生长、发育和产气,防止池内表面结壳。

⑦加入发酵菌种。新建的沼气池,装料前应加入沼气发酵沉渣、屠宰场排污沟泥或粪坑底脚污泥,以丰富发酵菌种。

(3)沼气残余物的处理与利用　由于生产沼气后产生的残余物—沼液和沼渣,含水量高、数量大,且含有很高的COD值,若处理不当会造成二次污染,所以必须要采取适当的利用措施。常用的处理方法有:

①用作植物生产的有机肥料。在进行园艺植物的无土栽培时,沼气生产后的残余物是良好的液体培养基。

②用作池塘水产养殖料。沼液是池塘河蚌育珠、滤食性鱼类养殖培育饵料生物的良好肥料,但一次性施用的量不能过多,否则会引起水体富营养化而引起水中生物的死亡。

③用作肥料。沼渣、沼液脱水后可以代替一部分鱼、猪、牛的饲料。但与畜粪饲料化一样,要注意重金属等有毒有害物质在畜产品和水产品中残留问题,避免影响畜产品和水产品的使用安全性。

2)用作肥料的处理

畜禽粪便用作肥料是最根本、最经济的出路,是世界各国最为常用的处理和利用办法,也是我国处理粪便的传统做法。畜禽粪尿是优良的有机肥料,在改良土壤结构、提高土壤肥力方面具有化肥所不能代替的作用如表5.4所示。为防止病原微生物污染土壤和提高肥效,一般不宜直接使用,而要经过生物发酵或药物处理后利用。

表5.4 主要畜禽粪便中的肥料成分含量(质量分数,%)

项 目	水 分	有机物	氮(N)	磷(P_2O_5)	钾(K_2O)
猪粪	82	16	0.6	0.5	0.4
猪尿	94	2.5	0.4	0.05	1.0
牛粪	80.6	18	0.31	0.21	0.12
牛尿	92.6	3.1	1.1	0.1	1.5
鸡粪	50	24.5	1.63	0.54	0.85
鸭粪	56.6	26.2	1.1	1.4	0.62

(引自王凯军,畜禽养殖污染防治技术与政策,2004)

(1)堆肥发酵 堆肥发酵就是生物发酵处理的一种。是通过畜粪和垫草等固体有机废弃物堆积发酵而产热,杀灭其中的病原菌、虫卵和蛆蛹,达到无害化,并成为优质肥料。

① 高温堆肥法。将粪便与其他有机物如秸秆、杂草等垃圾混合后,堆积起来,在湿度、温度、空气、养分等方面给微生物的生长繁殖创造一个良好的环境,从而使有机物分解、转化成为植物能吸收的无机质和腐殖质。堆肥过程中产生的高温(一般可达50~70 ℃)及微生物的相互拮抗作用使病原微生物及寄生虫卵死亡,而达到无害化目的。

堆肥过程中微生物的活动程度直接影响堆肥周期与产品质量。保持堆肥适宜的含水量(30~50%)、pH(pH值4.5~8为好,发酵中产酸过多,可用1~2%炉灰、草木灰或石灰调节)、空气流动状况(堆肥发酵要好氧环境)、温度(45~65 ℃)是获得优质腐熟肥的保障。

堆肥腐熟的标准,一是粪肥质量要好,具体表现为外观呈暗褐色,松软无臭。如测定其中总氮、磷、钾的含量,肥效好的,速效氮有所增加,总氮和磷、钾不应过多减少。二是卫生状况良好,不会造成新的污染,即粪肥只要达到无害化的指标即可认为堆肥成功。堆肥无害化的标准如表5.5所示。

②坑式堆肥。坑式堆肥是北方传统的积肥方式。是每日向圈舍粪尿表面铺垫垫料,以吸收粪尿中水分及其分解过程中产生的氨,使垫草和畜禽粪便在畜舍内腐熟。当粪肥累积到一定时间后,将粪肥清除出畜舍,一般粪与垫料的比例以1:3~1:4为宜。如果在垫草垫料中加入菌类添加剂或除臭剂,效果更好,也有利于降低舍内氨气含量。

表5.5 高温堆肥的卫生标准

项 目	指 标
堆肥温度	最高堆温达50~55 ℃以上,持续5~7 d
蛔虫卵死亡率	95%~100%
粪大肠菌值	0.1~0.01
苍蝇	堆肥周围没有活蛆、蛹或新羽化的成蝇

③平地堆肥。是将家畜粪便及垫料等清除至畜舍外单独设置的堆肥场地上,平地分层堆积,使粪堆内进行好气分解。使粪肥中有机物质在微生物作用下进行矿质化和腐殖质化的过程。也可采用塑料大棚或钢化玻璃大棚处理含水量为60%的粪便,搅拌充氧,经过30~40 d发酵腐熟,就可作为粪肥使用。

堆肥发酵方法简单,处理费用低,但发酵时间长,每次堆肥量不可能很多。而畜禽粪便发酵设备的应用,解决了传统堆肥发酵处理的不足。它是将一定量的高效生物发酵菌种(真菌、酵母菌、放线菌等)与畜禽粪污混合搅拌后置入密闭的发酵塔内(密闭式多层塔结构,一般为6层),经过一定的温度和时间(7 d左右),将粪污物料快速腐熟成无臭、无害、含水量低(约为30%),含较多活性物质的上等有机肥料,能够收到良好的经济效益和社会效益。其工艺流程,如图5.3所示。

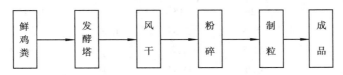

鲜鸡粪 → 发酵塔 → 风干 → 粉碎 → 制粒 → 成品

图5.3 好氧生物堆肥处理方法工艺流程

(2)药物处理 在急需用肥的季节或血吸虫病、钩虫病流行的地区,为在短时间内使粪肥达到无害化,可采用药物处理,选用的药物应对农作物和人、畜无害,不损肥效,灭虫卵效果好,价格低,使用方便,常用的药物有尿素(添加量为粪便量的1%)、敌百虫(10 mg/kg)、碳酸氢铵(0.4%)、硝酸铵(1%)等。在常温情况下加入畜粪一天左右时间就可起到消毒与除虫的效果。

(3)土地还原法 利用土壤巨大的容纳和净化畜禽粪便的能力,把畜禽粪尿作为肥料直接施入农田。试验表明,即使每667 m² 施入禽粪41 t,然后用犁耕,翻到地里,也不散发恶臭或招引苍蝇等。采用土地还原法利用粪便时应注意:①粪便施入土地后要耕翻;②家畜排出的新鲜粪尿应妥善堆放,腐熟后施用;③适用于用做耕作前底肥,不可用做追肥。

3)用做饲料的处理

畜禽粪便中含有较丰富的营养物质,家畜粪便用做养殖业饲料的研究和生产实践在国内外有许多报道,将畜禽粪便经加工处理后,掺入饲料中喂家畜,已有了成功的实例。利用畜禽粪便作饲料,不仅开辟了饲料资源,有利于物质和能量的良性循环,还可防止粪便污染环境。

但是,由于畜禽粪用做饲料的安全性问题存在许多分歧。就世界各地的情况来看,目前发达国家已经较少利用畜粪直接作为再生饲料用于养殖业;包括我国在内的发展中国家还有部分养殖场,用畜粪作为再生饲料用于养殖业中,但总的趋势是越来越少了。特别是近年来,我国逐步提倡并实行放心、安全、优质农产品生产,对包括畜产品在内的农产品生产将提出越来越高的要求,畜禽粪便做饲料的空间会越来越小,在经济相对较发达的沿海地区以及外向型农业区域更会如此。

畜禽粪便做饲料的安全问题主要在于:高剂量重金属铜、铬、砷、铅等的残留、各种抗生素、抗寄生虫药物的残留、大量病原微生物与寄生虫、虫卵等。但只要对畜粪进行适当处理并控制其用量,一般不会对动物造成危害。若处理不当或喂量过大,则可能会造成家畜健康与生长的危害,并影响畜产品质量。

在畜禽粪便中,以禽粪做饲料最普遍,效果也最好,因禽粪中的营养物质含量明显高于其他家畜粪便中如表 5.6 所示。特别是用禽粪饲喂牛、羊,其中的非蛋白氮可被瘤胃中的微生物利用并合成菌体蛋白,再被牛羊吸收,利用率更高。

表 5.6 几种畜禽粪便的营养物质含量(干物质中)

营养成分	产蛋鸡粪	肉仔鸡粪	犊牛粪	乳牛粪	猪 粪
粗蛋白质(%)	28	31.3	20.33	12.7	23.5
可消化蛋白质(%)	14.4	23.3	4.7	3.2	—
粗纤维(%)	12.7	16.8	31.4	37.5	14.78
总能(MJ/kg)	14.77	—	19.76	—	19.10
可消化养分含量(%)	52.3	72.5	48	45	48
代谢能(MJ/kg)	4.97	9.12	—	—	—
灰分(%)	28	15	11.5	16.1	15.3
钙(%)	8.8	2.37	0.87	—	2.72
磷(%)	2.5	1.8	1.6	—	2.13
镁(%)	0.67	0.44	0.40	—	0.93
钠(%)	0.94	0.54	—	—	—
铁(mg/kg)	2 000	451	1 340	—	—
铜(mg/kg)	150	98	31	—	62.83
锰(mg/kg)	406	225	147	—	—
锌(mg/kg)	463	235	242	—	530

(1)新鲜粪便直接利用 用新鲜粪便(主要是禽、兔粪)直接饲喂家畜,简便易行,但应注意做好防疫卫生,避免疾病传染。有研究表明,用鲜兔粪按 3:1 代替麸皮拌料喂猪,平均每增重 1 kg 可节省 0.96 kg 饲料,用新鲜鸡粪直接饲喂奶牛与肉牛,效果也很好。

(2)青贮 将鲜粪或干粪与其他饲草、糠麸、玉米粉等按一定比例混合装入塑料袋或其他容器内,在密封条件下进行青贮,一般经 20~40 d 即可饲用。一般粪便干物质不宜超过青贮总干物质的 50%。

(3)干燥 利用高温使畜禽粪便中的水分减少,以减少臭气,并便于运输和储存。有自然干燥与人工干燥两种。人工干燥效率高,较好地保存了粪中养分,杀菌灭虫彻底,适合规模生产。例如,利用微波烘干技术处理鸡粪,可产生 500~700 ℃ 的高温,脱水效率高而速度快,杀菌灭虫彻底,能有效防止疾病的传染,安全可靠,如表 5.7 所示。

表 5.7 烘干鸡粪等卫生标准

卫生指标	烘干鸡粪	美国鸡粪饲料卫生标准
沙门氏菌数量/(个·g^{-1})	未检出	无
大肠杆菌数量/(个·g^{-1})	未检出	≤10
细菌总数/(个·g^{-1})	6 000	≤20 000

（4）生物处理 利用粪便培养蝇蛆或蚯蚓,再将蝇蛆或蚯蚓加工成粉或浆饲喂畜禽,是营养价值很高的蛋白质饲料。

（5）氧化发酵 是利用好氧微生物发酵分解粪便固形物,产生单细胞蛋白的加工处理方法。常见的是用氧化池对猪粪进行处理利用,氧化池设于猪舍漏缝地板下或舍外,池内装有搅拌器,使固体粪便加速分离并充分进行氧化发酵,经氧化发酵的混合液,其氨基酸含量提高 1～2 倍,可作为营养液直接喂猪。比较先进的是"充氧动态发酵机",能自动完成混合、发酵、除臭、杀菌等工序,发酵效率高、速度快,粪便中养分损失少,适合规模化、自动化生产畜粪饲料的要求。

（6）膨化制粒 非反刍动物的粪便因其含有较多的氮、磷等营养元素,通常可以通过与常规饲料原料按一定的比例进行膨化制成膨化饲料,以供养殖鱼类。

5.2.3 污水的处理与利用

畜牧场的有机废水处理做到无害化,并不存在技术问题,但考虑到畜牧场属于低效益行业的经济承受能力,以及污水中的有机质和各种养分是极其宝贵的资源,如果处理达到直接排放的标准,不仅投资大、运行费用高,而且是资源的极大浪费,应当充分利用当地的自然条件和地理优势,利用附近废弃的沟塘、滩涂,采用投资少、运行费用低的自然生物处理法,净化程度以达到利用要求为限,并须注意避免二次污染。

污水处理的方法可分为物理的、化学的、生物学的处理方法三大类,其中以物理和生物方法应用较多,化学方法由于需要使用大量的化学药剂,费用较高,且存在二次污染问题,故应用较少。

1)物理处理方法

主要包括固液分离、格栅过滤、沉淀等处理方法。经物理处理的废水,悬浮物去除率为 40%～65%,并使五日生化需氧量下降 25%～35%。

（1）固液分离 采用水冲粪或水泡粪工艺的猪场,因粪便的沉淀性能差,一般要用分离机进行固液分离,降低污水中固形物含量,便于污水的后续处理。也可使固形物的含水率降低,便于其处理和利用(粪便处理)。

常用的固液分离机具有振动筛、回转筛和挤压分离机。挤压分离机可连续运行,效率较高,分离固形物的含水率可通过调节加以控制,如图 5.4 所示。

（2）格栅过滤 格栅是一种最简单的过滤设备,由一组平行的栅条制成的框架,斜置于废水流经的渠道上,设于污水处理场中所有的处理构筑物前,或设在泵前。栅框可为金属或玻璃钢制品,其作用是阻拦污水中粗大的漂浮和悬浮固体,以免阻塞孔洞、闸门和管道,并保护水泵等机械设备,是污水处理的工艺流程中必不可少的部分。

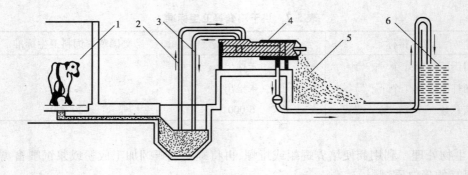

图5.4 挤压式分离机

1.牛舍 2.原液 3.回液 4.挤压机 5.分离后固形物 6.分离后的液体

(3)沉淀 沉淀是废水处理中应用最广的方法之一。沉淀池主要有平流式沉淀池和竖流式沉淀池两种,如图5.5和图5.6所示。

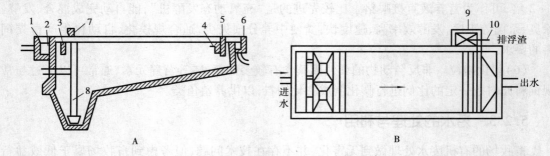

图5.5 平流式沉淀池示意图

A.剖面图 B.平面目

1.进水槽 2.进水孔 3.进水挡板 4.浮渣槽 5.出水挡板
6.出水槽 7.排泥闸门 8.排泥管 9.浮渣井 10.排渣管

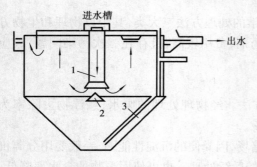

图5.6 竖流式沉淀池

1.中央管 2.反射板 3.污泥管

2)化学处理法

是根据污水中所含主要污染物的化学性质,用化学药品除去污水中的溶解物质或胶体物质的一般方法,养殖场应用较少。

3)生物处理法

是利用污水中微生物的代谢作用分解其中的有机物,对污水进一步处理的方法。污水的生物处理方法包括自然的和工厂化的生物处理法。

(1)自然生物处理法 包括稳定塘处理和土地处理。这类方法投资省,动力消耗少,在附近有废弃的沟塘、滩涂可供利用时,应尽量考虑采用此类方法。

① 稳定塘处理。是利用天然或人工修整的池塘进行污水的生物净化处理,根据池塘的条件和所利用的生物不同,可分为好氧塘、兼性塘、厌氧塘、精制塘和曝气塘等。

好氧塘,深度较浅,一般0.2~0.5 m,阳光能照到底部,主要靠塘中藻类的光合作用提供氧,好氧菌降解污水有机质,故无须曝气。污水在塘内停留时间,温暖地区3~5 d,寒冷地区

20 d。如果塘深加大到 2~4 m，以曝气机械保证供氧，则成为曝气塘。

兼性塘，水深 1~2.5 m，在阳光透入的上部藻类光合作用旺盛，溶解氧较充足，呈好氧状态，深处溶氧不足，由兼性微生物起净化作用，沉淀的污泥在塘底进行厌氧发酵分解。污水停留时间一般温暖地区为 7~50 d，寒冷地区 50~180 d。

厌氧塘，水深一般在 2.5 m 以上，生化需氧量负荷很高，塘处于厌氧状态，净化速度慢，污水停留时间长，一般作为预处理。

在塘内播种水生高等植物，可以增强净化污水的能力。这种塘称为水生植物塘。常用的水生植物有凤眼莲、灯心草、水烛、香蒲等。如果污水经过"格栅——二级水生生物曝气塘——沙滤——反渗滤——粒状炭柱——臭氧消毒"系统的处理，可以达到饮用水水质标准。

②土地处理。通过土层的过滤、土壤粒子和植物根系的吸附、生物氧化、离子交换、土壤微生物间的拮抗使进入土壤的污水中的有机物降解，病原微生物失去生命力或被杀灭，从而得到净化。同时，还可以改良土壤、增加土壤肥力而提高作物产量，实现资源化利用，包括慢速灌溉、快速渗滤、地面漫流、人工湿地等。

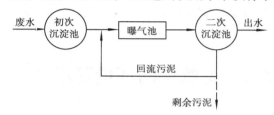

图 5.7　活性污泥法处理废水工艺流程

（2）工厂化生物处理法　这是当今有机废水处理的主要工艺，也称生化处理法。根据所利用的微生物类型，可分为好氧处理与厌氧处理两种。好氧处理又有活性污泥法和生物膜法。厌氧处理一般只利用厌氧酸化水解阶段处理经格栅、沉淀后的污水，作为后续好氧处理的前阶段。

①活性污泥法。又称生物曝气法，是指在污水中通入空气进行曝气，使污水中好氧微生物大量繁殖，形成充满微生物的絮状物，这些絮状物可大量吸收水中悬浮物和有机质，其中的微生物则不断将有机质降解，这种吸附了悬浮物和有机质的絮状物，就称为活性污泥。

活性污泥法的一般流程如图 5.7 所示。污水进入曝气池，与回流污泥混合，靠设在池中的叶轮旋转、翻动，使空气中的氧进入水中，进行曝气，有机物即被活性污泥吸附和氧化分解。从曝气池流出的污水与活性污泥的混合液，再进入沉淀池，在此进行泥水分离，排出被净化的水，而沉淀下来的活性污泥一部分回流曝气池，剩余的部分则再进行脱水、浓缩、发酵等无害处理。

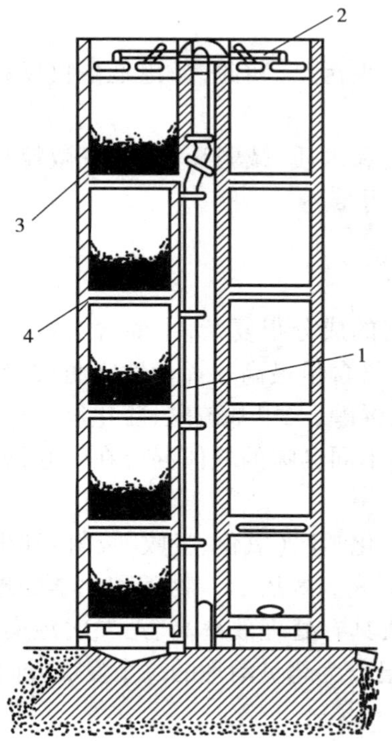

②生物膜法。是通过渗滤或过滤生物反应器进行废水好氧处理的方法。利用水中好氧微生物生长形成的胶体物质，如有物体可以附着，则在物体表面

图 5.8　生物滤塔

1. 进水管　2. 布水器　3. 滤料　4. 隔板

生成含有大量微生物的生物膜,从而吸附有机质并将其降解。利用生物膜处理污水的设备有生物滤池和生物转盘等。

生物滤池是生物膜法处理废水的反应器。普通的生物滤池内设有碎石、炉渣、焦炭或轻质塑料板、蜂窝纸等构造的滤料层,污水由上方进入,被滤料截留其中的悬浮物和胶体物质,使微生物大量繁殖,逐渐形成由菌胶团、真菌菌丝及部分原生动物组成的生物膜。生物膜大量吸附污水中的有机物,并在通气良好的条件下氧化分解,达到净化的目的。其他的生物滤池还有塔式生物滤池,如图 5.8 所示,转盘式生物滤池和浸没曝气式生物滤池等。

污水的利用应根据具体情况考虑,成本较低的是作为农田液肥、农田灌溉用水和水产养殖肥水。在没有上述利用条件和水资源紧缺的情况下,应作深度处理达标后排放,或再经严格消毒后做畜舍清洁用水。

5.3 畜牧场的环境管理

畜牧场建成投产后,其生产管理的主要任务之一则是搞好环境的管理,以保证畜牧场环境整洁和安全。绿化可改善场内小气候环境并减少污染;保持畜牧场的无病清洁则需进行环境的消毒;畜牧场的除臭防害也是保证生产正常进行的必要措施之一。

5.3.1 绿化环境

畜牧场的绿化,不仅可以改善牧场自然环境,还可以减少污染,因此,绿化是畜牧场重要的环境卫生设施。

绿化环境的卫生意义在于:改善场区小气候、净化空气和水质、减弱噪声、减少微粒与微生物,起防疫放火等作用。这些内容在第 4 章中已述及,不再赘述。

5.3.2 恶臭的消除

畜禽舍散发的臭气主要来自粪尿厌氧分解产生。臭气的成分很复杂,主要含有氨、含硫化合物、胺类和一些低级脂肪酸类等多种化学物质,其中氨气含量最高。挥发性脂肪酸、醇类及二氧化碳等略带臭味和酸味;含氮化合物转化成的氨、乙烯醇、二甲基硫醚、硫化氢、三甲胺等具有腐败洋葱臭,有的有腐败的蛋臭、鱼臭等。这些具有不同臭味的气体混合在一起,就是人们常说的恶臭。

控制恶臭的方法有三类:物理法(掩蔽和稀释扩散等)、化学法(氧化、吸收、吸附)和生物法(过滤、堆肥、土壤)。这三种处理方法的优缺点及效果如表 5.8 所示。物理和化学处理方法存在投资大、操作复杂、运行成本高的问题。生物脱臭法具有处理效率高、无二次污染、所需设备简单、便于操作、费用低廉和管理维护方便的特点,已成为恶臭治理的一个发展方向。

1)物理除臭法

(1)吸收法 一般使用水或化学吸收液对恶臭气体进行物理或化学吸收而脱臭的方法。水吸收的缺点是耗水量大、废水难以处理,易造成二次污染。使用化学吸收液时,通过化学反应生成稳定性的物质来达到脱臭效果。当恶臭气体浓度较高时,一级吸收往往难以满足脱臭的要求,此时可采用二级、三级或多级吸收方能达到要求。目前工业上常用的吸收设备主要有表面吸收器、鼓泡式吸收器、喷淋式吸收器。

表 5.8　除臭方法的优缺点及效果比较

方　法	优　点	缺　点	适用恶臭物质
物理法	工艺成熟,可回收有用物质,净化效率约95%	一般要求气体预净化,否则吸附剂易堵塞	脂肪酸、氨类及其他易溶于水的臭气
催化燃烧法	合适的催化剂净化效率可达99%,能量消耗低,操作简便	选择催化剂较困难,要特别注意催化剂中毒现象发生,设备复杂	适用于所有恶臭气体
化学吸收法	能处理低浓度大流量的有机恶臭气体	存在二次污染,净化效率一般在60%~80%之间	脂肪酸、氨类及其他易溶于水的臭气
生物处理法	净化效率高,投资运行费用低,无二次污染,易管理	一般细菌活性温度范围在10~40 ℃,在寒冷地区受到一定限制	大部分恶臭气体
生物滤池法	简易;运行、维护最少,低投资和运行成本	难以确立设计标准,不适合高浓度臭气	低至中度污染
填料式湿法吸收塔	有效和可靠;使用年限长	必须消耗化学品;中等投资和运行成本	中至重度污染
抗臭气剂	低投资,成本取决于化学品的消耗量	臭气去除效率有限, <50%	低至中度污染

（2）吸附法　用作吸附的材料需要进行特殊的处理来增加孔隙度。最常用的吸附材料是活性炭,它需要在 350~1 000 ℃的温度下,在蒸气、氯气或二氧化碳气体中处理后才能获得。同时,吸附的效果还取决于被处理气体的性质。被处理气体的溶解性高、易于转化成液体的气体其吸附效果较好。工业上常使用的吸附装置由圆柱形的容器组成,内设两个活性炭吸附床。当被污染的气体通过吸附床时则被活性炭吸附。吸附法比较适用于低浓度有味气体的处理。

天然沸石是一种含水的碱金属或含碱土金属的铝硅酸盐矿物。有强的吸附能力,可选择性地吸附胃肠中的细菌及 NH_4^+、H_2S、CO_2、SO_2 等有毒物质。同时有吸水作用,能降低畜禽舍内空气湿度和粪便的水分,可以减少氨气等有害气体的毒害作用。若将沸石粉混于垫料中,可除臭。与沸石有相似作用还有海泡石、膨润土、凹凸棒石、蛭石、硅藻石等矿物质。

2）化学除臭法

化学除臭剂可通过氧化作用或中和作用把臭气转化成无味或较少气味的化合物。

常用的化学氧化剂有高锰酸钾、重铬酸钾、硝酸钾、双氧水、次氯酸盐和臭氧等,其中高锰酸钾除臭效果相对较好。

常用的中和剂有石灰、甲酸、稀硫酸、过磷酸钙、硫酸亚铁等。堆肥以及废水的除臭一般使用喷雾型除臭剂。

3）湿式吸收氧化法

是物理与化学法相结合的一种方法,其工艺非常成熟、稳定而有效,被广泛应用于恶臭控制。该工艺最适合于处理大气量,高浓度的恶臭气流,如污泥稳定、干化处理和焚烧过程所产生的恶臭等。

其设备包括填料塔、喷雾塔和洗涤塔。在处理中,通常需采用多级吸收系统(一级用水或硫酸溶液、二级用次氯酸钠),使恶臭气体首先被化学溶液吸收,然后被氧化,最后经过除雾以后直接排放。我国从美国 MET—PRO 公司引进的 PT500—MD25 恶臭控制系统,单台处理气量为 42 000 m³/h。氨气和硫化氢的去除率为 95%。

4)生物除臭法

生物除臭法是利用微生物来分解、转化臭气成分以达到除臭目的,也叫微生物除臭法。分 3 个过程:①将部分臭气由气相转变为液相的过程;②溶于水中的臭气被微生物吸收,不溶于水的臭气先附着在微生物体外,由微生物分泌的细胞外酶分解为可溶性物质,再渗入细胞;③臭气在细胞体内作为营养物质被分解、利用,使臭气得以去除。

比如,我国台湾利用分解粪尿的微生物制成微生物发酵床垫料,铺在饲养猪舍床面上,这些微生物可在短时间内将猪粪中的蛋白质分解,把氨气变成硝酸,硫化氢变成硫酸,达到除臭的目的;用细黄链霉菌(*Streptomyces microflavus*)培养物按 1:20 添加到新鲜鸡粪中,使鸡粪发酵 1 周,也有良好的除臭效果;猪粪中添加光合营养细菌(*Rhodopseudomonas Capsulata*)能明显减少含氮臭气成分的挥发,有明显的除臭作用。

在采取上述除臭方法的同时,要加强科学管理,与畜禽粪尿、污水的处理与利用技术结合,加强畜舍日常卫生管理等综合性措施才能达到良好的除臭效果。

5.3.3 尸体的处理

畜禽尸体的处理是一个备受关注的问题。尸体的腐败分解,放出恶臭污染大气,有时还会传播某些传染病。因此,要合理地及时处理畜禽尸体,严禁随意丢弃,严禁出售或作为饲料再利用。我国《畜禽养殖业污染防治技术规范》(HJ/T 81—2001)规定病死畜禽尸体处理应采用焚烧炉焚烧或填埋的方法,大型养殖场要设置焚烧设施,同时对焚烧产生的烟气应采取有效的净化措施;不具备焚烧条件的养殖场可采用填埋法。对于非病死畜禽,堆肥是处置尸体的经济有效的方法。

1)焚烧法

用于处理危害人、畜健康极为严重的传染病畜禽尸体。体积小的动物可用焚烧炉,大的动物则用焚烧沟。焚烧沟,一般按十字形挖两条沟,长约 2.6 m,宽 0.6 m,深 0.5 m。在一条沟的底部放置一层干草和木柴。在十字沟交叉处铺上粗的潮湿横木,其上放置尸体,尸体的上面和侧面用柴围上,并用旧铁皮覆盖,然后洒上煤油由背风的方向开始焚烧。

2)填埋法

是将畜禽尸体埋入土壤,在厌氧条件下,并在肠道微生物及细菌酶的作用下,发生腐败分解,除炭疽芽孢菌外,大部分病原菌在尸体腐败分解过程中被杀死。不具备焚烧条件的养殖场应设置两个以上的安全填埋井进行土埋。土埋时应遵守下列卫生要求:

①距离住宅、牧场、水源 0.5~1.0 km 以上。

②土壤干燥而疏松,地下水位应比填埋井底低 1 m。

③严禁家禽接近填埋井,周围最好设栅栏。

④填埋井应为混凝土结构,深度大于 2 m,直径 1 m,井口加盖密封。进行填埋时,在每次投入畜禽尸体后,应覆盖一层厚度大于 10 cm 的熟石灰,并填满后,须用黏土填埋压实并封口。

⑤使用深坑填埋的,应在坑的周围洒消毒药剂,尸体用塑料袋封装,深埋后四周最好设栅

栏并作上标记。

3)堆肥法

对于非病死畜禽(尤其死鸡尸体),一般在没有更好的利用方法(如炼油、不允许采用其他处置方法)时,堆肥则是处置死畜尸体在经济和环境上可以接受的手段。大动物可在压实或切割粉碎之后采用堆肥工艺处理。

但是,必须在国家或地区政策法规允许的条件下,并且有足够的土地以利用堆肥产品或成熟肥料可以销售的情况下,才可以考虑死畜堆肥工艺。许多地区为控制死畜处置,一般在设备开始安装之前需要办理许可证,同时在设备运行前也需要办理一个运行证。

由于对动物尸体的堆肥在很多方面与粪肥堆肥方法相近,因而可以采用相同的选址和规划方法,在此不再阐述。

5.3.4　防鼠灭虫

1)消灭鼠害

鼠类是人畜多种传染病的传播媒介和传染源。由鼠类传播的疾病有细菌性传染病、病毒性传染病、螺旋体病、立克次体病、皮肤真菌病、蠕虫病、原虫病等。此外,鼠类盗吃饲料、禽蛋,咬伤咬死雏禽、污染饲料和饮水、咬坏器物,破坏建筑等,危害极大,必须严加防除。

(1)建筑防鼠　从建筑方面采取措施防止鼠害非常重要,要尽量使鼠类无隙可乘,无处营巢。墙基和地面用水泥制作,防止老鼠打洞;墙体和天棚衔接处不留空隙;墙面光滑平直,防止老鼠攀登;通气孔、地脚窗和排水沟等出口均应安装孔径小于 1 cm 的铁丝网,以防老鼠进入舍内。

(2)器械灭鼠　捕杀鼠类的器械种类繁多,主要有夹、关、罐、压、卡、勒、翻、扣、淹、粘、电、陷等,近年来致力于用电灭鼠的新途径,我国投入生产和使用的有超声波驱鼠器、电网捕鼠器和全自动灭鼠器等。使用器械灭鼠时要考虑放置的位置,不要伤及禽类等小动物。

(3)搞好环境卫生　畜舍四周杂草丛生,废弃物堆积,舍内饲料、垫料及物品杂乱,给鼠类繁殖、活动提供了条件。因此,应把灭鼠与爱护卫生、积肥等结合起来。经常清扫舍内外,合理处理废弃物,保持舍内整洁,不使鼠类躲藏和营巢。发现鼠洞,立即堵好。

(4)化学药剂灭鼠　灭鼠药的种类很多,分为灭鼠剂、熏蒸剂、绝育剂等类型。新药不断问世,用时应仔细阅读药剂说明,注意计量和使用方法。常用灭鼠药的使用浓度如表5.9 所示。

化学灭鼠剂具有效率高、使用方便、成本低、见效快的优点。在使用灭鼠剂和绝育剂时,为了诱鼠上钩,常选用老鼠喜欢的食物拌入药剂制成毒饵。鼠类对鼠药具有选择性、拒食性和耐药性。为了安全有效,在使用药剂灭鼠药时,必须选好鼠药,用好毒饵和统一行动,防止人畜中毒。

新的灭鼠方法在不断的研究当中,比如,使用持续而无规律的高频振荡,使鼠产生无法克服的混乱,最终无力活动被捕捉。总之,畜牧场鼠类的防除,应防灭结合,以防为前提,采取针对性强的适合于畜牧场环境特点的措施,综合使用各种方法,防止鼠患。

2)防治蚊蝇

(1)搞好畜牧场的环境卫生　保持环境清洁、干燥,及时清除垃圾和废弃物,实行无害化处理;填平能积水的沟渠洼地,保证排水系统通畅,使用暗沟排水,粪池加盖;堆粪场应远离畜舍和居民点,用腐熟堆肥法处理家畜粪便。

表 5.9　常用灭鼠药的使用浓度(%)

灭鼠药	灭家鼠	灭野鼠
磷化锌	2 ~ 3	3 ~ 10
毒鼠磷	0.5 ~ 1.5	1 ~ 3
氟乙酸钠	0.2 ~ 0.4	0.3 ~ 0.6
甘氟	0.5 ~ 1.5	2 ~ 4
氟乙酰胺	0.5 ~ 1.0	0.5 ~ 2.0
灭鼠宁	0.5 ~ 1.0	0.5 ~ 1.0
灭鼠安	1 ~ 2	1 ~ 2
灭鼠优	1 ~ 2	1 ~ 2
安妥	1 ~ 3	1 ~ 3
普罗米特	0.1 ~ 0.2	0.5 ~ 1.0
毒鼠硅	0.5 ~ 1.0	1 ~ 2
敌鼠钠	0.025 ~ 0.05	0.2 ~ 0.3
杀鼠灵	0.02 ~ 0.05	

(2)使用杀虫剂　使用低毒高效的杀虫药剂,定期向畜舍、畜体喷洒来杀灭蚊蝇,常用的杀虫剂有马拉硫磷、合成拟菊酯和敌敌畏等。

(3)使用灭蝇灯　电气灭蝇灯是用光、电、声等物理方法来捕杀、诱杀或驱逐蚊蝇,如电气灭蝇灯、声波和超声波都具有良好的防治效果。

(4)生物防治法　利用天敌杀灭蚊蝇;应用细菌制剂(内菌素)来杀灭吸血蚊的幼虫;使用合成昆虫激素混于家禽饲料内,蛆吃了这种药物即不能进一步发育蜕变,直至死亡,这种药物对畜禽的健康和生产性能均无影响。

5.3.5　环境消毒

环境清洁和安全是畜牧生产能否正常进行的前提,它不仅关系到畜禽的健康和生产力,同时也是畜牧生产中兽医防疫体系的基础。而维持环境卫生状况良好的重要手段就是消毒,消灭和根除畜牧场环境中的病原微生物,在标准化管理制度下严格实施,并使之符合无公害养殖的生产条件。因此,环境消毒越来越受到畜牧兽医界的高度重视。

1)消毒的概念

消毒和灭菌是两个不同的概念,环境消毒指杀灭或清除被病原体污染的场内环境、畜体表面、设备、水源等的病原微生物,切断传播途径,使之达到无害化,防止疾病发生和蔓延。灭菌是指将所有的微生物,无论是病原微生物还是其他微生物全部杀灭或清除。因此消毒处理不一定能达到灭菌的要求,但灭菌一定可以达到消毒的目的。

用于消毒的药物称为消毒剂,消毒剂不一定要求能杀灭所有的微生物。用于灭菌的药物称为灭菌剂,灭菌剂必须具备杀灭一切类型微生物的能力,灭菌剂可以作为消毒剂使用。

当然,消毒剂的消毒效果与消毒剂种类、浓度、作用时间、环境、方法等因素有关。一种药剂可能在一定条件下为消毒剂,在另一种条件下为灭菌剂。所以,正确地选择消毒剂以及选择适当的浓度和作用时间就显得非常重要。

2)消毒的分类

(1)经常性消毒　为预防疾病的发生,对畜禽经常接触到的人以及器物进行消毒,如工作衣、帽、靴的消毒,以免家畜受到病原微生物的传染。经常性消毒的主要方面是出入场门、舍门时必须经过消毒。

简单易行的办法是在场舍门处设消毒槽(池)。消毒槽(池)须定期清除污物,换新配制的消毒液。进场时经过淋浴并且换穿场内消毒后的衣帽,再进入生产区,这是一种行之有效的预防措施,即使对要求极严格的种畜场,采用淋浴的办法,预防传染病的效果也很好。

(2)定期性消毒　为预防疾病发生,应定期消毒圈舍、栏圈、设备用具等,特别当全群出售,畜舍空出后,必须进行全面清洗和消毒,彻底地消灭微生物,防止疾病的垂直传播,使环境得到净化。

(3)突击性消毒　当发生畜禽传染病时,为及时消灭病畜排出的病原体,应对病畜接触到或接触过的圈舍、设备、器物等进行消毒。对病畜的分泌物、排泄物以及病畜体、尸体等亦应消毒。此外,兽医人员在防治和试验工作中使用的器械设备和所接触的物品亦应消毒。其目的是为了消灭由传染源排泄在外面的病原体,切断传播途径,防止传染病的扩散和蔓延,把传染病控制在最小的范围。

(4)终末消毒　发生传染病后,根据我国相关法律法规,待全部家畜捕杀或处理完毕,对其所处周围环境最后进行的彻底消毒、杀灭和清除传染源遗留下的病原微生物,是解除对疫区封锁前的重要措施。

3)消毒的方法

(1)物理消毒　物理消毒法主要用于畜禽养殖场设施、饲料、医疗卫生器械、兽医防疫检疫部门实验材料消毒,常见物理消毒法使用要领如表 5.10 所示。

表 5.10　常用物理消毒法使用要领

消毒方法	作用因子	穿透能力	处理剂量	主要设备	适宜用途
煮沸灭菌	湿热	液体对流均匀	100 ℃,15 ~ 30 min	煮锅或煮沸消毒器	耐热物品消毒
高压蒸汽灭菌	湿热压力凝集	由表及里不均匀	121 ℃,5 ~ 30 min 126 ℃,5 ~ 30 min	高压灭菌器	耐热耐压物品消毒
巴氏消毒	湿热	液体对流均匀	60 ~ 65 ℃,60 min 72 ℃,20 s	恒温加热器	牛奶消毒
间歇灭菌	湿热	液体对流均匀	100 ℃,20 ~ 45 min/d 连续 3 d	煮锅	生物制品、培养基灭菌
干烤灭菌	干热	空气对流由表及里,不均匀	140 ℃,4 h;160 ~ 180 ℃,1 h;280 ℃,15 min(真空)	煮锅	耐热物品灭菌
滤过灭菌	粘附阻流			各类型滤板滤器	液体空气的除菌
紫外线消毒	电磁波	限于表面和浅表液体	2.5 W/m³,1 h 以上	紫外线灯及固定、移动装置	空气、薄层透明液体消毒
电离辐射灭菌	γ-射线高能电子束	可达深部	1 ~ 30 kGy(千戈)	照射源或粒子、加速器等装置	包装性物品、食品

(引自赵化民,畜禽养殖场消毒指南,2004)

①机械性消毒。用清扫、铲除、洗刷等机械方法清除降尘、污物及被污染的墙壁、地面以及设备上的粪尿、残余饲料、废物、垃圾等。这些工作多属于畜禽的日常饲养管理，只要按照日常管理规范认真执行，即可最大限度地减少畜舍内外的病原微生物。必要时舍外的表层土，也一起清除，以减少感染疫病的机会。

这种方法，在全进全出的管理模式中特别重要。当全群出栏后，整个畜舍要进行彻底的清扫，所用设备为高压水枪、火焰喷射器等。需要指出的是冲洗过程中最好使用消毒剂，特别是发生过传染病的畜舍，以免冲洗的污水不经处理成为新的污染源。

②通风换气。通风可以减少空气中微粒与细菌的数量，减少经空气传播疫病的机会。

③阳光及紫外线消毒。直射阳光中波长在 240~280 nm 的紫外线具有较强的灭菌作用。一般病毒和非芽孢的菌体，在直射阳光下几分钟到几小时就能被杀死，如口蹄疫病毒经数小时，结核杆菌经 3~5 h，就能被杀死，即使是抵抗力很强的芽孢，在连续几天的强烈阳光下，反复暴晒也可变弱或杀死。

紫外线灯因为射线穿透力甚微，只对表面光洁的物体才有较好的消毒效果，因此很少用于家畜圈舍的消毒，主要用于更衣室的消毒。

电离辐射灭菌，是利用 γ-射线、伦琴射线或电子辐射能穿透物品杀死其中微生物的一种低温灭菌方法。由于电离辐射灭菌低温、无热交换、无压力差别和扩散干扰，因此，广泛地应用于食品、饲料、医疗器械、化学药品生物制品等各种领域的灭菌。

④高温。高温消毒主要有火焰、煮沸与蒸等三种形式。火焰可用于直接烧毁一切被污染而价值不大的用具、垫料及剩余饲料等。可以杀灭一般微生物及对高温比较敏感的芽孢，这是一种较为简单的消毒方法，因此对铁制设备及用具，对土墙砖墙水泥墙缝等均可用此方法，木制工具表面也可用烧烤的方法消毒。但对有些耐高温的芽孢，如破伤风梭状芽孢在 140 ℃ 时能活 15 min，炭疽杆菌芽孢在 160 ℃ 时能活 1.5 h，因此，使用火焰喷雾器靠短暂高温来消毒，效果难以保证。煮沸和蒸汽消毒效果比较确实，主要消毒衣物和器械。

⑤过滤消毒。过滤除菌是以物理阻留的方法，去除介质中的微生物，主要用于去除气体和液体中的微生物。其除菌效果与滤器材料的特性、滤孔大小和静电因素有关。主要有网击阻留、筛孔阻留、静电吸附等几种方法。

⑥其他物理消毒法。包括自然净化、超声波消毒、微波消毒等方法。

（2）化学性消毒　就是选用化学性消毒剂进行消毒的方法。

①化学消毒剂的种类。选择消毒剂必须了解消毒剂的适用性、消毒力强度、毒性大小、腐蚀性、价格、配制和使用方法。根据消毒对象和实际情况选用。常用消毒剂如表 5.11 所示。

②消毒剂使用方法。常用的有浸泡法、喷洒（雾）法、熏蒸法，近年来气雾法也普遍使用。

浸泡法适用于器械、用具、衣物等的消毒；厂区进门处以及在圈舍进门处消毒槽内，也用浸泡消毒或用浸泡消毒药物的草垫或草袋对人员的靴鞋进行消毒。

喷洒（雾）法用于圈舍空间消毒、地面、墙裙、舍内固定设备等的消毒。

熏蒸法适用于密闭空间以及密闭空间的物品，如饲料桶、饮水器、种蛋等的消毒。这种方法简便、省钱，对房舍无损，驱散消毒后的气体较简便，因而是畜牧牧场欢迎使用的方法，但在实际操作中，首先畜舍和设备必须进行清扫、清洗与干燥，然后，紧闭门窗和通风口，舍内温度要求在 18~27 ℃，相对湿度在 65%~80%，用适量的消毒剂进行熏蒸，如表 5.12 所示。

表 5.11　常用消毒剂的种类、性质、用法与用途

类别	消毒剂	性状与作用	应用浓度与方法
酚类	苯酚(石炭酸)	白色针状结晶,弱碱性,易溶于水,有芳香味,杀菌力强	2%用于皮肤消毒;3%～5%用于环境与器械消毒
	煤酚皂(来苏儿)	无色,遇光或空气变为深褐色,与水混合成为乳状液体	2%用于皮肤消毒;3%～5%用于环境消毒;5%～10%用于器械消毒
醇类	乙醇(酒精)	无色透明液体,易挥发,易燃,可与水和挥发油任意混合	70%～75%用于皮肤和器械消毒
碱类	氢氧化钠(火碱)	白色棒状、块状、片状,易溶于水,碱性溶液,易吸收空气中的 CO_2;	0.5%溶液用于煮沸消毒,敷料消毒;2%用于病毒消毒;5%用于炭疽消毒;
	生石灰	白色或灰白色块状,无臭,易吸水,生成氢氧化钙	加水配制10%～20%石灰乳涂刷畜舍墙壁、畜栏等消毒
醛类	福尔马林	无色,有刺激性气味的液体,含40%甲醛,90 ℃下易生成沉淀;	1%～2%环境消毒,与高锰酸钾配伍熏蒸消毒畜舍房舍等;
	戊二醛	挥发慢,刺激性小,碱性溶液,有强大的灭菌作用	2%水溶液,用0.3%碳酸氢钠调整pH值在7.5～8.5可消毒,不能用于热灭菌的精密仪器、器材的消毒
氧化剂类	过氧乙酸	无色透明酸性液体,易挥发,具有浓烈刺激性,不稳定,对皮肤、黏膜有腐蚀性;	0.2%用于器械消毒;0.5%～5%用于环境消毒;
	过氧化氢	无色透明,无异味,微酸苦,易溶于水,在水中分解成水和氧;	1%～2%创面消毒;0.3%～1%黏膜消毒;
	臭氧	在常温下为淡蓝色气体,有鱼腥臭味,极不稳定,易溶于水;	30 mg/m³,15 min室内空气消毒;0.5 mg/kg,10 min用于水消毒;15～20 mg/kg用于污染源污水消毒;
	高锰酸钾	深紫色结晶,溶于水	0.1%用于创面和黏膜消毒,0.01%～0.02%用于消化道清洗
表面活性剂类	苯扎溴铵(新洁尔灭)	无色或淡黄色透明液体,无腐蚀性,易溶于水,稳定耐热,长期保存不失效;	0.01%～0.05%用于洗眼和阴道冲洗消毒;0.1%用于外科器械和手消毒;1%用于手术部分消毒;
	杜米芬(消毒宁)	白色粉末,易溶于水和乙醇,受热稳定;	0.01%～0.02%用于黏膜消毒;0.05%～0.1%用于器械消毒;1%用于皮肤消毒;
	癸甲溴铵(百毒杀)	无色无味液体、能与水互溶,性质稳定;	1:300～3 000;低浓度能杀灭主要的致病菌、病毒、寄生虫,用于环境消毒;
	双氯苯胍己烷	白色结晶粉末,微溶于水和乙醇	0.02%用于皮肤、器械消毒;0.5%用于环境消毒

续表

类别	消毒剂	性状与作用	应用浓度与方法
含碘类消毒剂	碘酊(碘酒)	红棕色液体,微溶于水,易溶于乙醚、氯仿等有机溶剂;	2%~2.5%用于皮肤消毒;
	碘伏(络合碘)	主要剂型为聚乙烯吡咯烷酮碘和聚乙烯醇碘等,性质稳定,对皮肤无害	0.5%~1%用于皮肤消毒;10 mg/kg浓度用于饮水消毒
含氯类消毒剂	漂白粉	白色颗粒状粉末,有氯臭味,久置空气中失效,大部溶于水和醇;	5%~10%用于环境和饮水消毒
	漂白粉精	白色结晶,有氯臭味,含氯稳定;	0.5%~1.5%用于地面、墙壁消毒;0.3~0.4 g/kg饮水消毒
	氯铵类(含氯铵B,C,T)	白色结晶,有氯臭味,属氯稳定类消毒剂	0.1%~0.2%浸泡物品与器材消毒;0.2%~0.5%水溶液喷雾用于室内空气及表面消毒
烷类消毒剂基	环氧乙烷	常温无色气体,沸点10.4 ℃,易燃、易爆、有毒;	50 mg/kg密闭容器内用于器械、敷料等消毒;
	氯已啶(洗必泰)	白色结晶,微溶于水,易溶于醇,禁忌与升汞配伍	0.01%~0.025%用于腹腔、膀胱等冲洗;0.02%~0.05%水溶液,术前洗手浸泡5 min

(引自刘建,兽药和饲料添加剂手册,2003)

表 5.12　熏蒸消毒用药剂量

鸡舍状况	浓度等级	甲醛用量/(mL·m⁻³)	高锰酸钾用量/(g·m⁻³)	加水量/(mL·m⁻³)
未使用过的畜舍	1 倍浓度	14	7	10
未发疫病畜舍	2 倍浓度	28	14	10
已发疫病畜舍	3 倍浓度	42	21	10

气雾法是把消毒液通过气雾发生器后喷射出雾状消毒剂微粒,是消灭气携病原微生物的理想办法。用于全面消毒畜舍空间,一般用5%过氧乙酸溶液2.5 mL/m³。

（3）生物性消毒　利用微生物分解有机质而释放出的生物热(温度可达60~70 ℃),杀灭各种病菌、病毒及虫卵等,主要用于粪便的消毒方法。

4)消毒制度

畜牧场的环境消毒效果受到许多条件的制约,往往不是通过一次消毒或者使用一种消毒方法就能达到理想的效果,而是需要有系统的、有计划的、有程序的、多种方法与措施相结合的来实施。因此,任何一个畜禽养殖企业都必须制定严格的消毒防疫管理制度。不仅要有制度,更应该落实与执行,把畜禽疾病防患于未然,将养殖业的风险降到最低。

（1）畜禽养殖场消毒制度的基本要求

①在畜禽场大门口设置消毒池,水深保持10~15 cm,内放2%~3%氢氧化钠溶液或季铵盐类消毒剂,用于车进入时轮胎的消毒。消毒液约1周更换1次。在生产区的门口和畜舍

门外也要设消毒池,消毒液一般用 3% 氢氧化钠或 3% 来苏儿,消毒液应 2 ~ 3 d 定时更换 1次。畜舍门口的内侧设置 0.1% 百毒杀或 1% 来苏儿消毒水盆,进入畜舍后需先进行洗手消毒 3 min,再用清水洗干净,然后才可以开始工作。消毒液 1 d 更换 1 次。

②进入养殖场(尤其是鸡场和猪场)的工作人员或临时工作人员都要更换消毒服、鞋帽后,才可以进入生产区。消毒衣服每周消毒 1 次,也可穿着一次性塑料套服。消毒服限于在生产区内穿着。有条件的可先淋浴后,再更换消毒服。

③生产区和生活区分开,设置专门隔离室和兽医室,做好发病畜禽隔离、检疫和治疗工作,做好病后环境消毒净化等工作。

④畜禽的饮水器、食槽、用具要定时消毒;粪池和解剖室要定期进行消毒;对死尸和粪便作无害化处理;畜禽转群后对空舍及时消毒,畜舍消毒后空置 1 周后再转入畜禽。

⑤坚持自繁自养的原则,引种的畜禽必须隔离观察 45 d,确认无病,并接种疫苗后方可调入生产区。

⑥防疫用后的连续注射器要高压灭菌消毒;使用后的疫苗瓶要焚烧处理;解剖后的畜禽尸体要焚烧处理。

⑦当某种疾病在本地区或本场流行时,要及时采取相应防治措施,并要按规定上报主管部门,采取隔离、封锁措施。

⑧运送饲料的包装袋,回收后必须经过消毒,方可再利用,以防止污染饲料。

⑨定期灭鼠,及时消灭蚊蝇,以防疾病传播。

(2)未发生疫病时的消毒措施

①畜舍内的设备装置,能搬的搬走,能拆的拆开,搬移舍外,垫草最好移走,不宜再用。屋顶或天棚及墙壁、地面均应将尘埃清扫干净。

②清除粪便、清洗地面,使之干燥。

③小件的物件浸泡消毒,大件喷洒消毒,育雏室的设备在刷洗后需熏蒸。

④墙壁与混凝土地面用 10% ~20% 石灰乳刷洗。

⑤畜舍及其设备清洗消毒后,再进行甲醛气熏蒸。

(3)发生疫病时的消毒措施

①畜牧场不再开放,谢绝外来人员进场,本场人员出入也须严格消毒。

②所有的与病畜接触过的物件,均应用强消毒剂消毒。

③尽快将垫草焚烧或埋入土中,勿再与其他牲畜接触。

④用含消毒液的气雾对舍内空间消毒。

⑤舍内设备的移出与消毒,墙裙与混凝土地面的消毒方法同前。

⑥素土地面用 1% 福尔马林浸润,风干后,先铺一层聚乙烯薄膜或沥青纸再铺上垫草。

⑦在严重污染地区,最好将表土铲去 10 ~ 15 cm。

⑧将畜舍密闭,用甲醛气熏蒸。

⑨进入畜舍须先消毒,并通过消毒池。

5.4 畜牧场环境卫生监测

5.4.1 环境卫生监测的依据

环境卫生监测的依据是我国政府和当地政府的法律法规。我国先后发布了《生活饮用水水质卫生规范》(GB 5749—2006)、《地面水水质卫生标准》(GB 3838—2002)、《污水综合排放标准》(GB 8978—1996)、《畜禽养殖污染防治管理办法》(见附录4)、《畜禽养殖业污染物排放标准》(GB 18596—2001)(见附录5)、《畜禽养殖业污染防治技术规范》(HJ/T 81—2001)(见附录6)和《恶臭污染物排放标准》(GB 14554—1993)(见附录7)。其中《管理办法》和《污染物排放标准》中规定:

①新建、改建和扩建畜禽养殖场,必须进行环境影响评价;

②报告书(表)中必须有畜禽废渣综合利用方案和措施;

③畜禽养殖场污染防治设施必须与主体工程同时设计、同时施工、同时使用;

④畜禽养殖场排放污染物,应按照国家规定缴纳排污费,超过国家或地方排放标准的,应缴纳超标排污费;

⑤禁止向水体倾倒畜禽废渣;

⑥畜禽养殖业废水不得排入敏感水域和有特殊功能的水域;

⑦必须设置废渣的固定储存设施和场所,储存场所要有防止粪便液渗漏、溢流的措施;

⑧用于直接还田的畜禽粪便必须进行无害化处理;

⑨畜禽粪便还田时,不能超过当地的最大农田负荷量;

⑩畜禽养殖业应积极通过废水和粪便的还田或其他措施对所排放的污染物进行综合处理,实现废弃物资源化利用。

5.4.2 环境卫生监测的目的和任务

采用间断或连续地测定环境中污染物的浓度,观察、分析其变化和对环境影响的过程称为环境卫生监测。

1)环境卫生监测的目的

环境卫生监测是为了准确、及时、全面地反映环境质量现状及发展趋势,为环境管理、污染源控制、环境规划等提供科学依据。具体可归纳为:

①判断环境质量是否达标;监视环境管理的效果。

②判断污染物的分布情况,追踪寻找污染源,为实现监督管理、控制污染提供依据。

③积累长期监测资料,为研究环境容量、预测预报环境质量提供数据。

④为保护人类健康、保护环境、合理使用自然资源等服务。

⑤为制定环境法规、标准、环境规划、环境污染综合防治对策提供科学依据。

⑥对于提高畜禽养殖的生产潜力,保证畜禽产品质量等方面也发挥了重要作用。

2）环境卫生监测的任务

其任务是通过环境卫生监测及时了解畜舍及牧场内环境的状况,掌握环境中出现了什么污染物,它的污染范围有多大,污染程度如何,影响怎样;根据测定的数据和环境卫生标准(环境质量标准),以及畜体的健康和生产状况进行对比检查,做出环境质量评定,针对问题及时采取措施,使场内舍内保持良好的环境。

5.4.3　环境卫生监测的内容

畜牧场的环境卫生监测是畜牧场环境保护的一项重要工作,其监测的内容或项目的确定,取决于监测的目的,这应根据畜牧场已知或预计可能出现的污染物来决定。

一般情况下,对牧场、畜舍以及场内舍内的空气、水质、土质、饲料及畜产品的品质应给予全面监测,但在适度规模经营的饲养条件下,家畜的环境大都局限于圈舍内,其环境范围较小,环境质量应着重监测空气环境的理化指标,水土质量相对稳定,特别是土质很少对家畜发生直接作用,可放在次要位置。

1）空气环境监测

主要包括温度、湿度、气流方向及速度、通风换气量、照度等;氨气、硫化氢、二氧化碳等也是必须进行测定的项目。必要时尚可测定噪音、灰尘等。场内尚可测定二氧化硫及飘尘,这就把大气环境与畜舍小气候指标结合起来,如果有条件还可测定臭气。

2）水质监测

水质监测内容应根据供水水源性质而定,如为自来水或地下水时,主要参照一般评定参数。地下水水量和水质都比较稳定,一般在选场时进行感官性状观测,化学指标分析主要有以下几种:pH 值、总硬度、悬浮固体物、BOD、DO、氨氮、氯化物、氟化物等;有毒物质中卫生部规定有五项污染物(酚、氰化物、汞、砷、六价铬),但许多研究者认为这五大毒物污染的水体只是局部地带,不带普遍性,应不受其限制,可因地制宜地确定测定项目。一般来说监测项目不应过多,要合乎实际情况和突出重点,特别是对地面水进行监测时,更应根据当地具体情况决定。此外,细菌学指标可测定大肠菌群数和细菌总数,以间接判断水体受到人、畜粪便等污染的情况。

3）土壤监测

土壤可容纳大量污染物,因此其污染状况日益严重,但在集约化饲养条件下,由于家畜很少直接接触土壤,其直接危害作用减少,而间接危害增加,主要表现为在其上种植的植物受到污染,通常作为饲料来危害家畜。土壤监测项目为硫化物、五大毒物、氟化物、氮化物、农药等。

4）饲料品质监测

畜禽采食品质不良的饲料可以引起营养代谢性病,不良饲料有:有害植物以及结霜、冰冻、混入机械性夹杂物的物理性品质不良饲料;有毒植物以及在储存过程中产生或混入有毒物质的化学性品质不良饲料;感染真菌、细菌及害虫的生物学品质不良饲料。其中以饲料中毒最为严重。

5）畜产品品质监测

主要是畜产品的毒物学检验与药物残留检测,其中有害元素为砷、铅、铜、锡、汞;防腐剂为苯甲酸和苯甲酸钠、山梨酸和山梨酸钾、水杨酸(定性试验);其他尚有磺胺药、生物碱、氢氰酸、安妥、敌百虫和敌敌畏等的检验。

5.4.4 环境卫生监测的一般方法

养殖场大气状况的监测,可在一年四季各进行一次定期、定员监测,以观察大气的季节性变化,每次至少连续监测 5 d,每天采样 3 次以上,采样点应具有代表性。畜舍内有害气体的监测,可根据大气污染状况监测结果并结合饲养管理情况,在不同季节、不同气候条件下进行测定。对水质测定,可根据水源种类等具体情况决定。如养殖场水源为深层地下水,因其水质稳定,一年测 1~2 次即可;如是河流等地面水,每季或每月定时监测一次。对土壤环境监测,可根据土壤污染状况,一年测 1~2 次。

1)化学分析

畜牧场环境监测工作所采取的方法和应用的技术,对于监测数据的正确性和反映污染状况的及时性有着重要的关系。大多数的畜牧场采用人工操作、化学分析方法为主的监测手段。环境监测的速度与监测方法和使用仪器有关,精密分析仪器的采用,使监测的方法从人工操作逐步趋向自动化仪器分析,监测技术也朝着快速、简便、灵敏、准确的方向发展。

2)生物监测

自然界中有很多种生物对环境中的污染物质十分敏感,当受到有害物质损害时,会表现出各种症状。例如,有机氯的毒性很大,但因为没有气味和颜色,人们很难察觉,而金荞麦却能在气相色谱仪都难以检出的情况下,表现出特殊症状。水中某些藻类(如硅藻等)种类和数量上的变化,鱼类死亡或回避、消失等情况,也可反映水体污染的程度。南京植物研究所根据植物的这种特性,用金荞麦做"植物监测剂"进行环境质量评价,所得到的污染物(氟或硫)浓度变化曲线和使用仪器进行监测的结果非常一致。所以,在环境监测中,利用生物监测来补充物理、化学分析法的不足,是一种简便、有效、可行的措施。养殖场的生物监测可结合养殖场的绿化设计来进行。

3)危害分析

HACCP(危害分析与关键控制点)体系的核心是用来保护食品在整个生产过程中免受可能发生的生物、化学、物理因素的危害。利用 HACCP 的质量管理超前运作的理念,使原料的生产到产品走上餐桌的全过程都实行工艺化、标准化控制。包括选址、选种、饲料生产与加工、疫苗药品的选择和使用、疫病控制、环境消毒等各环节。确认各生产环节存在的主要潜在危害,通过制定相应的操作程序、管理制度、考核标准,对可能出现的危害加以预防和控制,保证食品安全可靠。

虽然 HACCP 是食品质量安全的保证体系,但是环境卫生监测工作者往往借鉴其中的危害判断与危害分析,分析出环境危害的关键点,而采取相应的防治措施。

5.4.5 环境质量评价

研究环境质量变化规律,评价环境质量的水平,探讨改善环境质量的途径和措施,是畜禽环境评价工作的最终目的。环境质量现状评价是根据环境调查与监测资料,应用环境质量指数系统进行综合处理,然后对这一区域的环境质量做出定量描述,并提出该区域环境污染综合防治措施。

1）**评价程序**

①环境质量状况考察及环境本底特征调查；

②环境质量调查及优化布点采样；

③调查资料及监测数据的分析整理；

④选定评价参数、评价的环境标准；

⑤建立评价数学模式并进行评价；

⑥环境质量现状评价结论；

⑦提出保护与改善环境的对策与建议。

2）**评价标准**

以国家颁发的环境卫生标准作为评价依据，监测有害物质是否超过国家规定的标准。

3）**评价方法**

环境质量现状评价方法很多，不同对象的评价方法又不完全相同，依据简明、可比、可综合的原则，环境质量评价一般采用指数法。指数法又分单项污染指数法和综合污染指数法。

（1）单项污染指数法

$$P_i = \frac{C_i}{S_i}$$

式中，P_i—— 环境中污染物；

i—— 单项污染指数；

C_i—— 环境中污染物 i 的实测数据；

S_i—— 污染物 i 的评价标准。

当 $P_i < 1$ 时，未污染，判定为合格；当 $P_i > 1$ 时，污染，判定为不合格。

（2）综合污染指数法

$$P_{综} = \sqrt{\left(\frac{C_i}{S_i}\right)^2_{max} + \left(\frac{C_i}{S_i}\right)^2_{ave/2}}$$

式中，$\left(\dfrac{C_i}{S_i}\right)_{max}$——污染物中污染指数最大值；

$\left(\dfrac{C_i}{S_i}\right)_{ave/2}$——污染指数的平均值。

当 $P_{综} < 1$ 时，未污染，判定为合格；当 $P_{综} > 1$ 时，污染，判定为不合格。

4）**评价报告**

（1）前言　包括评价任务缘由，产品特点、生产规模及发展计划与规划。

（2）环境质量现状调查　主要对自然环境状况、主要工业污染源进行调查，对产地环境现状进行初步分析。

自然环境状况包括地理位置、地形地貌、土壤类型、土壤质地及气候气象条件、生物多样性及水系分布情况等。工业污染源主要包括乡镇、村办工矿企业的“三废”排放情况等。产地环境现状初步分析主要根据实地调查及收集的有关基础资料、监测资料等，对场区及其周边环境质量状况做出初步分析。

（3）环境质量监测　包括布点原则和方法，采样方法、样品处理、分析项目与分析方法、分析测定结果等。

（4）环境质量现状评价　包括评价所采用的模式及评价标准,并对监测的结果进行定量与定性分析。

（5）提出环境综合防制的对策及建议。

复习思考题

1. 畜牧场的环境保护意义是什么？
2. 畜牧生产污染环境的原因是什么？
3. 养殖场粪污处理的原则是什么？
4. 畜牧场粪便及污水的无害化处理方法和合理利用途径有哪些？
5. 怎样做好养殖场综合灭鼠灭蝇工作？
6. 畜牧场环境消毒的基本要求、消毒种类及方法有哪些？
7. 畜牧场的环境监测内容、方法有哪些？
8. 制订一份某鸡场或猪场的消毒防疫制度。
9. 写一份本地区某场的环境质量评价报告。

实验实训

实验实训 1　空气环境气象指标的测定

[技能目标]

要求学生熟练掌握畜舍空气温度、湿度、气流、气压的测定方法,熟悉常用仪器的构造、工作原理和使用技巧。为畜禽的温热环境的评价工作打下基础。

[实训准备]

(1)仪器设备、材料与工具　普通温度表、最高温度表、最低温度表、半导体点温度计、自记温度计,干湿球温湿度表、通风干湿球温度表,热球式电风速仪、空盒气压表。

(2)实训场所　猪舍、鸡舍、牛舍。

[仪器使用]

1)温度表

(1)普通温度表　温度表由球部和表身组成,可分为水银温度表和酒精温度表两种。水银和酒精具有不同的热胀冷缩特性,水银的沸点高(356.9 ℃),冰点也高(-38.9 ℃),适用于测定较高温度;酒精的冰点低(-117.3 ℃),适用于测定较低温度。气温的表示方法一般用摄氏(T,℃)和华氏(K,℉)温度。摄氏温度冰点为 0 ℃,沸点为 100 ℃,中间分为 100 等分;华氏温度冰点为 32 ℉,沸点为 212 ℉,中间分为 180 等分。摄氏和华氏温度的换算公式如下:

$$T = (K-32) \times (5/9) \quad 或(K-32) \div 1.8$$
$$K = T \times (9/5) + 32 \quad 或 T \times 1.8 + 32$$

温度表通常有一定误差,使用前应与标准温度表或经校正过的温度表在同一温度环境内测试比较,得出校正值后,才正式使用。

(2)最高温度表　是一种水银温度表,构造与普通温度表相似,只是在毛细管与球部之间有一狭窄处,类似于体温表。温度升至高峰后回落时,因水银所收缩的内聚力小于狭窄处的摩擦力,于是毛细管内的水银不能回到球部。狭窄处以上水银柱顶端所指示的温度,即过去某段时间内的最高温度。

温度表应水平放置在观测地点,每次观测后,须对该表进行调整。方法是用手握住表身中部,球部向下,伸臂做前后甩动,使毛细管内的水银下落到球部。

(3)最低温度表 是一种酒精温度表,在毛细管中有一个能在酒精柱内游动的有色(蓝色)玻璃游标。当温度上升时,游标不被酒精带动,而当温度下降时,因酒精的表面张力大于游标与毛细管壁间的摩擦力,凹形酒精表面即将游标向球部吸引,因此可以测量一定时间内的最低温度。

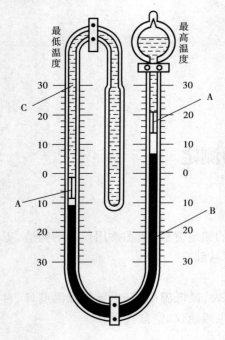

图实.1 最高最低温度表

A.游标 B.水银 C.酒精

每次观测后,应将温度表球部抬高,使游标在毛细管内滑动,至其顶端与酒精柱弯月面接触为止。然后将温度表水平放置在观测地点。

(4)最高最低温度表 这种温度表用以测定某段时间内的最高温度和最低温度。温度表由 U 形玻璃管构成(图实.1)。U 形管的底部充满水银,左侧管上部充满酒精,右侧管上部及球部的上部为气体。两侧管内的水银面上方各有一蓝色含铁游标,游标两侧有弹簧卡在管壁上,以稳定游标的位置。当温度上升时,左侧管内酒精膨胀,压迫水银柱向右侧移动,同时推动右侧水银面上方的游标上升。温度下降时,左侧管内的酒精收缩,右侧球部的受压气体迫使水银向左侧移动,左侧管内水银面上方的游标被推动上升,右侧的游标则停留在原地不动。因此,左侧游标的下端即指示出过去某段时间内的最低温度,右侧游标的下端指示出某段时间内的最高温度。

每次观测完毕后,用磁铁将两个游标吸引至与水银面接触为止。

(5)半导体点温度计 又称电阻式温度计,结构简单,携带方便,性能稳定。在畜禽卫生工作中常用它来测定畜禽的皮肤温度或畜舍墙壁、畜床等结构的表面温度。

此种温度计主要由微型半导体热敏电阻元件组成,热敏电阻的电阻率随着温度的变化而变化,因此通过电流表的电流也就随温度的变化而不一样。

(6)自动记录温度计 这是一种能连续自动记录温度的仪器,主要由感温器、自记钟与自记笔所组成。

感温器是一个弯曲的双层金属薄片,一端固定,一端连接杠杆系统。当气温升高时,由于两种金属的膨胀系数不同,使双金属薄片稍伸直;气温下降时,则稍弯曲,通过杠杆,使记录笔升降而将温度变化曲线画在自记纸上。自记钟的内部构造与钟表相同,上发条以后每日或每周转一圈,钟筒外装上记录纸,此纸与笔尖相接触,因而可画出 1 d 或 1 周的气温曲线。记录笔笔杆与杠杆系统相连,笔头有储藏墨水的水池,笔尖与圆筒上的记录纸接触,随着记录圆筒的转动而划出温度曲线。

这种温度计使用很方便,但没有水银温度计那样准确,故需要经常用标准温度计校正。

2）湿度表

（1）干湿球温湿度表　这种温湿度表是由两支50℃的普通温度表组成，其中一支的球部裹以清洁的脱脂纱布，纱布下端浸在水槽中（叫湿球），另一支不包纱带（叫干球）。由于蒸发散热的结果，湿球所示的温度较干球所示温度低，其相差度数与空气中相对湿度成一定比例。生产现场使用最多的是简易干湿球温度计，而且多用附带的简表求出相对湿度（附录2）。

（2）通风干湿球温度表　构造原理与干湿球温湿度表相似，但又有其特殊结构部分（图实.2）。它具有银白色外壳，有双层金属管装置，仪器上端装有一个带发条的通风器（通风器的风速为 4 m/s），由于有这些特殊装置，所以能测得较精确的温度与湿度。

3）热球式电风速仪

由测杆探头和测量仪表两部分组成（图实.3）。测杆探头有线型、膜型和球型等三种，球形探头装有两个串联的热电偶和加热探头的镍铬丝圈。利用热电偶在不同的条件下散热量不同，因而其温度下降也不同。温度升高的程度与风速呈现负相关，风速较小时则升高的程度大，反之升高的程度小。升高的大小通过热电偶在电表上指示出来。将测头放在气流中即可直接读出气流速度。其特点是使用方便，灵敏度高，反应速度快，最小可以测量0.05 m/s的微风速。

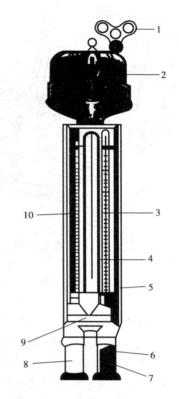

图实.2　阿司曼通风干湿球温度表
1. 钥匙　2. 风扇外壳　3. 水银温度表
4. 金属总管　5. 护板　6. 外护管
7. 内管　8. 外护管　9. 塑料箍
10. 水银温度表

4）空盒气压表

是根据密封金属空盒（盒内近于真空）随气压高低的变化而压缩或膨胀的特性测量大气压强。由感应、传递和指示三部分组成。当大气压力增加时，盒面凹陷，大气压降低时，盒面得到恢复或膨胀，这种变化借杠杆作用传递到指针上，指针周围标有刻度，指针所指的刻度就是当时大气压数值。

［操作方法］

1）气温测定方法

（1）室外温度测定　将温度计置于空旷地点，离地面 2 m 高的白色百叶箱内，或使用通风干湿球温度表测定，这样可防止其他干扰因素对温度计的影响。

（2）舍内温度测定　测温仪表放在不受阳光、火炉、暖气等直接辐射热影响的地方，并尽量排除其他干扰因素的影响。一般放置在畜舍的中央，散养舍置于休息区。距地的高度以畜禽头部高度为准，马、牛舍为 1~1.5 m，猪、羊舍为 0.2~0.5 m，平养鸡舍 0.2 m，笼养鸡舍为笼架中央高度，中央通道正中鸡笼的前方。

如果要了解舍内温度差或获得平均舍温，应尽可能多设观测点，以测定其水平温差和垂直温差。一般在水平上采用"三点斜线"或"五点梅花形"测定点方法，即除畜舍中央测点外，沿舍内对角线在取两墙角处2点，或在舍四角取四个点共5个点进行测定。墙角处取点应设

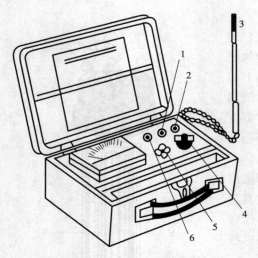

图实.3　热球式电风速仪
1.零位粗调　2.零位细调　3.测杆探头
4.校正开关　5.测杆插座　6.满度细调

在距墙面 0.25 m 处。在每个点又可设垂直方向 3 个点，即距地面 0.1 m 处，畜舍高度的 1/2 处和天棚下 0.2 m 处。

此外，根据需要还可选择不同位置进行测定。例如，猪的休息行为占 80% 以上，在厚垫草养猪时，垫草内的温度才是具有代表性的环境温度值。

（3）读数方法　观察温度表的示数应在温度表放置 10 min 后进行。为了避免发生误差，在观察温度表示数时，应暂停呼吸，尽快先读小数，后读整数，视线应与示数在同一水平线上。畜舍内气温一般应每天测 3 次，即早晨 8 点、下午 2 点、晚上 8 点。

2）气湿的测定方法

湿度表放置的位置与温度计相同。

（1）使用干湿球温湿度表测定

①先将水槽注入 1/3 ~ 1/2 的清洁水，再将纱布浸于水中，挂在空气缓慢流动处，15 ~ 30 min 后，先读湿球温度，再读干球温度，计算出干湿球温度之差。

②转动干湿球温度计上的圆筒，在其上端找出干、湿球温度的差数。在实测干球温度的水平位置做水平线与圆筒干湿差相交点读数，即为相对湿度。

③或者查附录 2 的湿度查算表求得相对湿度。

（2）使用通风干湿球温度表测定

①夏季测量前 15 min，冬季 30 min，将仪器放置测量地点，使仪器本身温度与测定地点温度一致。在户外测定时，如风速超过 4 m/s，就应将防风罩套在风扇外壳的迎风面上，以免影响仪器内部的吸入风速。

②用吸管吸取蒸馏水送入湿球温度计套管盒，湿润温度计感应部的纱布。

③用钥匙上满发条，将仪器垂直挂在测定地点，如用电动通风干湿表则应接通电源，使通风器转动。

④通风 3 ~ 5 min 后读干、湿温度表所示温度。先读干球温度，后读湿球温度。

查附录 2 可得相对湿度，也可按公式计算绝对湿度（水汽压）与相对湿度。

$$p_w = p_s - a(t - t')p$$

$$H_r = \frac{p_w}{p_s} \times 100\%$$

式中，p_w——绝对湿度（水汽压）（kPa）；

p——湿球所示温度时的饱和水汽压，kPa（查仪器所附表格）；

a——湿球系数（查仪器所附表格）；

t——干球所示温度（℃）；

t'——湿球所示温度（℃）；

p——测定时的大气压（kPa）；

H_r——相对湿度(%)。

3)气流的测定方法

(1)气流方向(风向)测定　室外风向常用风向仪直接测定。

畜舍内气流较小,可用氯化氨烟雾来测定方向,即用两个口径不等的玻璃皿(杯),其中一个放入氨液,另一个加入浓盐酸,各20~30 mL,将小玻皿放入大玻皿中,立即可以呈现指示舍内气流方向的烟雾。使用蚊香或纸烟燃烧后的烟雾也可以指示舍内气流方向。

(2)气流速度测定　畜舍内气流较弱(0.3~0.5 m/s),用热球式电风速仪测定。操作步骤如下:

①使用前,轻轻调整电表上的机械调零螺丝,使电表指针指于零点。

②将"校正开关"置于"断"的位置。

③插上测杆插头,测杆垂直向上放置,将测杆塞压紧使探头密封,将"校正开关"置于"满度"位置,慢慢调整"满度"调节旋钮,使电表指针达到满刻度位置。

④将"校正开关"置于零位,调整"粗调"和"细调"两旋钮,使电表指在零点位置。

⑤轻轻拉动测杆塞,使测杆探头露出,测杆拉出的长短,可根据需要选择,将探头上的红点面对准风向,根据电表上读数查阅校正曲线,求得风速值。

⑥每测量5~10 min后,须重复②~④步骤进行校正。

⑦测量完毕,将测杆塞压紧使探头密封于杆内,并将"校正开关"置于"断"的位置,取出电池,以免电池潮解而损坏仪器。

4)气压的测定方法

(1)仪器校准　空盒气压计每隔3~6个月校准一次,可用标准水银气压表进行校准,求出空盒气压表的补充订正值。

(2)现场测量　打开气压表盒盖后,先读附属温度计,准确到0.1 ℃,轻敲盒面(克服空盒气压机械摩擦),待指针摆动静止后读数。读数时视线需垂直刻度面,读数指针尖端所示的数值应准确到0.1 kPa。

［实训作业］

①所测畜舍的环境气象指标测量报告,分析测定中产生误差的原因。

②在温度、湿度测定中要注意哪些方面?

实验实训2　空气中有害气体的测定

［技能目标］

使学生了解测定畜舍有害气体的化学试剂配制方法,掌握畜舍中气体的采集方法,熟练掌握有害气体的测定及控制方法,为畜舍空气卫生评定提供依据。

［实训准备］

(1)仪器设备　大气采样器、二氧化碳测定器。

(2)材料用具　乳胶管、吸收管架、检气管、移液管、滴定管、滴定台和干燥箱。

(3)实训场所　猪舍、鸡舍、牛舍。

（4）试剂　分别见各测定项目。

[仪器使用]

进行空气中有害气体的测定,首先要进行空气样品的采集,而样品采集的工具就是大气采样器。大气采样器由收集器、流量计和抽气动力三部分组成,如图实.4,实.5 所示。

收集器一般多采用吸收管,它盛有吸收液,用以采集液态或蒸汽态的有害物质的样品。吸收管种类很多,常用的有气泡吸收管、冲击式吸收管和多孔筛板吸收管,如图实.4 所示。

流量计是用来测量空气流量的仪器,常用的有孔口流量计、转子流量计和湿式流量计等。

采用真空定量管采样不需要动力。小流量采样动力多为微电机带动薄膜泵,如 CD-1 型携带式气体采样器,如图实.5 所示等。使用方法参阅仪器出厂说明书。采样时的注意事项如下:

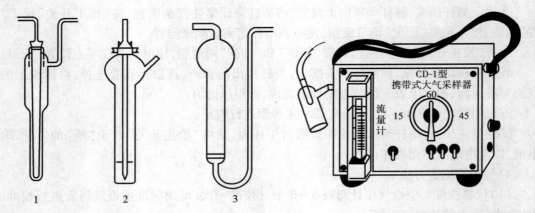

图实.4　气体吸收管
1.气泡吸收管　2.冲击式吸收管　3.多孔筛板吸收管

图实.5　CD-1 型大气采样器

①采样点的高度。一般以畜禽呼吸带为准,离地高度与温度测量相同。在测定畜舍通风装置效果时,应在有通风装置和无通风装置时采样,并在通风前后分别采样测定。

②测定前检查仪器,采样时,应在同一地点同时至少采两个平行样品,两个平行样品结果之差,不应超过 20%。

③采样时做好详细记录,包括采样时间、地点、编号、采样方法等;有害物质名称、采气速度、采气量;采气时的气温和气压。采样气体体积 V_1(L)应根据采样时的气温 t(℃)和气压 p(kPa),换算成标准状态下的体积 V_0(L)。

$$V_0 = \frac{273 \times V_1 \times p}{101.325 \times (273 + t)}$$

④及时送检。

[操作方法]

1)二氧化碳的测定

（1）测定原理　利用过量的 $Ba(OH)_2$ 来吸收空气中的 CO_2,氢氧化钡与空气中 CO_2 形成 $BaCO_3$ 白色沉淀。然后用草酸溶液滴定剩余的 $Ba(OH)_2$ 而求得 CO_2 含量。

（2）试剂

①氢氧化钡溶液。称取 7.16 g 氢氧化钡[$Ba(OH)_2 \cdot 7H_2O$]置于 1 000 mL 容量瓶中,加

蒸馏水至刻度,此溶液 1 mL 可结合 CO_2 1 mg。此吸收液应在采样前两天配制,密封保存,避免接触空气。采样时吸上清液作为吸收液。

②草酸标准溶液。准确称量草酸($C_2H_2O_4 \cdot H_2O$)2.863 6 g,置于 1 000 mL 容量瓶中,加蒸馏水至刻度,此溶液 1 mL 与 CO_2 1 mg 相当。

③1% 酚酞酒精溶液。

(3)操作方法

①采样。取喷泡式吸收管(如图实.6 所示)1 个,用乳胶管把上端口与玻璃管连接,用双联球排出内部原有气体,然后迅速从装有氢氧化钡溶液的二氧化碳测定器如图实.6 所示中向喷泡式吸收管放入 20 mL 氢氧化钡溶液。把吸收管侧面管口接到大气采样器上,打开胶管夹,把大气采样器计时旋钮按反时针方向拨至 4 min,并迅速将转子流量计调节到 0.5 L/min。采样结束,取下吸收管,静置 1 h,取样滴定。采样时同时记录气温和气压。

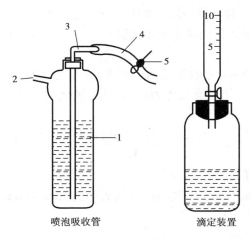

图实.6 二氧化碳测定器
1. 吸收液 2. 连接大气采样器 3. 玻璃管 4. 乳胶管 5. 夹子

②氢氧化钡的标定。把滴定装置开口与钠石灰管相连,驱除其中空气,然后在滴定装置中迅速加入 5 mL 氢氧化钡溶液(A_1)和 1 滴酚酞指示剂,使溶液呈红色,迅速盖上带滴定管的瓶塞,在上部小滴定管中加入草酸标准溶液(切勿超过刻度)进行滴定,直到红色刚褪为止,记下草酸用量(C_1)。

③吸收液的滴定。用移液管吸取沉淀后的吸收液上清液 9 ~ 10 mL,迅速而准确地将其中 5 mL(A_2)移入滴定装置的瓶中,使溶液恢复红色。再继续用草酸滴定(滴定管中草酸不足时可以补加),使红色再次消退,记下草酸标准液的消耗量(C_2)。

④结果计算。

$$\varphi(CO_2) = \frac{\left(\dfrac{C_1}{A_1} - \dfrac{C_2}{A_2} \right) \times 20 \times 0.509}{V_0} \times 100$$

式中,$\varphi(CO_2)$——空气中二氧化碳体积百分比(%);

A_1,A_2——分别为吸收二氧化碳前后标定和滴定氢氧化钡时的取液量(mL);

C_1,C_2——分别为标定和滴定氢氧化钡时,草酸标准液的消耗量(mL);

20——吸收液的用量(mL);

0.509——二氧化碳由重量换算为容量的系数；

V_0——换算成标准状态下的采样体积(L)。

2)氨气的测定

(1)测定原理 被检空气通过吸氨力较强的硫酸溶液，根据硫酸吸氨前后的浓度之差(用氢氧化钠滴定)，求得空气中氨的含量。

(2)试剂 0.005 mol/L硫酸液；0.01 mol/L氢氧化钠液；1%的酚酞酒精液。

(3)测定步骤

①采样。用5 mL移液管在2个U形气泡吸收管中分别装入5 mL 0.005 mol/L硫酸溶液(干燥条件下一次加入，不能外流)，将2个管串联起来，正确地接到大气采样器上，采样2 L，然后把靠近采样器的2号管反接于1号管，用洗耳球将2号管中的吸收液压入1号管，摇匀后进行滴定。记录采样当地的气温和气压，校正大气采样体积。

②硫酸的标定。用20 mL移液管吸取0.005 mol/L硫酸20 mL于三角瓶中，滴入1～2滴酚酞指示剂，用0.01 mol/L氢氧化钠滴定至出现微红色并在1～2 min内不褪色，记录氢氧化钠用量(A_1)。

③滴定。用移液管吸取5 mL吸收氨后的硫酸液，放入三角瓶中，加1～2滴酚酞指示剂，用0.01 mol/L氢氧化钠滴定至出现微红色为止，记录氢氧化钠用量(A_2)。

(4)结果计算

$$\rho(NH_3) = \frac{(A_1/20 - A_2/5) \times 10 \times 0.17}{V_0} \times 1\,000$$

式中，$\rho(NH_3)$——空气中氨的含量(mg/m³)；

A_1,A_2——分别为标定硫酸和滴定吸收液时氢氧化钠的用量(mL)；

20——标定时取硫酸量(mL)；

5——滴定时取硫酸量(mL)；

10——吸收液总量(mL)；

0.17——氨的摩尔数，即1 mL 0.005 mol/L硫酸可吸收0.17 mg氨；

V_0——换算成标准状态下的采样体积(L)。

*快速测定法(检气管长度法) 是利用硅胶经过"百里酚蓝—乙醇—硫酸"溶液处理后呈红色，遇氨变为黄色，然后根据变色柱长度测定氨浓度的方法。具有现场使用简便，快速，便于携带和灵敏等优点。

(1)仪器和设备 5 L或10 L塑料袋；10 mL注射器；100 mL注射器。

(2)试剂

①硅胶。原色硅胶用盘磨机磨碎，筛取0.30～0.44 mm的颗粒，置于带回流装置的烧瓶中，加1∶1硫酸、硝酸混合液于硅胶表面1～2 cm，在沸水浴上回流8～16 h，冷却，倾去酸液，用热水浸泡去余酸，再用煮沸蒸馏水浸泡，抽滤洗涤至浸泡过夜的蒸馏水的pH值达到5以上，用氯化钡比浊法检定无硫酸根离子时为止。硅胶洗好后在110 ℃烘箱中干燥，使用前再在320～400 ℃高温电炉中活化24 h，活化后装在干燥清洁玻璃瓶中密封保存。

②0.05%百里酚蓝—乙醇溶液。

③1∶6硫酸。

(3)检气管和浓度标尺的制备

①指示胶的制备。在蒸发皿中加入 12 mL 百里酚蓝—乙醇溶液 0.1 mL 和 1∶6 硫酸,混合均匀。加入 15 g 活化硅胶,搅匀,于无氨环境中放置 2 h,每隔 0.5 h 搅拌一次,干燥好的指示胶置于干燥器中冷却后,装管。

②检气管的制备。将洁净的玻璃管(内径 1.2～1.3 mm,长 120 mm)一端熔封,先以少量玻璃棉塞入已熔封一端,加入指示胶 60 mm,轻轻弹动,使指示胶装紧,最后装入少量玻璃棉固定之,立即熔封保存备用。

③氨标准气体的制备。用注射器从浓氢氧化铵瓶口吸取氨注入塑料袋中,然后通入清洁空气稀释,用氨的纳氏试剂比色法测定塑料袋中氨的浓度,得到已知浓度的氨标准气体。

④浓度标尺的制备。用 100 mL 注射器抽取一定量已知浓度的氨气体,用清洁空气稀释至 100 mL,配成氨浓度为 10,30,50,100,500,1 500 mg/m³ 的气体,取检气管连接在此注射器上,用另一注射器以 2 mL/s 的速度,分别将 100 mL 气体抽过检气管,量取变色柱的长度。根据氨的浓度和变色柱长度绘制标准曲线,然后制备浓度标尺。

(4)测定步骤　在测定地点将检气管两端挫断,与 100 mL 注射器连接,以 2 mL/s 的速度,抽取 100 mL 被测气体。用浓度标尺量取变色柱长度,读出氨的浓度。

3)硫化氢的测定

(1)测定原理　硫化氢通过碘溶液形成碘氢酸,用硫代硫酸钠测定碘溶液吸收硫化氢前后之差,求得空气中硫化氢的含量。

(2)试剂

① 0.1 mol/L 碘液。称取碘化钾 2.5 g,溶于 15～20 mL 蒸馏水中,再精确称取碘 1.269 2 g 倒入 1 000 mL 容量瓶中,将碘化钾液也倒入同一容量瓶中振摇,使碘全部溶解后,加蒸馏水至刻度,保存于褐色玻璃瓶中备用。

② 0.005 mol/L 硫代硫酸钠。称取化学纯的硫代硫酸钠 2.481 0 g,倒入 1 000 mL 容量瓶中,加部分蒸馏水使其全部溶解后,再加蒸馏水至刻度。硫代硫酸钠能吸收空气中的二氧化碳,应定期用 0.01 mol/L 碘液进行标定。

③ 0.5% 淀粉溶液。称取可溶性淀粉 0.5 g,溶于 10 mL 凉蒸馏水的试管中,再倒入装有 90 mL 煮沸的蒸馏水的烧杯中,煮沸,冷却后即可使用。最好在用前配制。需要保存时可加入 0.5 mL 氯仿防腐。

(3)测定步骤

采样方法与氨的测定相同。3 个气泡吸收管中各装碘液 20 mL。以 1 L/min 的流量采气 40～60 L。采气完毕,将 3 个吸收管中的碘吸收液倒入 200 mL 容量瓶中,用少量蒸馏水分别洗涤 3 个洗气瓶后,一起倒入容量瓶中,最后加蒸馏水至刻度。

取上述稀释后的吸收液 50 mL 于锥形瓶中,用 0.005 mol/L 硫代硫酸钠液滴定至红褐色消退为淡黄色时,加入淀粉液 0.5 mL,振荡后继续滴定至完全无色为止,记录硫代硫酸钠的用量(V_2)。用未吸收过硫化氢的 0.01 mol/L 碘液 15 mL 按上述方法,记录硫代硫酸钠的用量(V_1)。

(4)结果计算

$$\rho(H_2S) = \frac{(V_1 - V_2) \times n \times 0.34}{V_0} \times 1\ 000$$

式中,$\rho(H_2S)$ ——空气中硫化氢的含量(mg/m³);

V_1，V_2——分别为空白滴定与吸收液的滴定中代硫酸钠的用量（mL）；

n——吸收液容量总量为取液量的倍数（即 200 mL/50 mL，$n=4$）；

0.34——1 mL 碘液，相当于 0.34 mg 硫化氢；

V_0——换算成标准状态下的采样体积（L）。

[实训作业]

撰写检测报告，根据对的养殖场检测结果评价该畜舍的空气污染情况，提出改进措施。

实验实训3　饲料中有机磷和氨基甲酸酯类农药的检测

[技能目标]

掌握饲料中有机磷农药的检测方法。

[实训准备]

（1）仪器　恒温箱，常量天平，分析天平，分光光度计。

（2）试剂

①固化有胆碱酯酶和靛酚乙酸酯试剂的纸片（速测卡）；②pH 值为 7.5 的缓冲溶液：分别取 15.0 g 磷酸氢二钠[$Na_2HPO_4 \cdot 12H_2O$]与 1.59 g 无水磷酸二氢钾[KH_2PO_4]，用 500 mL 蒸馏水溶解；③pH 值为 8.0 的缓冲溶液：分别取 11.9 g 无水磷酸氢二钾与 3.2 g 磷酸二氢钾，用 1 000 mL 蒸馏水溶解；④显色剂：分别取 160 mg 二硫代二硝基苯甲酸（DTNB）和 15.6 mg 碳酸氢钠，用 20 mL 缓冲溶液溶解，于 4 ℃冰箱中保存；⑤底物：取 25.0 mg 硫代乙酰胆碱，加 3.0 mL 蒸馏水溶解，摇匀后置 4 ℃冰箱中保存备用。保存期不超过两周；⑥乙酰胆碱酯酶：根据酶的活性情况，用缓冲溶液溶解，3 min 的吸光度变化 A_0 值应控制在 0.3 以上。摇匀后置 4 ℃冰箱中保存备用，保存期不超过 4 d。

（3）可能被有机磷和氨基甲酸酯类农药污染的饲料

[检测原理]

在一定的条件下，胆碱酯酶可催化靛酚乙酸酯（呈红色）水解为乙酸与靛酚（呈蓝色），有机磷或氨基甲酸酯类农药对胆碱酯酶有抑制作用，使其催化、水解、变色的过程发生改变，用分光光度计在 412 nm 处测定吸光度随时间的变化值，通过抑制率的计算判断出样品中是否有高剂量有机磷或氨基甲酸酯类农药的存在。

[检测方法]

1）快速检测法

①取样研碎，取 5 g 放入带盖瓶中，加入 10 mL pH 值为 7.5 的缓冲溶液，振摇 50 次，静置 2 min。

②取一片速测卡，用白色药片蘸取提取液，在 37 ℃恒温箱中放置 10 min 进行预反应，预反应后的药片表面必须保持湿润。

③将速测卡对折，在恒温箱中恒温 3 min，使红色药片与白色药片叠合反应。

④每批测定应设一个缓冲液的空白对照卡。

⑤结果判定:与空白对照卡比较,白色药片不变色或略有浅蓝色均为阳性结果。白色药片变为天蓝色或与空白对照卡相同,为阴性结果。

2)酶抑制率法(分光光度法)

①取样研碎,取 1 g,放入烧杯或提取瓶中,加入 5 mL pH 值为 8.0 的缓冲溶液,振荡 1~2 min,倒出提取液,静置 3~5 min,待用。

②对照溶液测试:于试管中依次加入 2.5 mL pH 值为 8.0 的缓冲溶液、0.1 mL 酶液、0.1 mL 显色剂,摇匀后于 37 ℃放置 15 min 以上(每批样品的时间应一致)。加入 0.1 mL 底物摇匀,立即在 412 nm 处比色池,记录反应 3 min 的吸光度变化值 A_0。

③样品溶液测试:先于试管中加入 2.5 mL 样品提取液,其他操作与对照溶液测试相同,记录反应 3 min 的吸光度变化值 A_t。

④结果的计算与判断。

抑制率(%) = $[(A_0 - A_t)/A_0] \times 100$

当抑制率≥50%时,样品为阳性结果。阳性结果的样品需要重复检验 2 次以上。

另外,饲料农药污染的快速检测仪,可以一次性快速检测多种农药残留物质,操作上比以上两种方法更为简便、快速,特别适合于市场快速检测。

[实训作业]

撰写检测报告,根据饲料污染的情况,分析被污染的原因。

实验实训 4　水质卫生指标检验

[技能目标]

掌握水样的采集、保存和化学分析的基本技能,为选择和评定水质打下基础。

[实训内容]

1)水样的采集和保存

(1)水样采集　供理化检验用的水样应有代表性,采集、储运过程不改变其理化特性。一般采集 2~3 L。

采集水样的容器,以硬质玻璃瓶或塑料瓶为宜。水样中含油类时用玻璃瓶,测定金属离子时用塑料瓶为好。供细菌卫生学检验用的水样,所用容器必须先消毒杀菌,并需保证水样在运送、保存过程中不受污染。

采集自来水及具有抽水设备的井水时,应先放水数分钟弃之不用,使积留于水管中的杂质流去,然后再将水样收集于瓶中。采集无抽水设备的井水或江河、水库等地面水的水样时,可将采样器浸入水中,使采样瓶口位于水面下 200~300 mm,然后拉开瓶塞,使水进入瓶中。水样采集器如图实.7 所示。

(2)水样保存　采样和分析的间隔时间尽可能缩短,某些项目的测定,应现场进行,如 pH 值和浊度等。有的项目则需在采集的水样瓶中加入适当的保存剂。如加酸保存可防止重金属形成沉淀和抑制细菌对一些项目影响;加碱可防止氰化物等组分挥发;低温保存可以抑制细菌的作用和减慢化学反应的速率等。

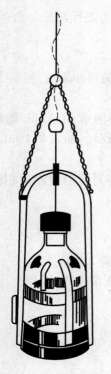

图实.7　水样采集器

2）水的物理性状指标的检测

（1）颜色　以烧杯盛水样于白色背景上，以肉眼直接观察水的颜色。若水样浑浊，应先静置澄清或离心沉淀后观察上清液的颜色。一般以描述法表示，如无色、淡黄色、黄色、深黄色、棕黄色、黄绿色等。定量测定可用铂钴标准比色法或铬钴标准比色法，以"度"表示。

（2）臭和味　取 100 mL 水样，置于 250 mL 三角瓶中，振荡后从瓶口嗅水的气味。必要时将水样加热至沸腾，稍冷后嗅气味和尝味。记录在常温与煮沸时有无异臭和异味。如有，则用适当词句描述之：臭——泥土臭、腐败臭、鱼腥臭、粪便臭、石油臭等，味——苦、甜、酸、涩、咸等，也可按六级表示其强度。

（3）浑浊度　取水样直接观察，按透明、微浑浊、浑浊、极浑浊等情况加以描述。也可取水样于比色管中，与浑浊度标准液进行比较，用相当于 1 mg 白陶土在 1 L 水中所产生的浑浊程度作为 1 个浑浊度单位，以"度"表示。

（4）肉眼可见物将水样摇匀，直接观察，记录。

3）水的化学指标的测定

（1）pH 值测定

① pH 值电位计法。

〔仪器〕　精密酸度计。

〔试剂〕　pH 标准缓冲溶液甲（苯二甲酸氢钾在 105 ℃烘干 2 h，称取 10.21 g 溶于纯水，稀释至 1 000 mL）；pH 标准缓冲液乙（称取磷酸二氢钾和 355 g、磷酸二氢钠 346 g，溶于纯水中，并稀释至 1 000 mL）；pH 标准缓冲液丙（称取 3.81 g 硼酸钠，溶于纯水中，并稀释至 1 000 mL）。三种标准缓冲溶液的 pH 值在 20 ℃时，分别是 4.00，6.88，9.22。

〔步骤〕　玻璃电极在使用前放入纯水中浸泡 24 h 以上；用 pH 标准缓冲溶液甲、乙、丙检查仪器和电极是否正常；用接近于水样 pH 值的标准缓冲溶液校正仪器刻度；用纯水淋洗两电极数次，再用水样淋洗 6~8 次，然后插入水样中，1 min 后直接从仪器上读出 pH 值。

② pH 试纸法。使用广泛 pH 试纸或者精密 pH 试纸，伸入水样数秒钟，与标准色板对照，即可测出水样 pH 值，方法简易，但不够精确。

（2）总硬度测定

〔原理〕　乙二胺四乙酸二钠（EDTA）在 pH 值为 10 的条件下，与水样中钙、镁离子生成无色可溶性络合物，指示剂络黑 T 则与钙、镁离子生成紫红色络合物。用 EDTA 滴定使络黑 T 游离出来，溶液即由紫红色变为蓝色。

〔用具〕　10 mL 或者 25 mL 滴定管，125 mL 三角瓶。

〔试剂〕　0.01 mol/L EDTA 标准溶液（称取 3.72 g EDTA，溶于纯水中，稀释至 1 000 mL）；锌标准溶液（称取 0.6~0.8 g 的锌粒，溶于 1∶1 盐酸中，水浴溶解，计算锌的摩尔浓度）；Mg-EDTA 缓冲溶液（16.9 g 氯化铵溶于 143 mL 浓氢氧化铵中配成 pH 值为 10 缓冲液，称取 0.78 g 硫酸镁及 1.178 g EDTA 溶于 50 mL 纯水中，加入 2 mL 上述 pH 值为 10 的缓冲溶液和 5 滴络黑 T 指示剂。用 EDTA 溶液滴定至溶液由紫红色变为天蓝色，加入余下 pH

值为 10 的缓冲溶液,并用纯水稀释至 250 mL,如溶液又变为紫色,在计算结果时应扣除试剂空白)。

[步骤]

① EDTA 溶液标定。吸取 25 mL 锌标准溶液于 150 mL 三角瓶中,加入 25 mL 纯水,加氨水调至近中性,再加 2 mL 缓冲溶液及 5 滴络黑 T 指示剂,用 EDTA 溶液滴定至溶液由紫红色变为蓝色,按下式计算 EDTA 溶液浓度:

$$EDTA\text{-}2Na \text{ 溶液的浓度}(mol/L) = m\ V_1/\ V_2$$

式中,m_1——锌标准溶液的浓度(mol/L);

V_1——锌标准溶液的体积(mL);

V_2——EDTA 溶液体积(mL)。

② 水样测定。吸取 50 mL 水样于 150 mL 三角瓶中,加入 0.5 mL 盐酸羟胺溶液及 1 mL 硫化钠溶液。加入 1~2 mL Mg-EDTA 缓冲溶液及 5 滴络黑 T 指示剂,立即用 EDTA 标准溶液滴定,溶液由紫红色变成蓝色即为终点。

③ 计算。

$$TH = c\ V_1 \times 50.05/\ V_2$$

式中,TH——水样的总硬度(mg/L);

C——EDTA 溶液浓度(mol/L);

V_1——EDTA 溶液的消耗量(mL);

V_2——水样体积(mL)。

(3)氨氮测定(简化纳氏比色法)

[原理]　在碱性条件下,氨与纳氏试剂生成黄至棕色化合物,其色度与氨氮含量成正比。

[用具]　500 mL 全玻璃蒸馏器、试管、标准色列。

[试剂]

①氨氮标准液。将氯化铵在 105 ℃烘烤 1 h,冷却后称取 0.381 9 g,溶于纯水中,定容至 100 mL。吸取 1 mL 此溶液,用纯水定容到 100 mL,此溶液 1.00 mL 含 0.01 mg 氨氮。

②酒石酸钾钠(粉)。

③纳氏试剂。称取 50 g 碘化钾,溶于 50 mL 无氨蒸馏水,向其中逐滴加入氯化汞饱和溶液(25 g 氯化汞溶于热的无氨蒸馏水中),直至生成的碘化汞红色沉淀不再溶解为止。再向其中加入氢氧化钾溶液(150 g 氢氧化钾溶于 300 mL 无氨蒸馏水中),最后用无氨蒸馏水稀释至 1 L。再追加 0.5 mL 氯化汞饱和溶液。盛于棕色瓶中,用橡皮塞塞紧,避光保存。静置后,使用其上层澄清液。

④无氨蒸馏水。每升蒸馏水中加入 2 mL 浓硫酸和少量高锰酸钾,蒸馏,收集蒸馏液。

[步骤]

①取水样 4 mL 于小试管中。

②另取小试管 6 支,分别加入氨氮标准溶液 0,0.1,0.2,0.4,0.8,2.0 mL,加无氨蒸馏水至刻度(4 mL)。

③向各管加入酒石酸钾钠粉末 1 小匙(2~3 粒大米容积),混匀使其充分溶解。

④向各管加入纳氏试剂 1~2 滴,混匀,放置 10 min 后比色。

⑤按表实.1 确定水样中氨氮含量。如现场测定无条件配制标准色列,可按表实.1 第 4,5

列试管侧面和上面观察的颜色,以概略定量符号表示。

表实.1 氨氮测定比色列

管 号	加标准溶液量/mL	氨氮含量/(mg·L⁻¹)	从试管侧面观察	从试管上面观察	概略定量符号
1	0	0	无色	无色	−
2	0.1	0.25	无色	极弱黄色	+/−
3	0.2	0.50	极弱黄色	浅黄色	+
4	0.4	1.00	浅黄色	明显黄色	+ +
5	0.8	2.00	明显黄色	棕黄色	+ + +
6	2.0	5.00	棕黄色	棕黄色沉淀	+ + + +

(4)亚硝酸盐氮测定(简化重氮化偶合比色法)

[原理] 亚硝酸盐与格氏试剂生成紫红色化合物,其颜色深浅与亚硝酸盐氮量成正比。

[用具] 试管、移液管、标准色列。

[试剂]

①亚硝酸盐氮标准溶液。称取干燥分析纯亚硝酸钠 0.246 2 g,溶于少量水中,倾入 1 L 容量瓶内,加蒸馏水至刻度。临用时取此溶液 1.0 mL,加蒸馏水稀释至 100 mL。此溶液 1.00 mL 相当于 0.000 5 mg 亚硝酸盐氮。

②格氏试剂。称取酒石酸 8.9 g、对氨基苯磺酸 1 g、α-萘胺 0.1 g、磨细混合均匀,保存于棕色瓶中。

③无亚硝酸盐氮的蒸馏水。取普通蒸馏水,加氢氧化钠呈碱性,蒸馏,收集蒸馏液。

[步骤]

①取水样 4 mL 于小试管中。

②另取小试管 6 支,分别加入亚硝酸盐氮标准溶液 0,0.05,0.16,0.8,2.4,4.0 mL,加无亚硝酸盐氮的蒸馏水至刻度(4 mL)。

③向各管加入格氏试剂一小匙,摇匀,使其溶解,放置 10 min 后观察颜色。

④按表实.2 确定水样中亚硝酸盐氮含量;如现场测定无条件配置标准色列,可按表实.2 第 4,5 列试管侧面和上面观察的颜色,以概略定量符号表示。

表实.2 亚硝酸盐氮测定比色列

管 号	加标准溶液量/ml	亚硝酸盐氮含量/(mg·L⁻¹)	从试管侧面观察	从试管上面观察	概略定量符号
1	0	0	无色	无色	−
2	0.05	0.006	无色	极弱玫瑰红色	+/−
3	0.16	0.02	极弱玫瑰红色	浅玫瑰红色	+
4	0.80	0.1	浅玫瑰红色	明显玫瑰红色	+ +
5	2.40	0.3	明显玫瑰红色	深红色	+ + +
6	4.00	0.5	深红色	极深红色	+ + + +

（5）硝酸盐氮测定（马钱子碱比色法）

[**原理**]　在浓硫酸条件下，硝酸盐与马钱子碱作用，产生黄色化合物（初显樱红色，冷却后转变为黄色）。黄色的深浅基本上和硝酸盐浓度成正比例关系。

[**用具**]　试管、移液管、标准色列。

[**试剂**]　浓硫酸和马钱子碱。

[**步骤**]

①取水样 2 mL 于小试管中。加入约 1.5 mL 浓硫酸，混合，冷却。

②投入少量马钱子碱结晶，用力振荡。此时在水样中形成明显的红色，经过一些时间转变为黄色。

③按表实.3 确定硝酸盐氮概略含量。

表实.3　硝酸盐氮测定比色列

从侧方观察时水样颜色	硝酸盐氮含量/$(g \cdot L^{-1})$
与蒸馏水比较时则能识别出的淡黄色	0.5
刚能看见的淡黄色	1.0
很浅的淡黄色	3.0
浅淡黄色	5.0
淡黄色	10.0
浅黄色	25.0
黄色	50.0
深黄色	100.0

[**实训作业**]

（1）根据检测报告撰写水质分析报告。

（2）根据"三氮"测定结果，分析水质污染的情况，分析被污染的原因（参见表2.4）。

实验实训 5　畜舍采光的测定和计算

[**技能目标**]

掌握畜舍采光的测定和计算方法，评价畜舍内光照环境，为畜舍环境卫生评定打基础。

[**实训准备**]

（1）仪器工具　照度计、卷尺、函数表或计算器。

（2）实训场所　猪舍、鸡舍、牛舍。

[**仪器使用**]

光照度的单位为勒克斯（Lx）。测量光照度的仪器叫照度计。照度计是依据"光电效应"

原理制成。由光电探头(内装硅光电池)和测量表两部分组成(图实.8)。当光电探头曝光时,产生相应的光电流,并在电流表上指示出照度数值。按该仪表正确操作方法如下。

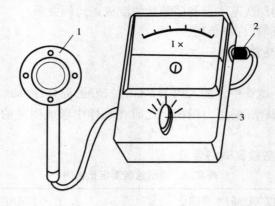

图实.8 照度计
1. 光电探头 2. 插头 3. 量程开关

①在测量前,因不能肯定光照度,为安全慎重起见,量程开关应依次从高档转到低档,以免光电池骤受强光,影响仪器的性能。

②由于光电池具有惯性,在测量之前应将光电池适当曝光一段时间,待电流表的指针稳定后再读数。

③测定时应避免热辐射的影响和人为挡光的影响。

④光电池长期使用,电流变小而逐渐衰减,要经常进行校正。

⑤人工光照度的测定,应当在打开电源开关0.5 h后电压稳定时测定。

⑥测量完毕后,将量程开关置于"关"的位置,并将保护罩盖在光电探头上,拔下插头。

[操作方法]

(1)采光系数的测定与计算 采光系数是窗户有效采光面积和畜舍地面有效面积之比。以窗户所镶玻璃面积为1,求得其比值。先计算畜舍窗户玻璃数,然后测量每块玻璃面积。畜舍地面面积包括除粪道及喂饲道的面积。

如某猪舍舍内地面为40 m×8 m。共有20个窗户,每个窗户有8块玻璃,每块玻璃面积为0.4 m×0.45 m。该舍窗户总有效面积为0.4×0.45×8×20 m² = 28.8 m²;地面面积为320 m²。则采光系数为28.8 : 320 = 1 : 11。

(2)入射角和透光角的测定与计算 如图实.9所示,B是畜舍地面中央的一点,A是窗户上檐,D是窗台,C是墙壁与地面的交点,则∠ABC是入射角,∠ABD是透光角。

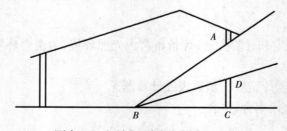

图实.9 入射角、透光角测定示意图

测定入射角时,测量 AC 和 BC 长度,然后根据 $\tan\angle ABC = AC/BC$,计算 $\angle ABC$ 的大小。测定入射角时,先测量 $\angle DBC$,然后计算入射角 $\angle ABD = \angle ABC - \angle DBC$。

(3)光照度的测定 使用照度计测定舍内光照度时,可在同一高度上选择 3~5 个测点进行,测点不能紧靠墙壁,应距墙 10 cm 以上。

[实训作业]

根据畜舍采光系数、入射角、透光角、光照度的测定结果评价该畜舍的采光情况,提出改进意义。

实验实训 6　畜舍通风量的设计和通风效果评价

[技能目标]

要求掌握根据通风量的参数计算畜舍的通风换气量,设计通风方案,学会对畜舍机械通风效果的评价。

[实训准备]

计算器、热球式电风速仪、叶轮风速仪。

[仪器使用]

热球式电风速仪的使用见实验实训 1;使用叶轮风速仪进行测定前,应接通电源,启动风机,当风机转速不断上升达到额定转速后为风机启动完毕。风机启动完毕进入连续运转阶段,才可进行气流速度测定。风机旋转方向应与机壳上箭头所示方向一致,即保证风机正转。

[实训内容]

1)通风换气量设计

(1)确定畜舍通风换气总量 参考 3.2.3,根据家畜的 CO_2 排出量计算通风量

$$L = 1.1 \times mk$$

式中,L——通风换气量(m^3/h);

　　k——每头家畜产生的 CO_2(L/h);

　　m——舍内家畜的头数;

　　1.1——考虑 10% 的损耗。

或者根据表 3.1 确定通风换气总量。

(2)确定安置风机数量

$$N = \frac{L}{Q}$$

式中,N——安置风机数量;

　　L——通风换气量(m^3/h);

　　Q——1 台风机的额定风量(m^3/h)。

(3)其他参数的确定 通风的形式、进出气口的面积及位置、风机的布置等参照 3.2.3。

2)通风效果的评价

(1)计算风管截面的风量 畜舍风管通风量的测定可用热球式电风速仪或叶轮风速仪直

接测定。一般风速小于 2 m/s 时可用热球式电风速仪测定。或按下列公式计算。

$$L = 3\ 600\ F \cdot V$$

式中,L——为通风换气量(m^3/s);

F——为风管面积(m^2);

V——为风管中的风速(m/s),可用风速计直接测定。

在实际测定时,截面位置选得正确与否,直接影响测量结果的准确性。测定截面风速的位置,原则上应选择在气流比较均匀稳定的地方。而且不能用一个点测得的速度代表整个截面的风速,而应测定多个点的风速求出其平均值。

用风速仪测定风口平均风速时,要根据风管截面的形状和尺寸大小,确定测点的数目和测点的距离。通常对于截面积不大的风口,可将风速仪沿整个截面,按一定的路线慢慢地匀速移动,称匀速移动测量法;对于截面积较大的风口,可用定点测量法,即把风口截面划分为 5 ~ 12 个面积相等的小块,在其中心处测量。一般测五个点(梅花形)即可。

风口的平均风速按下式计算:

$$v = \frac{v_1 + v_2 + \cdots + v_n}{n}$$

式中,v——平均风速(m/s);

v_n——各测点的风速(m/s);

n——测定点数。

(2)通风效果的评价和调整 根据总通风量对畜舍空气卫生进行评定。若实际测得的与理论计算的相差较小(在 5 m^3/min 之内)则不需要调整;若相差较大则需要调整通风口的大小或通风口的数量。

[实训作业]

根据对畜舍通风量的测算,对畜舍空气卫生质量进行评定,提出改进方案。

实验实训 7 畜牧场设计图的认识与绘制

[技能目标]

使学生应初步了解建筑图的基本知识,掌握对畜牧场建筑施工图审查的内容和方法,并能设计拟建牧场及畜舍的图纸。

[材料准备]

(1)工具 图板(固定图纸的工具)、丁字尺、三角板、绘图仪(圆规)、比例尺、绘图纸、橡皮、铅笔、刀片等。

(2)资料 各畜舍的总平面图、平面图、立面图、剖面图。预绘制的牧场或畜舍其饲养的畜种、规模、饲养方式、饲养密度、畜舍的跨度要求等资料。

[实训内容]

1)畜舍设计图的认知

工程图的基本知识请参见4.5;图例见附录3。

看图的方法和步骤如下：

（1）图纸的名称　图纸的名称通常载于右下角的图标框中；根据注明，可查知该图属于何种类型和整套图中属哪一部分。

（2）图纸的比例尺、方位、方向及风向频率

（3）顺序和看图方法

①由大到小。看地形图，其次为总平面图、平面图、立面图、剖面图及大样等。

②由表及里。审查建筑物时，先看建筑物的周围环境，再审查建筑物的内部。

③由下而上。审查多层畜舍时，应从第一层开始，依次逐层审查。

④辨认图纸上所有的符号及标记。

⑤查认地形图上的山丘、河流、森林、铁路、公路及工业区和住宅区所在地，并测量其相互间距离。

⑥确认剖面图所剖视的部位。

⑦确定各筑物各部的尺寸，长宽和高度的尺寸，可分别在平面图和立面图或剖面图上查知或测得。

按照上述方法和步骤，对所审查的图纸，由粗而细，再由细而粗，反复研究，加以综合分析，做出卫生评价。

2）畜舍设计图绘制

（1）确定绘制图样的数量　要根据畜舍的外形和内部构造的复杂程度，同时考虑到技术和施工的要求来确定绘制哪几种图样。某些生产上有特殊要求的设施和设备，以及不常见的非标准设计，为方便技术设计和施工，应该绘制详图。应对各栋房舍统筹考虑，防止重复和遗漏，并在保证需要的前提下，图样数量应尽量少。

（2）徒手绘制草图　根据工艺设计要求和实际情况及条件，把酝酿成熟的设计思路徒手绘成草图。绘制草图虽不按比例，不使用绘图工具，但图样内容和尺寸应力求详尽，细到局部（如一间、一栏）。根据草图再绘成正式图纸。

（3）选择适当的比例　考虑图样的复杂程度及其作用，以能清晰表达其主要内容为原则来决定所用比例。

（4）合理进行图纸布局　每张图纸要根据需要绘制的内容、实际尺寸和所选用的比例，并考虑图名、尺寸线、文字说明、图标等的位置，计划和安排这些内容所占图纸的大小及其在图纸上的位置。要做到每张图纸上的各种内容主次分明，排列均匀、紧凑、整齐；尽量使关系密切的图样集中在一张图纸上，以便对照查阅。一般应把比例相同的一栋房舍的平、立、剖面图绘在同一张图纸上，畜舍尺寸较大时，也可在顺序相连的几张图纸上绘制。布置好计划内容之后，就可确定所需图幅大小。

（5）绘制图样　绘图时一般是先绘平面图，再绘剖面图。这样可根据投影关系，由平面图引线确定正、背立面图，再由正、背立面图引线确定侧立面图各部的高度，再按平、剖面图上的跨度方向尺寸，绘出侧立面图。

为了使图样绘制准确、整洁，提高制图速度，各种图样均应按以下步骤进行绘制。

①绘控制线。按图面布置计划，留出标注尺寸、代号和文字说明等位置，在适当的位置上用较硬的铅笔，按所定比例和实际尺寸先定位轴线、墙柱轮廓线、室内外地平线和房顶轮廓线（剖面和立面）、其他主要构造的轮廓线（台阶、坡道、雨罩、阳台等）。

②绘门窗及其他细部。按设计尺寸用较硬铅笔轻淡地绘出门窗位置和尺寸,然后绘出舍内各种设施和设备的位置和尺寸。

③加深图线。以上两步是打底稿工作,完成之后需进行仔细检查,确认无误后,擦去不需要的线条,再按制图标准规定的线型用较软的铅笔(HB型或B型)或绘图笔、直线笔,分别加深加粗各图线或上墨线。上墨线时,特别注意图中粗细相同的线型应同时画,并由细到粗,画完一种线型再画另一种,而且画每种线型时,还应由上到下、自左到右依次画,切忌不按顺序画,这样不仅容易用错线型,而且往往在画过后的墨线未干时就被擦而弄脏图画。在图线加深加粗之后,应按轮廓清楚、线型正确、粗细分明的要求,仔细检查一遍。

④标注尺寸和文字。各种图样中的尺寸要表示出各部分的准确位置,并执行制图标准中有关尺寸标注的规定。

总平面图中至少应标注两道尺寸,外边一道是总长度或总宽度,里面一道是畜舍建筑物、构筑物的长度或宽度,以及建筑物、构筑物之间的距离,尺寸数字一律以米为单位。

畜舍建筑平面图中,外墙尺寸应标注三道,最外一道是外轮廓的总长度或总宽度,中间一道是轴线间尺寸,最后一道标注门窗洞口尺长、墙厚、或外墙其他构件的尺寸。注字以毫米为单位。

剖面图的长、宽尺长注法与平面图相同,但还应标注各部分的高度尺寸,至少应标明室内地平、窗台、门窗上缘、吊顶或柁(梁)下高度等尺寸,注法同平面图。

立面图中只标注标高符号和标高,标高符号在平面图和剖面图也应标明±0.000所在位置。

⑤其他标注。各图中还应注写各畜舍(间)名称、设备或设施名称、门窗编号、轴线编号、详细索引、必要的文字说明及图名、比例等。

[实训作业]

①教师提供一份设计图,供学生阅读、分析、评价。

②每个学生绘制一套某畜舍的平、立、剖面图。

实验实训8　畜舍的消毒技术

[技能目标]

使学生了解,养殖场的消毒防疫制度,掌握消毒液的配制、畜舍消毒的程序和方法,具有畜舍消毒的基本技能。

[材料准备]

(1)仪器设备　火焰喷灯2个,电炉4台、高压水枪1个、瓷盆4个;温湿度表1支;塑料薄膜、板条和钉子。

(2)消毒剂　百毒杀2瓶;3%~5%火碱溶液200 kg;0.5%过氧乙酸溶液100 kg;适量的甲醛溶液和高锰酸钾晶体。

(3)教学场所　鸡舍或猪舍。

[操作方法]

1) 清洁鸡舍(猪舍)

清洁鸡舍(猪舍)就是将鸡舍(猪舍)的天棚、墙壁、窗户上的灰尘、笼具上的粪渣、地上的污垢、饮水器和料槽上的污渍进行彻底清除过程。其方法是:

(1)清粪 用笤帚和板铲清除笼具及地面上粪便和残渣。

(2)去污 将高压水枪调到最大压力用清水冲洗天棚、墙体、门窗、笼具、饮水器和料槽,一直到灰尘被冲掉,笼具粪渣变软,饮水器和料槽浮尘除掉为止。用洁净工具刷洗水槽和料槽内外面的污渍。

(3)冲洗 用高压水枪按地面排水的方向全面冲洗整个鸡舍。

(4)去渍 将冲洗不掉的污垢和污渍彻底地清除。

(5)冲洗 用高压水枪按地面排水的方向全面冲洗整个鸡舍(猪舍)。

2) 冲洗消毒

清洁畜舍之后接着进行冲洗消毒,一般情况下需冲洗3次,每次5 min,每次间隔20 min。第1次用3%的工业火碱热溶液冲洗消毒,第2次用清水冲洗干净,第3次用0.5%的过氧乙酸冲洗消毒。冲洗消毒后,排出舍内残留的积水,若有采暖设备此时需启动升温,并将舍内门窗打开进行通风换气。力争第二天早上畜舍处于干燥状态。

3) 粉刷消毒

当墙体与门窗不平滑时,首先用混凝土将缝隙堵塞抹平。然后用刷墙喷射器具将大棚、墙体用石灰乳进行粉刷。要求两人操作尽快完成。

4) 火焰消毒

用火焰喷枪或火焰喷灯对笼具和地面及距地较近的墙体进行火焰扫射,每一处扫射时间在3 s以上。要求工作认真细致,宁可重复消毒也不让其有遗漏之处。

5) 熏蒸消毒

(1)消毒用药及剂量 消毒用的药为甲醛溶液和高锰酸钾晶体,配合比例为2∶1,具体剂量因鸡舍(猪舍)状况而定,可参考表5.12进行。

(2)消毒方法及要求 消毒前先将鸡舍(猪舍)的门窗用塑料布、板条及钉子密封,最好用电炉将鸡舍温度提高到27 ~ 28 ℃,同时向舍内地面洒40 ℃热水至地面全部淋湿为止,然后将甲醛分别放入几个消毒容器(瓷盆)中,均匀分布于鸡舍(猪舍)内,配置与消毒容器数量相等的工作人员,依次站在消毒容器旁等待操作,当准备就绪后,由距离门最远处开始操作,依次向容器内放入定量的高锰酸钾(事先称量,用纸兜好),放入后迅速撤离,待工作人员全部撤出后,将舍门关严并封好塑料布。密封3 ~ 7 d即可。

[注意事项]

①消毒时要注意操作者的安全与卫生防护;

②在熏蒸消毒之前可将工作服、饲养管理过程中需要的用具同时放入舍内进行熏蒸消毒;

③畜舍电源要有漏电保护器,使用高压水枪冲洗畜舍时防止打湿电源开关等连接处,保证用电安全;

④畜舍熏蒸消毒之后,必须通风排除甲醛后方可使用。

［实训作业］

①熏蒸消毒所用药品的剂量是如何计算的?

②拟订一份肉鸡场的消毒防疫制度。

实验实训 9　畜牧场环境卫生调查与评价

［技能目标］

通过畜牧场场址选择、地形地势、水源土壤、建筑物布局、环境卫生设施以及畜舍卫生状况等方面进行现场观察、测量和访问。使学生全面了解畜牧场环境卫生调查的基本内容与方法。具备综合分析能力,评价环境卫生的能力。

［实训场地］

以本校(或附近其他单位)畜牧场作为实习现场。

［调查方法］

1)调查的基本原则

根据畜牧场所在地区的环境特点,结合各单项评价的工作等级,确定各环境要素的现状调查的范围,筛选出应调查的有关参数。原则上调查的范围应大于评价区域,对评价区域边界以外的附近地区,若遇有重要的污染源,调查范围应适当放大。

现状调查应首先收集现有资料,经过认真分析筛选,择取可用部分。若这些引用资料仍不能满足需要时,须进行现场调查和测试。畜牧场环境卫生调查中,对于评价项目有密切关系的部分应全面详细,尽量做到定量化;对一般自然和社会环境的调查,若不能用定量数据表达时,应做出详细说明。

2)调查的基本方法

调查的方法主要有:收集资料法、现场调查法和遥感法。调查过程中,三种方法往往同时使用。

收集资料法应用范围广、收效大,比较节省人力、物力和时间,缺点是只能获得二手资料,所得到的资料不全面,需要补充。

现状调查法可直接获取第一手资料,可弥补收集资料法的不足,但是工作量大,耗费人力、物力和时间,而且常受季节和仪器设备等条件的限制。

遥感法从整体上了解环境特点,特别适宜于人们不易开展环境现状调查的地区。不足之处在于精度不高,不宜用于微观环境状况的调查,而且受资料判读和分析技术的制约很大。

［调查内容］

在任课老师或畜牧场技术人员的带领下,了解牧场实际的生产工艺流程,参观畜牧场的各种建筑物和生产设施,通过现场参观、测量和访问,掌握以下内容:

(1)牧场位置　观察和了解畜牧场周围的交通运输情况,居民点及其他工农业等的距离与位置。

(2)地形、地势与土质　场地形状及面积大小,地势高低,坡度和坡向,土质、植被等。

(3)水源　水源种类及卫生防护条件,给水方式,水质与水量是否满足需要。

（4）平面布局情况

①全场不同功能地区的划分及其在场内位置的相互关系。

②畜舍的朝向及距离，排列形式。

③饲料库、饲料加工调制间、产品加工间、兽医室、储粪池以及附属建筑物的位置和与畜舍的距离。

④运动场的位置、面积、土质和排水情况。

（5）畜舍卫生状况　畜舍类型、式样、材料结构，通风换气方式与设备，采光情况，排水系统及防潮措施，畜舍防寒、防热的设施及其效果，畜舍小气候观测结果等。

（6）畜牧场环境污染与环境保护情况　畜粪尿、污水处理情况，场内排水设施及污水排放情况，绿化状况，场界与场内各区域的卫生防护设施，蚊蝇孳生情况及其他卫生状况等。

（7）其他　家畜传染病、地方病、慢性中毒性疾病等发病情况。

［环境评价］

将收集到的历史数据和实测数据加以筛选，进行分析处理。并以此为线索，建立模式，探求环境质量形成、变化和发展规律，最后分析和对比各种资料、数据和初步成果，得出评价结论，制订污染防治管理办法及对策。

环境调查报告书是整个工作的总结和概括，文字应准确、简洁，并尽量采用图表和照片，论点明确利于阅读和审查。

［实训作业］

根据调查情况写一份环境调查报告书，可按下表格式。

附　畜牧场环境卫生调查表

畜牧场名称＿＿＿＿＿＿＿＿家畜种类与头数＿＿＿＿＿＿＿＿位置＿＿＿＿＿＿＿＿＿＿＿＿＿＿

全场面积＿＿＿＿＿＿＿＿地形＿＿＿＿＿＿＿＿地势＿＿＿＿＿＿＿＿＿＿＿＿＿＿＿

土质＿＿＿＿＿＿＿＿植被＿＿＿＿＿＿＿＿水源＿＿＿＿＿＿＿＿＿＿＿＿＿＿＿

当地主风向＿＿＿＿＿＿＿＿畜舍区位置＿＿＿＿＿＿＿＿畜舍栋数＿＿＿＿＿＿＿＿＿＿＿

畜舍朝向＿＿＿＿＿＿＿＿畜舍间距＿＿＿＿＿＿＿＿畜舍距储粪场＿＿＿＿＿＿＿＿＿

畜舍距粪池＿＿＿＿＿＿＿＿畜舍距调料间＿＿＿＿＿＿＿＿畜舍距饲料库＿＿＿＿＿＿＿＿＿

畜舍距产品加工间＿＿＿＿＿＿＿＿畜舍距兽医室＿＿＿＿＿＿＿＿畜舍距公路＿＿＿＿＿＿＿＿＿

畜舍距住宅区＿＿＿＿＿＿＿＿畜舍类型＿＿＿＿＿＿＿＿＿＿＿＿

畜舍面积：　长＿＿＿＿＿＿宽＿＿＿＿＿＿＿＿面积＿＿＿＿＿＿＿＿＿＿

畜栏有效面积：长＿＿＿＿＿＿宽＿＿＿＿＿＿＿＿面积＿＿＿＿＿＿＿＿＿＿

值班室面积：　长＿＿＿＿＿＿宽＿＿＿＿＿＿＿＿面积＿＿＿＿＿＿＿＿＿＿

饲料室面积：　长＿＿＿＿＿＿宽＿＿＿＿＿＿＿＿面积＿＿＿＿＿＿＿＿＿＿

其他室面积：　长＿＿＿＿＿＿宽＿＿＿＿＿＿＿＿面积＿＿＿＿＿＿＿＿＿＿

舍顶：形式＿＿＿＿＿＿＿＿材料＿＿＿＿＿＿＿＿高度＿＿＿＿＿＿＿＿＿＿

天棚：形式＿＿＿＿＿＿＿＿材料＿＿＿＿＿＿＿＿高度＿＿＿＿＿＿＿＿＿＿

外墙：材料＿＿＿＿＿＿＿＿厚度＿＿＿＿＿＿＿＿

窗：南窗数量＿＿＿＿＿＿每个窗尺寸＿＿＿＿＿＿＿＿北窗数量＿＿＿＿＿＿每个窗尺寸＿＿＿＿＿＿＿＿＿

　　窗台高度＿＿＿＿＿＿＿＿采光系数＿＿＿＿＿＿＿＿入射角＿＿＿＿＿＿＿＿透光角＿＿＿＿＿＿＿＿

大门：形式＿＿＿＿＿＿数量＿＿＿＿＿＿＿＿高＿＿＿＿＿＿＿＿宽＿＿＿＿＿＿＿＿

通道：数量＿＿＿＿＿＿位置＿＿＿＿＿＿＿＿宽＿＿＿＿＿＿＿＿

畜床:材料＿＿＿＿＿＿卫生条件＿＿＿＿＿＿＿＿

粪尿沟:形式＿＿＿＿＿＿宽＿＿＿＿＿深＿＿＿＿＿＿

通风设备:进气管个数＿＿＿面积(每个)＿＿＿＿＿出气管数＿＿＿＿＿面积(每个)＿＿＿＿＿＿＿

　　　　　其他通风设备＿＿＿＿＿＿＿＿＿＿＿＿＿＿＿＿＿

运动场:位置＿＿＿＿＿＿面积＿＿＿＿＿＿土质＿＿＿＿＿＿卫生状况＿＿＿＿＿＿＿＿＿＿＿

畜舍微小气候观测结果:温度＿＿＿＿＿＿湿度＿＿＿＿＿＿气流＿＿＿＿＿＿照度＿＿＿＿＿＿

牧场一般环境卫生状况＿＿＿＿＿＿＿＿＿＿＿＿＿＿＿＿＿＿＿＿＿＿＿＿＿＿＿＿＿＿＿＿＿＿

其他＿＿

综合评价＿＿

改进意见＿＿

调查者＿＿＿＿＿＿＿＿

调查日期＿＿＿＿＿＿＿＿

附 录

附录 1　全国部分地区建筑物朝向表

地　　区	最佳朝向	适宜朝向	不宜朝向
北京地区	南偏东或西各 30°以内	南偏东或西各 45°以内	北西各 30°～60°
上海地区	南至南偏东 15°	南偏东 30°,南偏西 15°	北、西北
石家庄地区	南偏东 15°	南至南偏东 30°	西
太原地区	南偏东 15°	南偏东至东	西北
呼和浩特地区	南至南偏东,南至南偏西	东南、西南	北、西北
哈尔滨地区	南偏东 15°～20°	南至南偏东或偏西各 15°	西、西北、北
长春地区	南偏东 30°,南偏西 10°	南偏东或西各 45°	北、东北、西北
沈阳地区	南或南偏东 20°	南偏东至东,南偏西至西	东北东至西北西
济南地区	南或南偏东 10°～15°	南偏东 30°	西偏北 5°～15°
南京地区	南偏东 15°	南偏东 25°,南偏西 10°	西、北
合肥地区	南偏东 5°～15°	南偏东 15°,南偏西 5°	西
杭州地区	南偏东 10°～15°,北偏东 6°	南至南偏东 30°	西、北
福州地区	南、南偏东 5°～10°	南偏东 20°	西
郑州地区	南偏东 15°	南偏东 25°	西北
武汉地区	南偏西 15°	南偏东 15°	西、西北
长沙地区	南偏东 9°左右	南	西、西北
广州地区	南偏东 15°,南偏西 5°	南偏东 22°30′,南偏西 5°至西	
南宁地区	南、南偏东 15°	南、南偏东 15°～25°、南偏西 5°	东、西

续表

地　区	最佳朝向	适宜朝向	不宜朝向
西安地区	南偏东 10°	南、南偏西	西、西北
兰州地区	南至南偏东 15°	南、偏东或西各 30°	西、西北
银川地区	南至南偏东 23°	南偏东 34°、南偏西 20°	西、北
西宁地区	南至南偏西 30°	南偏东 30° 至南偏西 30°	北、西北
乌鲁木齐地区	南偏东 40°,南偏西 30°	东南、东、西	北、西北
成都地区	南偏东 45° 至南偏西 15°	南偏东 45° 至东偏北 30°	西、北
昆明地区	南偏东 25° ~ 56°	东至南至西	北偏东或西各 35°
拉萨地区	南偏东 10°,南偏西 5°	南偏东 15°、南偏西 10°	西、北
厦门地区	南偏东 5° ~ 10°	南偏东 22°30′、南偏西 10°	南偏西 25° 西偏北 30°
重庆地区	南、南偏东 10°	南偏东 15°、南偏西 5°、北	东、西
旅大地区	南、南偏西 15°	南偏东 45° 至南偏西、西	北、西北、东北
青岛地区	南、南偏东 5° ~ 15°	南偏东 15°、南偏西 15°	西、北

(引自李震钟,家畜环境卫生学附牧场设计,1993)

附录2　-10~35 ℃ 相对湿度（%）对照表

湿球温度/℃	干球与湿球温度差/℃																													
	0.5	1.0	1.5	2.0	2.5	3.0	3.5	4.0	4.5	5.0	5.5	6.0	6.5	7.0	7.5	8.0	8.5	9.0	9.5	10.0	10.5	11.0	11.5	12.0	12.5	13.0	13.5	14.0	14.5	15.0
-10	82	66	51	38	26	15	5																							
-9	83	67	53	41	29	19	10																							
-8	84	69	55	43	32	22	13																							
-7	84	70	57	46	35	26	17																							
-6	85	72	59	48	38	29	20																							
-5	86	73	61	50	40	31	23	16																						
-4	86	74	62	52	43	34	26	19																						
-3	87	75	64	54	45	36	29	22																						
-2	87	76	65	55	47	38	31	24																						
-1	88	77	66	57	48	40	33	27																						
0	90	80	71	63	56	49	43	37	32	28	23	20	16	13	10	8	6	4	2	1										
1	90	81	72	65	58	51	45	40	35	30	26	22	19	16	13	11	9	7	5	4	2	1								
2	90	82	74	66	59	53	47	42	37	33	29	25	22	19	16	14	11	10	8	6	5	3	2	2	1	1				
3	91	82	75	67	61	55	49	44	39	35	31	27	24	21	18	16	14	12	10	9	8	6	5	4	4	3	3	2	2	2
4	91	83	75	69	62	56	51	46	41	37	33	30	26	24	21	19	16	14	13	11	10	8	7	7	6	5	5	4	4	3
5	91	84	76	70	64	58	53	48	43	39	35	32	29	26	23	21	19	17	15	13	12	10	9	9	8	7	6	6	6	5
6	92	84	77	71	65	59	54	49	45	41	37	34	31	28	25	23	21	19	17	15	14	13	12	11	10	9	8	8	7	7
7	92	85	78	72	66	61	55	51	47	43	39	36	33	30	27	25	23	21	19	17	16	15	13	12	11	11	10	9	9	8
8	92	85	79	73	67	62	57	52	48	44	41	37	34	32	29	27	25	23	21	19	18	16	15	14	13	12	12	11	10	10
9	93	86	79	74	68	63	58	54	50	46	42	39	36	33	31	28	26	24	23	21	19	18	17	16	15	14	13	12	12	11

续表

湿球温度/℃	\multicolumn{30}{c}{干球与湿球温度差/℃}

湿球温度/℃	0.5	1.0	1.5	2.0	2.5	3.0	3.5	4.0	4.5	5.0	5.5	6.0	6.5	7.0	7.5	8.0	8.5	9.0	9.5	10.0	10.5	11.0	11.5	12.0	12.5	13.0	13.5	14.0	14.5	15.0
10	93	86	80	74	69	64	59	55	51	47	44	41	38	35	32	30	28	26	24	23	22	19	17	16	15	14	14	13	13	12
11	93	87	81	75	70	65	60	56	52	49	45	42	39	36	34	32	30	28	26	24	23	20	19	18	17	16	15	14	14	13
12	93	87	81	75	71	66	61	57	54	50	47	43	41	38	35	33	31	29	28	26	24	21	20	19	18	17	16	15	15	15
13	94	87	82	76	71	67	62	58	55	51	48	45	42	39	37	34	33	30	29	27	25	22	21	20	19	18	17	16	16	16
14	94	88	82	77	72	68	63	59	56	52	49	46	43	40	38	36	34	32	30	28	27	24	22	21	20	19	18	18	18	17
15	94	88	83	77	73	68	64	60	57	53	50	47	44	42	39	37	35	33	32	29	28	25	24	22	21	20	19	19	19	18
16	94	88	83	78	74	69	65	61	58	54	51	48	45	43	40	38	36	34	33	30	29	26	25	23	22	21	20	20	20	19
17	94	89	83	78	74	70	66	62	59	55	52	49	46	44	41	39	37	35	34	31	30	27	26	24	23	22	21	20	20	20
18	94	89	84	79	75	70	67	63	60	56	53	50	47	45	42	40	38	36	35	32	31	28	27	25	24	23	22	21	21	20
19	95	89	84	79	75	71	67	63	61	57	54	51	48	46	43	41	39	37	36	33	32	29	28	26	25	24	23	22	22	20
20	95	89	85	80	76	72	68	64	61	58	55	52	49	47	44	42	40	38	37	34	33	30	29	27	26	25	24	23	23	21
21	95	90	85	80	76	72	68	65	62	58	55	53	50	48	45	43	41	39	38	35	34	31	30	28	27	26	25	24	24	22
22	95	90	85	81	76	72	69	66	63	59	56	53	51	49	46	44	42	40	39	36	34	32	31	29	28	26	25	25	24	23
23	95	90	85	81	77	73	70	66	63	60	57	54	51	50	47	45	42	40	40	37	35	33	32	30	28	27	26	25	25	23
24	95	90	86	81	77	73	70	67	64	60	58	55	52	50	47	45	43	41	40	38	36	34	33	31	29	28	27	26	26	24
25	95	90	86	82	78	74	71	67	64	61	58	56	53	51	48	46	44	42	41	38	37	35	34	32	30	29	28	27	26	
26	95	90	86	82	78	74	71	68	65	62	59	56	54	52	49	47	45	43	42	39	38	36	34	32	31	30	28	28	26	
27	95	91	86	82	78	74	72	68	65	62	59	57	54	52	49	47	45	43	43	39	38	36	35	33	32	30	29	27	27	
28	95	91	87	82	79	75	72	69	66	63	60	57	55	53	50	48	46	44	43	40	38	37	35	33	32	31	29	28	27	
29	95	91	87	83	79	75	72	69	66	63	60	58	55	53	51	48	46	44	44	40	39	37	36	34	33	31	30	28	28	
30	96	91	87	83	80	75	73	70	67	64	61	58	56	54	51	49	47	45	45	41	39	38	36	35	33	31	30	28	28	
31	96	91	87	83	80	76	73	70	67	64	61	59	57	54	52	49	47	46	46	41	40	38	37	35	33	32	30	29		
32	96	91	88	83	80	76	73	70	67	65	62	60	57	55	52	50	48	46	46	42	40	39	37	35	33	32	30	30		
33	96	92	88	83	80	77	73	70	67	65	62	60	57	55	53	50	48	47	47	43	41	39	38	36	34	32	31	30		
34	96	92	88	84	81	77	74	71	68	65	63	60	58	56	53	51	49	47	47	43	42	40	39	37	34	33	31	31		
35	96	92	88	84	81	78	74	71	68	65	63	61	58	56	54	51	49	47	47	44	42	39	39	37	35	33	32			

附录3　建筑材料与建筑配件图例

序号	名　称	图　例	说　明
1	自然土壤		包括各种自然土壤、黏土等
2	素土夯实	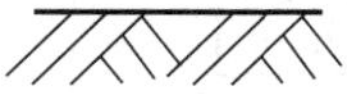	
3	砂、灰土及粉刷材制	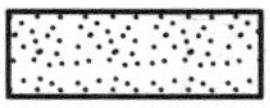	
4	砂砾石及碎砖三合土	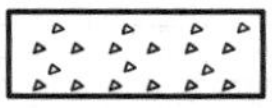	
5	石材	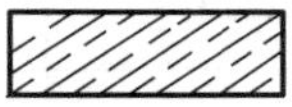	包括岩层及贴面、铺地等石材
6	方整石、条石	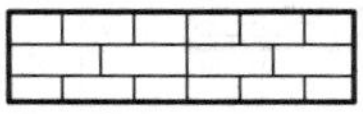	本图例表示砌体
7	毛石	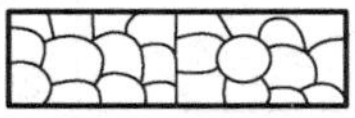	本图例表示砌体
8	普通砖、硬质砖	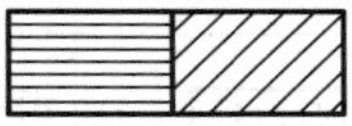	在比例小于或等于1：50的平、剖面图中不画斜线，可在底图背面涂红表示
9	非承重的空心砖	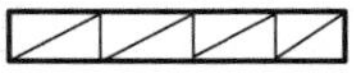	在比例较小的图面中可不画图例，但须注明材料
10	瓷砖或类似材料	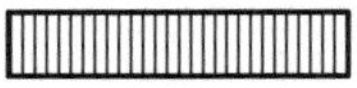	包括面砖、马赛克及各种铺地砖
11	混凝土	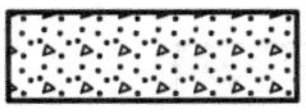	
12	钢筋混凝土	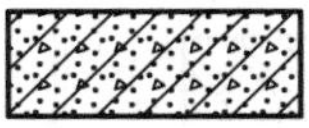	1. 在比例小于或等于1：100的图面中不画图例，可在底图上涂黑表示；2. 剖面图中如画出钢筋时，可不画图例
13	加气混凝土	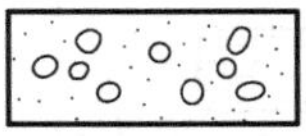	
14	加气钢筋混凝土	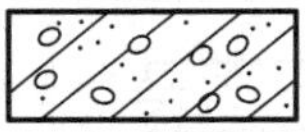	
15	毛石混凝土	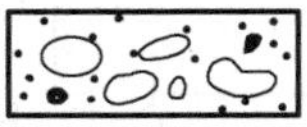	
16	花纹钢板	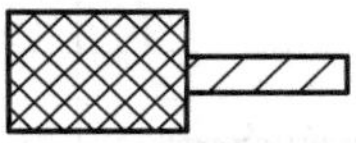	立面斜线为60°
17	金属网	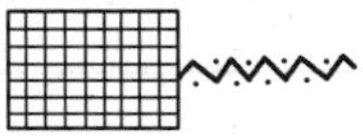	

续表

序号	名　称	图　例	说　明
18	木材		
19	胶合板		1.应注明"×层胶合板"; 2.在比例较小的图面中,可不画图例,但须注明材料
20	矿渣、炉渣及焦渣		
21	多孔材料或耐火砖		包括泡沫混凝土、软木等材料
22	菱苦土		
23	玻璃		必要时可注明玻璃名称,如磨砂玻璃、夹丝玻璃等
24	松散保温材料		包括木屑、木屑石灰、稻壳等
25	纤维材料或人造板		包括麻丝、玻璃棉(毡)、矿棉(毡)、刨花板、木丝板等
26	防水材料或防潮层		应注明材料
27	橡皮或塑料		底图背面涂红
28	金属		
29	水		
30	土墙		包括土筑墙、土坯墙、三合土墙等
31	板条墙		包括钢丝网墙、苇箔墙等
32	木栏杆		指全部用木材制作的栏杆

序号	名　称	图　例	说　明
33	金属栏杆		指全部用金属制作的栏杆
34	通风道	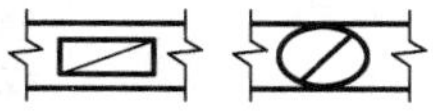	
35	空门洞		
36	单向门		
37	双扇门		
38	对开折门		
39	单扇推拉门		
40	双扇推拉门		门的名称代号用 M 表示
41	墙内单扇推拉门		
42	墙内双扇推拉门		
43	单扇双面弹簧门	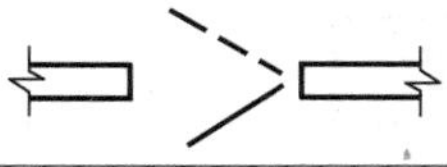	
44	双扇双面弹簧门		
45	单扇内外开双层门	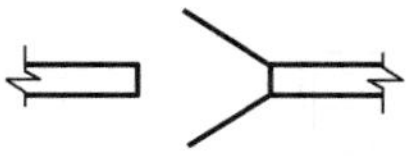	
46	双扇内外开双层间		门的名称代号用 M 表示
47	转门		门的名称代号用 M 表示
48	单层固定窗	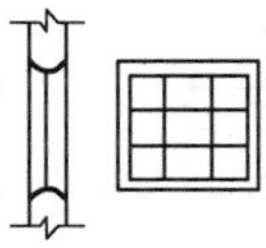	1.立面图中的斜线,系表示窗扇开关方式。单虚线表示单层内开(双虚线表示双层内开),单实线表示单层外开(双实线表示双层外开);
49	单层外开上悬窗	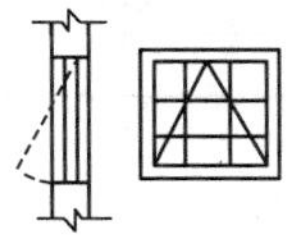	2.平、剖面图中的虚线,仅系说明开关方式,在设计图中可不表示; 3.窗的名称代号用 C 表示

续表

序　号	名　称	图　例	说　明
50	单层中悬窗	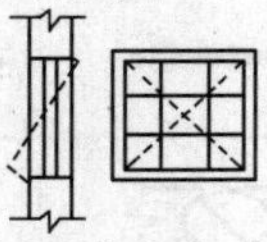	1. 立面图中的斜线,系表示窗扇开关方式。单虚线表示单层内开(双虚线表示双层内开),单实线表示单层外开(双实线表示双层外开); 2. 平、剖面图中的虚线,仅系说明开关方式,在设计图中可不表示; 3. 窗的名称代号用 C 表示
51	单层内开下悬窗	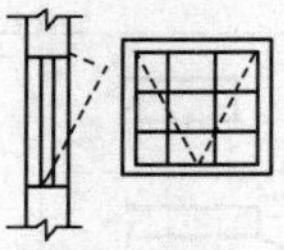	
52	单层外开平开窗	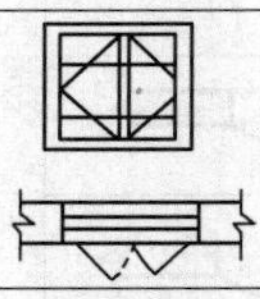	
53	单层垂直旋转窗	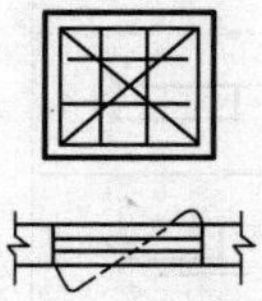	
54	双层固定窗	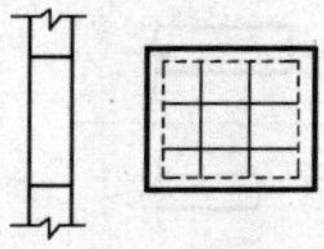	
55	双层内外开平开窗	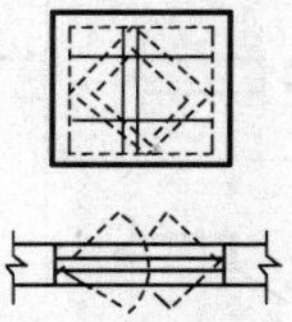	
56	水平推拉窗	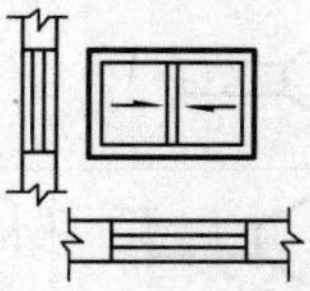	
57	百叶窗	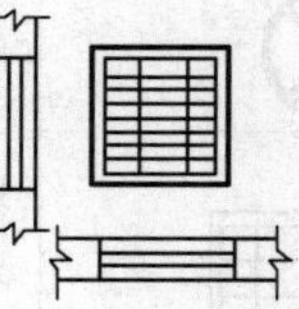	
58	高窗	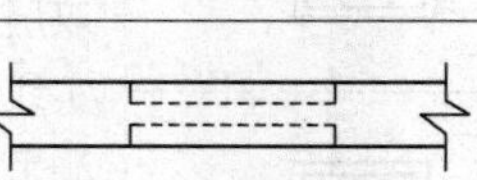	

附录4　《畜禽养殖污染防治管理办法》

（国家环境保护总局令第 9 号,2001 年 5 月 8 日发布）

第一条　为防治畜禽养殖污染,保护环境,保障人体健康,根据环境保护法律、法规的有关规定,制定本办法。

第二条　本办法所称畜禽养殖污染,是指在畜禽养殖过程中,畜禽养殖场排放的废渣,清洗畜禽体和饲养场地、器具产生的污水及恶臭等对环境造成的危害和破坏。

第三条　本办法适用于中华人民共和国境内畜禽养殖场的污染防治。

畜禽放养不适用本办法。

第四条　畜禽养殖污染防治实行综合利用优先,资源化、无害化和减量化的原则。

第五条　县级以上人民政府环境保护行政主管部门在拟订本辖区的环境保护规划时,应根据本地实际,对畜禽养殖污染防治状况进行调查和评价,并将其污染防治纳入环境保护规划中。

第六条　新建、改建和扩建畜禽养殖场,必须按建设项目环境保护法律、法规的规定,进行环境影响评价,办理有关审批手续。

畜禽养殖场的环境影响评价报告书(表)中,应规定畜禽废渣综合利用方案和措施。

第七条　禁止在下列区域内建设畜禽养殖场:

(一)生活饮用水水源保护区、风景名胜区、自然保护区的核心区及缓冲区;

(二)城市和城镇中居民区、文教科研区、医疗区等人口集中地区;

(三)县级人民政府依法划定的禁养区域;

(四)国家或地方法律、法规规定需特殊保护的其他区域。

本办法颁布前已建成的、地处上述区域内的畜禽养殖场应限期搬迁或关闭。

第八条　畜禽养殖场污染防治设施必须与主体工程同时设计、同时施工、同时使用;畜禽废渣综合利用措施必须在畜禽养殖场投入运营的同时予以落实。

环境保护行政主管部门在对畜禽养殖场污染防治设施进行竣工验收时,其验收内容中应包括畜禽废渣综合利用措施的落实情况。

第九条　畜禽养殖场必须按有关规定向所在地环境保护行政主管部门进行排污申报登记。

第十条　畜禽养殖场排放污染物,不得超过家或地方规定的排放标准。

在依法实施污染物排放总量控制的区域内,畜禽养殖场必须按规定取得《排污许可证》,并按照《排污许可证》的规定排放污染物。

第十一条　畜禽养殖场排放污染物,应按照国家规定缴纳排污费;向水体排放污染物,超过国家或地方规定排放标准的,应按规定缴纳超标准排污费。

第十二条　县级以上人民政府环境保护行政主管部门有权对本辖区范围内的畜禽养殖场的环境保护工作进行现场检查,索取资料,采集样品、监测分析。被检查单位和个人必须如实反映情况,提供必要资料。

检察机关和人员应当为被检查的单位和个人保守技术秘密和业务秘密。

第十三条　畜禽养殖场必须设置畜禽废渣的储存设施和场所,采取对储存场所地面进行水泥硬化等措施,防止畜禽废渣渗漏、散落、溢流、雨水淋失、恶臭气味等对周围环境造成污染和危害。

畜禽养殖场应当保持环境整洁,采取清污分流和粪尿的干湿分离等措施,实现清洁养殖。

第十四条　畜禽养殖场应采取将畜禽废渣还田、生产沼气、制造有机肥料、制造再生饲料等方法进行综合利用。

用于直接还田利用的畜禽粪便,应当经处理达到规定的无害化标准,防止病菌传播。

第十五条　禁止向水体倒畜禽废渣。

第十六条　运输畜禽废渣,必须采取防渗漏、防流失、防遗撒及其他防止污染环境的措施,妥善处置贮运工具清洗废水。

第十七条　对超过规定排放标准或排放总量指标,排放污染物或造成周围环境严重污染的畜禽养殖场,县级以上人民政府环境保护行政主管部门可提出限期治理建议,报同级人民政府批准实施。

被责令限期治理的畜禽养殖场应向做出限期治理决定的人民政府的环境保护行政主管部门提交限期治理计划,并定期报告实施情况。提交的限期治理计划中,应规定畜禽废渣综合利用方案。环境保护行政主管部门在对畜禽养殖场限期治理项目进行验收时,其验收内容中应包括上述综合利用方案的落实情况。

第十八条　违反本办法规定,有下列行为之一的,由县级以上人民政府环境保护行政主管部门责令停止违法行为,限期改正,并处以1 000元以上3万元以下罚款:

(一)未采取有效措施,致使储存的畜禽废渣渗漏、散落、溢流、雨水淋失、散发恶臭气味等对周围环境造成污染和危害的;

(二)向水体或其他环境倾倒、排放畜禽废渣和污水的。

违反本办法其他有关规定,由环境保护行政主管部门依据有关环境保护法律、法规的规定给予处罚。

第十九条　本办法中的畜禽养殖场,是指常年存栏量为500头以上的猪、3万羽以上的鸡和100头以上的牛的畜禽养殖场,以及达到规定规模标准的其他类型的畜禽养殖场。其他类型畜禽养殖场的规模标准,由省级环境保护行政主管部门根据本地区实际,参照上述标准做出规定。

地方法规或规章对畜禽养殖场的规模标准规定严于第一款确定的规模标准的,从其规定。

第二十条　本办法中的畜禽废渣,是指畜禽养殖场的畜禽粪便、畜禽舍垫料、废饲料及散落的毛羽等固体废物。

第二十一条　本办法自公布之日起实施。

附录5　《畜禽养殖业污染物排放标准》(GB 18596—2001)

(2001 年 12 月 28 日发布,2003 年 1 月 1 日实施)

前　言

　　为贯彻《环境保护法》、《水污染防治法》、《大气污染防治法》,控制畜禽养殖业产生的废水、废渣和恶臭对环境的污染,促进养殖业生产工艺和技术进步,维护生态平衡,制订本标准。

　　本标准适用于集约化、规模化的畜禽养殖场和养殖区,不适用于畜禽散养户。根据养殖规模,分阶段逐步控制,鼓励种养结合和生态养殖,逐步实现全国养殖业的合理布局。

　　根据畜禽养殖业污染物排放的特点,本标准规定的污染物控制项目包括生化指标、卫生学指标和感观指标等。为推动畜禽养殖业污染物的减量化、无害化和资源化,促进畜禽养殖业干清粪工艺的发展,减少水资源浪费,本标准规定了废渣无害化环境标准。

　　本标准为首次制订。

　　本标准由国家环境保护总局科技标准司提出。

　　本标准由农业部环保所负责起草。

　　本标准由国家环境保护总局负责解释。

1　主题内容与适用范围

1.1　主题内容

　　本标准按集约化畜禽养殖业的不同规模分别规定了水污染物、恶臭气体的最高允许日均排放浓度、最高允许排水量,畜禽养殖业废渣无害化环境标准。

1.2　适用范围

　　本标准适用于全国集约化畜禽养殖场和养殖区污染物的排放管理,以及这些建设项目环境影响评价、环境保护设施设计、竣工验收及其投产后的排放管理。

　　1.2.1　本标准适用的畜禽养殖场和养殖区的规模分级,按表1和表2执行。

表 1　集约化畜禽养殖场的适用规模(以存栏数计)

类别规模分级	猪 (25 kg/头以上)	鸡/只		牛/头	
		蛋鸡	肉鸡	成年奶牛	肉牛
Ⅰ级	≥3 000	≥100 000	≥200 000	≥200	≥400
Ⅱ级	500≤Q<3 000	15 000≤Q<100 000	30 000≤Q<200 000	100≤Q<200	200≤Q<400

注:Q 表示养殖量。

　　1.2.2　对具有不同畜禽种类的养殖场和养殖区,其规模可将鸡、牛的养殖量换算成猪的养殖量,换算比例为:30 只蛋鸡折算成 1 头猪,60 只肉鸡折算成 1 头猪,1 头奶牛折算成 10 头猪,1 头肉牛折算成 5 头猪。

表2　集约化畜禽养殖区的适用规模（以存栏数计）

类别规模分级	猪（25 kg/头以上）	鸡/只		牛/头	
		蛋鸡	肉鸡	成年奶牛	肉牛
Ⅰ级	≥6 000	≥200 000	≥400 000	≥400	≥800
Ⅱ级	3 000≤Q＜6 000	100 000≤Q＜200 000	200 000≤Q＜400 000	200≤Q＜400	400≤Q＜800

注：Q表示养殖量。

1.2.3　所有Ⅰ级规模范围内的集约化畜禽养殖场和养殖区,以及Ⅱ级规模范围内且地处国家环境保护重点城市、重点流域和污染严重河网地区的集约化畜禽养殖场和养殖区,自本标准实施之日起开始执行。

1.2.4　其他地区Ⅱ级规模范围内的集约化养殖场和养殖区,实施标准的具体时间可由县级以上人民政府环境保护行政主管部门确定,但不得迟于2004年7月1日。

1.2.5　对集约化养羊场和养羊区,将羊的养殖量换算成猪的养殖量,换算比例为:3只羊换算成1头猪,根据换算后的养殖量确定养羊场或养羊区的规模级别,并参照本标准的规定执行。

2　定义

2.1　集约化畜禽养殖场

指进行集约化经营的畜禽养殖场。集约化养殖是指在较小的场地内,投入较多的生产资料和劳动,采用新的工艺与技术措施,进行精心管理的饲养方式。

2.2　集约化畜禽养殖区

指距居民区一定距离,经过行政区划确定的多个畜禽养殖个体生产集中的区域。

2.3　废渣

指养殖场外排的畜禽粪便、畜禽舍垫料、废饲料及散落的毛羽等固体废物。

2.4　恶臭污染物

指一切刺激嗅觉器官,引起人们不愉快及损害生活环境的气体物质。

2.5　臭气浓度

指恶臭气体(包括异味)用无臭空气进行稀释,稀释到刚好无臭时所需的稀释倍数。

2.6　最高允许排水量

指在畜禽养殖过程中直接用于生产的水的最高允许排放量。

3　技术内容

本标准按水污染物、废渣和恶臭气体的排放分为以下三部分。

3.1　畜禽养殖业水污染物排放标准

3.1.1　畜禽养殖业废水不得排入敏感水域和有特殊功能的水域。排放去向应符合国家和地方的有关规定。

3.1.2　标准适用规模范围内的畜禽养殖业的水污染物排放分别执行表3、表4和表5的规定。

表3　集约化畜禽养殖业水冲工艺最高允许排水量

种　类	猪/[m³·(百头·d)⁻¹]		鸡/[m³·(千只·d)⁻¹]		牛/[m³·(百头·d)⁻¹]	
季节	冬季	夏季	冬季	夏季	冬季	夏季
标准值	2.5	3.5	0.8	1.2	20	30

注:废水最高允许排放量的单位中,百头、千只均指存栏数。

春、秋季废水最高允许排放量按冬、夏两季的平均值计算。

表4　集约化畜禽养殖业干清粪工艺最高允许排水量

种　类	猪/[m³·(百头·d)⁻¹]		鸡/[m³·(千只·d)⁻¹]		牛/[m³·(百头·d)⁻¹]	
季节	冬季	夏季	冬季	夏季	冬季	夏季
标准值	1.2	1.8	0.5	0.7	17	20

注:废水最高允许排放量的单位中,百头、千只均指存栏数。

春、秋季废水最高允许排放量按冬、夏两季的平均值计算。

表5　集约化畜禽养殖业水污染物最高允许日均排放浓度

控制项目	五日生化需氧量/(mg·L⁻¹)	化学需氧量/(mg·L⁻¹)	悬浮物/(mg·L⁻¹)	氨氮/(mg·L⁻¹)	总磷(以P计)/(mg·L⁻¹)	粪大肠菌群数/(个·mL⁻¹)	蛔虫卵/(个·L⁻¹)
标准值	150	400	200	80	8.0	10 000	2.0

3.2　畜禽养殖业废渣无害化环境标准

3.2.1　畜禽养殖业必须设置废渣的固定储存设施和场所,储存场所要有防止粪液渗漏、溢流措施。

3.2.2　用于直接还田的畜禽粪便,必须进行无害化处理。

3.2.3　禁止直接将废渣倾倒入地表水体或其他环境中。畜禽粪便还田时,不能超过当地的最大农田负荷量,避免造成面源污染和地下水污染。

3.2.4　经无害化处理后的废渣,应符合表6的规定。

表6　畜禽养殖业废渣无害化环境标准

控制项目	指　标
蛔虫卵	死亡率≥95%
粪大肠菌群数	≤10⁵个/kg

3.3　畜禽养殖业恶臭污染物排放标准

集约化畜禽养殖业恶臭污染物的排放执行表7的规定。

表 7   集约化畜禽养殖业恶臭污染物排放标准

控制项目	标准值
臭气浓度（无量纲）	70

3.4   畜禽养殖业应积极通过废水和粪便的还田或其他措施对所排放的污染物进行综合利用,实现污染物的资源化。

4   监测

污染物项目监测的采样点和采样频率应符合国家环境监测技术规范的要求。污染物项目的监测方法按表 8 执行。

表 8   畜禽养殖业污染物排放配套监测方法

序　号	项　目	监测方法	方法来源
1	生化需氧（BOD$_5$）	稀释与接种法	GB 7488—87
2	化学需氧（COD）	重铬酸钾法	GB 11914—89
3	悬浮物（SS）	重量法	GB 11901—89
4	氨氮（NH$_3$-N）	钠氏试剂比色法	GB 7479—87
		水杨酸分光光度法	GB 7481—87
5	总 P（以 P 计）	钼蓝比色法	①
6	粪大肠菌群数	多管发酵法	GB 5750—85
7	蛔虫卵	吐温-80 柠檬酸缓冲液离心沉淀集卵法	②
8	蛔虫卵死亡率	堆肥蛔虫卵检查法	GB 7959—87
9	寄生虫卵沉降率	粪稀蛔虫卵检查法	GB 7959—87
10	臭气浓度	三点式比较臭袋法	GB 14675

注:分析方法中,未列出国标的暂时采用下列方法,待国家标准方法颁布后执行国家标准。
①水和废水监测分析方法（第三版）,中国环境科学出版社,1989。
②卫生防疫检验,上海科学技术出版社,1964。

5   标准的实施

5.1   本标准由县级以上人民政府环境保护行政主管部门实施统一监督管理。

5.2   省、自治区、直辖市人民政府可根据地方环境和经济发展的需要,确定严于本标准的集约化畜禽养殖业适用规模,或制订更为严格的地方畜禽养殖业污染物排放标准,并报国务院环境保护行政主管部门备案。

附录6　《畜禽养殖业污染防治技术规范》(HJ/T 81—2001)

（2001 年 12 月 19 日发布,2002 年 4 月 1 日起实施）

前　言

随着我国集约化畜禽养殖业的迅速发展,养殖场及其周边环境问题日益突出,成为制约畜牧业进一步发展的主要因素之一。为防止环境污染,保障人、畜健康,促进畜牧业的可持续发展,依据《中华人民共和国环境保护法》等有关法律、法规制定本技术规范。

本技术规范规定了畜禽养殖场的选址要求、场区布局与清粪工艺、畜禽粪便储存、污水处理、固体粪肥的处理利用、饲料和饲养管理、病死畜禽尸体处理与处置、污染物监测等污染防治的基本技术要求。

本技术规范为首次制订。

本技术规范由国家环境保护总局自然生态保护司提出。

本技术规范由国家环境保护总局科技标准司归口。

本技术规范由北京师范大学环境科学研究所、国家环境保护总局南京环境科学研究所和中国农业大学资源与环境学院共同负责起草。

本技术规范由国家环境保护总局负责解释。

1　主题内容

本技术规范规定了畜禽养殖场的选址要求、场区布局与清粪工艺、畜禽粪便储存、污水处理、固体粪肥的处理利用、饲料和饲养管理、病死畜禽尸体处理与处置、污染物监测等污染防治的基本技术要求。

2　技术原则

2.1　畜禽养殖场的建设应坚持农牧结合、种养平衡的原则,根据本场区土地(包括与其他法人签约承诺消纳本场区产生粪便污水的土地)对畜禽粪便的消纳能力,确定新建畜禽养殖场的养殖规模。

2.2　对于无相应消纳土地的养殖场,必须配套建立具有相应加工(处理)能力的粪便污水处理设施或处理(置)机制。

2.3　畜禽养殖场的设置应符合区域污染物排放总量控制要求。

3　选址要求

3.1　禁止在下列区域内建设畜禽养殖场:

3.1.1　生活饮用水水源保护区、风景名胜区、自然保护区的核心区及缓冲区;

3.1.2　城市和城镇居民区,包括文教科研区、医疗区、商业区、工业区、游览区等人口集中地区；

3.1.3 县级人民政府依法划定的禁养区域；

3.1.4 国家或地方法律、法规规定需特殊保护的其他区域。

3.2 新建改建、扩建的畜禽养殖场选址应避开3.1规定的禁建区域，在禁建区域附近建设的，应设在3.1规定的禁建区域常年主导风向的下风向或侧风向处，场界与禁建区域边界的最小距离不得小于500 m。

4 场区布局与清粪工艺

4.1 新建、改建、扩建的畜禽养殖场应实现生产区、生活管理区的隔离，粪便污水处理设施和畜禽尸体焚烧炉；应设在养殖场的生产区、生活管理区的常年主导风向的下风向或侧风向处。

4.2 养殖场的排水系统应实行雨水和污水收集输送系统分离，在场区内外设置的污水收集输送系统，不得采取明沟布设。

4.3 新建、改建、扩建的畜禽养殖场应采取干法清粪工艺，采取有效措施将粪及时、单独清出，不可与尿、污水混合排出，并将产生的粪渣及时运至储存或处理场所，实现日产日清。采用水冲粪、水泡。粪湿法清粪工艺的养殖场，要逐步改为干法清粪工艺。

5 畜禽粪便的储存

5.1 畜禽养殖场产生的畜禽粪便应设置专门的储存设施，其恶臭及污染物排放应符合《畜禽养殖业污染物排放标准》。

5.2 存放设施的位置必须远离各类功能地表水体（距离不得小于400 m），并应设在养殖场生产及生活管理区的常年主导风向的下风向或侧风向处。

5.3 储存设施应采取有效的防渗处理工艺，防止畜禽粪便污染地下水。

5.4 对于种养结合的养殖场，畜禽粪便，储存设施的总容积不得低于当地农林作物生产用肥的最大间隔时间内本养殖场所产生粪便的总量。

5.5 储存设施应采取设置顶盖等防止降雨（水）进入的措施。

6 污水的处理

6.1 畜禽养殖过程中产生的污水应坚持种养结合的原则，经无害化处理后尽量充分还田，实现污水资源化利用。

6.2 畜禽污水经治理后向环境中排放，应符合《畜禽养殖业污染物排放标准》的规定，有地方排放标准的应执行地方排放标准。

污水作为灌溉用水排入农田前，必须采取有效措施进行净化处理（包括机械的、物理的、化学的和生物学的），并须符合《农田灌溉水质标准》（GB 5084—1992）的要求。

6.2.1 在畜禽养殖场与还田利用的农田之间应建立有效的污水输送网络，通过车载或管道形式将处理（置）后的污水输送至农田，要加强管理，严格控制污水输送沿途的弃、撒和跑、冒、滴、漏。

6.2.2 畜禽养殖场污水排入农田前必须进行预处理（采用格栅、厌氧、沉淀等工艺、流程），并应配套设置田间储存池，以解决农田在非施肥期间的污水出路问题，田间储存池的总容积不得低于当地农林作物生产用肥的最大间隔时间内畜禽养殖场排放污水的总量。

6.3　对没有充足土地消纳污水的畜禽养殖场,可根据当地实际情况选用下列综合利用措施。

6.3.1　经过生物发酵后,可浓缩制成商品液体有机肥料。

6.3.2　进行沼气发酵,对沼渣、沼液应尽可能实现综合利用,同时要避免产生新的污染,沼渣及时清运至粪便储存场所;沼液尽可能进行还田利用,不能还田利用并需外排的要进行进一步净化处理,达到排放标准。

沼气发酵产物应符合《粪便无害化卫生标准》(GB 7959—1987)。

6.4　制取其他生物能源或进行其他类型的资源回收综合利用,要避免二次污染,并应符合《畜禽养殖业污染物排放标准》的规定。

6.5　污水的净化处理应根据养殖种养、养殖规模、清粪方式和当地的自然地理条件,选择合理、适用的污水净化处理工艺和技术路线,尽可能采用自然生物处理的方法,达到回用标准或排放标准。

6.6　污水的消毒处理提倡采用非氯化的消毒措施,要注意防止产生二次污染物。

7　固体粪肥的处理利用

7.1　土地利用

7.1.1　畜禽粪便必须经过无害化处理,并且须符合《粪便无害化卫生标准》后,才能进行土地利用,禁止未经处理的畜禽粪便直接施入农田。

7.1.2　经过处理的粪便作为土地的肥料或土壤调节剂来满足作物生长的需要,其用量不能超过作物当年生长所需养分的需求量。

在确定粪肥的最佳使用量时需要对土壤肥力和粪肥肥效进行测试评价,并应符合当地环境容量的要求。

7.1.3　对高降雨区、坡地及沙质容易产生径流和渗透性较强的土壤,不适宜施用粪肥或粪肥使用量过高易使粪肥流失引起地表水或地下水污染时,应禁止或暂停使用粪肥。

7.2　对没有充足土地消纳利用粪肥的大中型畜禽养殖场和养殖小区,应建立集中处理畜禽粪便的有机肥厂或处理(置)机制。

7.2.1　固体粪肥的堆制可采用高温好—氧发酵或其他适用技术和方法,以杀死其中的病原菌和蛔虫卵,缩短堆制时间,实现无害化。

7.2.2　高温好氧堆制法分自然堆制发酵法和机械强化发酵法,可根据本场的具体情况选用。

8　饲料和饲养管理

8.1　畜禽养殖饲料应采用合理配方,如理想蛋白质体系配方等,提高蛋白质及其他营养的吸收效率,减少氮的排放量和粪的生产量。

8.2　提倡使用微生物制剂、酶制剂和植物提取液等活性物质,减少污染物排放和恶臭气体的产生。

8.3　养殖场场区、畜禽舍、器械等消毒应采用环境友好的消毒剂和消毒措施(包括紫外线、臭氧、双氧水等方法),防止产生氯代有机物及其他的二次污染物。

9   病死畜禽尸体的处理与处置

9.1   病死畜禽尸体要及时处理,严禁随意丢弃,严禁出售或作为饲料再利用。

9.2   病死禽畜尸体处理应采用焚烧炉焚烧的方法,在养殖场比较集中的地区;应集中设置焚烧设施;同时焚烧产生的烟气应采取有效的净化措施,防止烟尘、一氧化碳、恶臭等对周围大气环境的污染。

9.3   不具备焚烧条件的养殖场应设置两个以上安全填埋井,填埋井应为混凝土结构,深度大于 2 m,直径 1 m,井口加盖密封。进行填埋时,在每次投入畜禽尸体后,应覆盖一层厚度大于 10 cm 的熟石灰,井填满后,须用黏土填埋压实并封口。

10   畜禽养殖场排放污染物的监测

10.1   畜禽养殖场应安装水表,对用水实行计量管理。

10.2   畜禽养殖场每年应至少两次定期向当地环境保护行政主管部门报告污水处理设施和粪便处理设施的运行情况,提交排放污水、废气、恶臭以及粪肥的无害化指标的监测报告。

10.3   对粪便污水处理设施的水质应定期进行监测,确保达标排放。

10.4   排污口应设置国家环境保护总局统一规定的排污口标志。

11   其他

养殖场防疫、化验等产生的危险废水和固体废弃物应按国家的有关规定进行处理。

附录7   《恶臭污染物排放标准》(GB 14554— 1993)

(1993 年 7 月 19 日,1994 年 1 月 15 日实施)

为贯彻《中华人民共和国大气污染防治法》,控制恶臭污染物对大气的污染,保护和改善环境,制定本标准。

1   主题内容与适用范围

1.1   主题内容

本标准分年限规定了 8 种恶臭污染物的一次最大排放限值、复合恶臭物质的臭气浓度限值及无组织排放源的厂界浓度限值。

1.2   适用范围

本标准适用于全国所有向大气排放恶臭气体单位及垃圾堆放场的排放管理以及建设项目的环境影响评价、设计、竣工验收及其建成后的排放管理。

2　引用标准

GB 3095　大气环境质量标准；

GB 12348　工业企业厂界噪声标准；

GB/T 14675　空气质量　恶臭的测定　三点比较式臭袋法；

GB/T 14676　空气质量　三甲胺的测定　气相色谱法；

GB/T 14677　空气质量甲苯、二甲苯、苯乙烯的测定　气相色谱法；

GB/T 14678　空气质量　硫化氢、甲硫醇、甲硫醚、二甲二硫的测定　气相色谱法；

GB/T 14679　空气质量　氨的测定　次氯酸钠—水杨酸分光光度法；

GB/T 14680　空气质量　二硫化碳的测定　二乙胺分光光度法。

3　名词术语

3.1　恶臭污染物（*odor pollutants*）　指一切刺激嗅觉器官引起人们不愉快及损害生活环境的气体物质。

3.2　臭气浓度（*odor concentration*）　指恶臭气体（包括异味）用无臭空气进行稀释，稀释到刚好无臭时，所需的稀释倍数。

3.3　无组织排放源　指没有排气筒或排气筒高度低于 15 m 的排放源。

4　技术内容

4.1　标准分级

本标准恶臭污染物厂界标准值分三级。

4.1.1　排入 GB 3095 中一类区的执行一级标准，一类区中不得建新的排污单位。

4.1.2　排入 GB 3095 中二类区的执行二级标准。

4.1.3　排入 GB 3095 中三类区的执行三级标准。

4.2　标准值

4.2.1　恶臭污染物厂界标准值是对无组织排放源的限值，如表 1 所示。

表 1　恶臭污染物厂界标准值

序　号	控制项目	单　位	一　级	二　级		三　级	
				新扩改建	现有	新扩改建	现有
1	氨	mg/m³	1.0	1.5	2.0	4.0	5.0
2	三甲胺	mg/m³	0.05	0.08	0.15	0.45	0.80
3	硫化氢	mg/m³	0.03	0.06	0.10	0.32	0.60
4	甲硫醇	mg/m³	0.004	0.007	0.010	0.020	0.035
5	甲硫醚	mg/m³	0.03	0.07	0.15	0.55	1.10
6	二甲二硫	mg/m³	0.03	0.06	0.13	0.42	0.71
7	二硫化碳	mg/m³	2.0	3.0	5.0	8.0	10
8	苯乙烯	mg/m³	3.0	5.0	7.0	14	19
9	臭气浓度	无量纲	10	20	30	60	70

1994 年 6 月 1 日起立项的新、扩、改建设项目及其建成后投产的企业执行二级、三级标准中相应的标准值。

4.2.2 恶臭污染物排放标准值,如表 2 所示。

表 2 恶臭污染物排放标准值

序　号	控制项目	排气筒高度/m	排放量/(kg·h⁻¹)
1	硫化氢	15	0.33
		20	0.58
		25	0.90
		30	1.3
		35	1.8
		40	2.3
		60	5.2
		80	9.3
		100	14
		120	21
2	甲硫醇	15	0.04
		20	0.08
		25	0.12
		30	0.17
		35	0.24
		40	0.31
		60	0.69
3	甲硫醚	15	0.33
		20	0.58
		25	0.90
		30	1.3
		35	1.8
		40	2.3
		60	5.2
4	二甲二硫醚	15	0.43
		20	0.77
		25	1.2
		30	1.7
		35	2.4
		40	3.1
		60	7.0

序 号	控制项目	排气筒高度/m	排放量/(kg·h⁻¹)
5	二硫化碳	15	1.5
		20	2.7
		25	4.2
		30	6.1
		35	8.3
		40	11
		60	24
		80	43
		100	68
		120	97
6	氨	15	4.9
		20	8.7
		25	14
		30	20
		35	27
		40	35
		60	75
7	三甲胺	15	0.54
		20	0.97
		25	1.5
		30	2.2
		35	3.0
		40	3.9
		60	8.7
		80	15
		100	24
		120	35
8	苯乙烯	15	6.5
		20	12
		25	18
		30	26
		35	35
		40	46
		60	104

续表

序　号	控制项目	排气筒高度/m	标准值（无量纲）
9	臭气浓度	15	2 000
		25	6 000
		35	15 000
		40	20 000
		50	40 000
		≥60	60 000

5　标准的实施

5.1　排污单位排放（包括泄漏和无组织排放）的恶臭污染物，在排污单位边界上规定监测点（无其他干扰因素）的一次最大监测值（包括臭气浓度）都必须低于或等于恶臭污染物厂界标准值。

5.2　排污单位经烟、气排、气筒（高度在 15 m 以上）排放的恶臭污染物的排放量和臭气浓度都必须低于或等于恶臭污染物排放标准。

5.3　排污单位经排水排出并散发的恶臭污染物和臭气浓度必须低于或等于恶臭污染物厂界标准值。

6　监测

6.1　有组织排放源监测

6.1.1　排气筒的最低高度不得低于 15 m。

6.1.2　凡在表 2 所列两种高度之间的排气筒，采用四舍五入方法计算其排气筒的高度。表 2 中所列的排气筒高度系指从地面（零地面）起至排气口的垂直高度。

6.1.3　采样点：有组织排放源的监测采样点应为臭气进入大气的排气口，也可以在水平排气道和排气筒下部采样监测，测得臭气浓度或进行换算求得实际排放量。经过治理的污染源监测点设在治理装置的排气口，并应设置永久性标志。

6.1.4　有组织排放源采样频率应按生产周期确定监测频率，生产周期在 8 h 以内的，每 2 h 采集一次，生产周期大于 8 h 的，每 4 h 采集一次，取其最大测定值。

6.2　无组织排放源监测

6.2.1　采样点

厂界的监测采样点，设置在工厂厂界的下风向侧，或有臭气方位的边界线上。

6.2.2　采样频率

连续排放源相隔 2 h 采一次，共采集 4 次，取其最大测定值。间歇排放源选择在气味最大时间内采样，样品采集次数不少于 3 次，取其最大测定值。

6.3　水域监测

水域（包括海洋、河流、湖泊、排水沟、渠）的监测，应以岸边为厂界边界线，其采样点设置、采样频率与无组织排放源监测相同。

6.4　测定

标准中各单项恶臭污染物与臭气浓度的测定方法,如表3所示。

表3　恶臭污染物与臭气浓度测定方法

序　号	控制项目	测定方法
1	氨	GB/T 14679
2	三甲胺	GB/T 14676
3	硫化氢	GB/T 14678
4	甲硫醇	GB/T 14678
5	甲硫醚	GB/T 14678
6	二甲二硫醚	GB/T 14678
7	二硫化碳	GB/T 14680
8	苯乙烯	GB/T 14677
9	臭气浓度	GB/T 14675

附加说明:

本标准由国家环境保护局科技标准司提出。

本标准由天津市环境保护科学研究所、北京市机电研究院环保技术研究所主编。

本标准主要起草人石磊、王延吉、李秀荣、姜菊、王鸿志、卫红梅。

本标准由国家环境保护局负责解释。

参考文献

[1] 李震钟. 家畜环境卫生学附牧场设计[M]. 北京:中国农业出版社,1993

[2] 李如治. 家畜环境卫生学[M]. 北京:中国农业出版社,2003.

[3] 刘卫东,孔庆友. 家畜环境卫生学[M]. 北京:中国农业出版社,2000.

[4] 刘凤华. 家畜环境卫生学[M]. 北京:中国农业大学出版社,2004.

[5] 蔡长霞. 畜禽环境卫生[M]. 北京:中国农业出版社,2006.

[6] 冯春霞. 家畜环境卫生[M]. 北京:中国农业出版社,2001.

[7] 东北农学院. 家畜环境卫生学[M]. 北京:中国农业出版社,1990.

[8] 姚建国,夏东. 畜舍恶臭的认识及控制[J]. 畜牧与兽医,2000,32:103-108.

[9] 史清河. 通过日粮调控可减少猪与禽的氮、磷排泄量[J]. 猪与禽,1999(1):39-44.

[10] 于炎湖. 饲料毒物学附毒物分析[M]. 北京:中国农业出版社,1993.

[11] 姚崇旦. 家畜环境卫生学[M]. 上海:上海科学技术文献出版社,1988.

[12] 李蕴玉. 养殖场环境卫生与控制[M]. 北京:高等教育出版社,2002.

[13] 刘建,杨潮. 兽药和饲料添加剂手册[M]. 上海:上海科学技术文献出版社,2003.

[14] 王凯军. 畜禽养殖污染防治技术与政策[M]. 北京:化学工业出版社,2004.

[15] 李震钟. 畜牧场生产工艺与畜舍设计[M]. 北京:中国农业出版社,2000.

[16] 王新谋. 家畜粪便学[M]. 上海:上海交通大学出版社,1997.